Katrin Gruner
Christian Jost
Frank Spiegel

**Controlling von
Softwareprojekten**

AF065715

IT-Professional

hrsg. von Helmut Dohmann, Gerhard Fuchs und Karim Khakzar

Die Reihe bietet aktuelle IT-Themen in Tuchfühlung mit den Erfordernissen der Praxis. Kompetent und lösungsorientiert richtet sie sich an IT-Spezialisten und Entscheider, die ihre Unternehmen durch effizienten IT-Einsatz strategisch voranbringen wollen. Die Herausgeber sind selbst als engagierte FH-Professoren an der Schnittstelle von IT-Wissen und IT-Praxis tätig. Die Autoren stellen durchweg konkrete Projekterfahrung unter Beweis.

In der Reihe sind bereits erschienen:

Nachhaltig erfolgreiches E-Marketing
von Volker Warschburger und Christian Jost

Die Praxis des Knowledge Managements
von Andreas Heck

Die Praxis des E-Business
von Helmut Dohmann, Gerhard Fuchs und Karim Khakzar (Hrsg.)

Produktionscontrolling mit SAP®-Systemen (2. Auflage)
von Jürgen Bauer

Controlling von Softwareprojekten
von Katrin Gruner, Christian Jost und Frank Spiegel

Weitere Titel sind in Vorbereitung.

www.vieweg-it.de

Katrin Gruner
Christian Jost
Frank Spiegel

Controlling von Softwareprojekten

Erfolgsorientierte Steuerung
in allen Phasen des Lifecycles

Bibliografische Information Der Deutschen Bibliothek
Die Deutsche Bibliothek verzeichnet diese Publikation in der Deutschen Nationalbibliografie;
detaillierte bibliografische Daten sind im Internet über <http://dnb.ddb.de> abrufbar.

Die Wiedergabe von Gebrauchsnamen, Handelsnamen, Warenbezeichnungen usw. in diesem Werk berechtigt auch ohne besondere Kennzeichnung nicht zu der Annahme, dass solche Namen im Sinne von Warenzeichen- und Markenschutz-Gesetzgebung als frei zu betrachten wären und daher von jedermann benutzt werden dürfen.

Höchste inhaltliche und technische Qualität unserer Produkte ist unser Ziel. Bei der Produktion und Auslieferung unserer Bücher wollen wir die Umwelt schonen: Dieses Buch ist auf säurefreiem und chlorfrei gebleichtem Papier gedruckt. Die Einschweißfolie besteht aus Polyäthylen und damit aus organischen Grundstoffen, die weder bei der Herstellung noch bei der Verbrennung Schadstoffe freisetzen.

1. Auflage September 2003

Alle Rechte vorbehalten
© Friedr. Vieweg & Sohn Verlag /GWV Fachverlage GmbH, Wiesbaden 2003

Der Vieweg Verlag ist ein Unternehmen der Fachverlagsgruppe BertelsmannSpringer.
www.vieweg-it.de

Das Werk einschließlich aller seiner Teile ist urheberrechtlich geschützt. Jede Verwertung außerhalb der engen Grenzen des Urheberrechtsgesetzes ist ohne Zustimmung des Verlags unzulässig und strafbar. Das gilt insbesondere für Vervielfältigungen, Übersetzungen, Mikroverfilmungen und die Einspeicherung und Verarbeitung in elektronischen Systemen.

Umschlaggestaltung: Ulrike Weigel, www.CorporateDesignGroup.de

Gedruckt auf säurefreiem und chlorfrei gebleichtem Papier.

ISBN 978-3-528-05832-6   ISBN 978-3-322-91602-0 (eBook)
DOI 10.1007/978-3-322-91602-0

Vorwort

Die Informationstechnologie nimmt seit jeher eine tragende Rolle innerhalb eines Unternehmens ein. Informationen sind zum einen für die marktorientierte Unternehmensausrichtung und zum anderen für die internen wirtschaftlichen Handlungsaktivitäten essenziell. Im Bankenumfeld lässt sich heutzutage ohne den Informationstechnologie-Einsatz kein Geschäft mehr durchführen. Gleichzeitig sind auch die eher administrativen Abläufe, unter anderem die des Controllings, auf die Nutzung von Software-Produkten als „Produktionsfaktor" angewiesen, um ergebnisorientiert arbeiten zu können. Somit ist die Informationstechnologie als kritischer Erfolgsfaktor für die tägliche wertorientierte Unternehmensausrichtung beziehungsweise für deren Geschäftsprozessabläufe anzusehen. Dies ist unabhängig von der Tatsache, ob diese einzig und allein zu internen Steuerungs- respektive Arbeitsprozessen herangezogen werden oder als Schnittstelle zum Markt / zu den Kunden als Umsatzträger des Unternehmens dienen. Die enorme Bedeutung der Informationstechnologie zeigt sich im Bankensektor gerade dann, wenn diese nicht in der gewünschten Form zur Verfügung steht. Fallen die Rechnersysteme der Broker aus, so kann dies schnell binnen weniger Minuten zu Umsatzeinbußen in Millionenhöhe führen.

Gerade dieser hohe Bedeutungsfaktor der Informationstechnologie führt vielfach dazu, dass ihr eine bevorzugte Behandlung innerhalb des Unternehmens zuteil wird. Dies wurde insbesondere während der Gründungsphase des Neuen Marktes mit den unter dem Schlagwort „New Economy" firmierenden Unternehmen deutlich. IT-Produkte waren für deren Etablierung sowohl als Ertrags- als auch als Kostenträger erforderlich, die es galt, im Sinne des Time-To-Market Gedankengutes zu beschaffen beziehungsweise zu entwickeln. Sie wurden benötigt, wobei die anfallenden Kosten nur von sekundärer Natur gewesen sind. Sätze wie „Koste es, was es wolle" oder „Wir benötigen die Softwareanforderungen in spätestens sieben Tagen ohne Rücksicht auf die anfallenden Entwicklungskosten" prägten die Unternehmenskulturen. Was jedoch von dieser Betrachtungsweise und Unternehmensphilosophie zu halten ist, beantwortet sich mit einem Blick auf die heutige Marktlage von selbst. Controllingmechanismen sind wieder gefragt, detaillierte Kosten-Nutzen-Analysen vor einer Investition und der Business Case eines jeden Produktes rücken wieder stärker in den Betrachtungsfokus. Um ein Business Case abbilden zu können, ist es erforderlich, die gesamte Einsatzdauer des zu betrachtenden Produktes sowohl kosten- als auch ertragsseitig zu bewerten. Unter anderem gilt es, die Amortisationsdauer des Produktes zu bestimmen. Erst dann agiert dieses Produkt nach wertorientierten Gesichtspunkten und trägt zur Zielerreichung eines jeden Unternehmens, der Gewinnmaximierung, bei. Die gesamte Einsatzdauer eines Produktes wird durch dessen Lebenszyklus repräsentiert, der mit der Ideenfindung zu diesem Produkt beginnt und mit dessen Nutzungseinstellung endet. Steht diese Lebenszyklusbetrachtung in einem wertorientierten Fokus, so ist es zwingend erforderlich, die Wertschöpfung des Betrachtungsobjektes und damit dessen Wertschöpfungskette eingehender zu analysieren und zu begleiten.

Genau dieser Tatsache wird dieses Buch gerecht, wobei die wirtschaftliche und nicht die technische Sichtweise auf den wertorientierten Lebenszyklus dargestellt wird. Prädestiniert für diese Anforderung ist das Controlling, welches unter anderem eine entscheidungsorientierte Informationsversorgung des Managements für dessen Steuerungsaufgaben zu gewährleisten hat. Gleichzeitig wird die Betrachtung auf Software-Produkte eingeschränkt, da diese die zielorientierte Nutzung der Informationstechnologie erst gewährleisten. Keine Hardware kann isoliert für sich betrachtet einen Nutzen für ein Unternehmen erbringen ohne den Einsatz einer Software.

Kapitel 1

Im ersten Kapitel wird zunächst die lebenszyklusorientierte Betrachtung eines IT-Vorhabens, bezogen auf ein Software-Produkt, dargestellt. Daraus wird ersichtlich, dass eine effiziente und effektive Betrachtung erst unter wertorientierten Gesichtspunkten möglich ist, die durch ein IT-Controlling verifiziert und steuerungsunterstützend dargestellt werden können.

Kapitel 2

Kapitel 2 befasst sich eingehend mit der Wertschöpfungskette eines IT-Produktes aus Controlling-Gesichtspunkten. Zunächst ist jedoch die allgemeine Sichtweise des Unternehmens auf das IT-Produkt zu definieren. Für die Lebenszyklusbetrachtung ist es wichtig, ob ein IT-Produkt als interne Dienstleistung geschaffen und anschließend als Inputfaktor für ein Unternehmensprodukt genutzt wird, oder ob es als eigenständiges, umsatzbringendes Produkt vermarktet wird. Aus diesem Grunde wird in diesem Kapitel der Unterschied zwischen der IT als interner Unternehmensdienstleister und der IT als eigenständiger Profit-orientierter Geschäftszweig bezogen auf den Softwareprodukt-Lebenszyklus dargestellt. Anschließend wird der wertorientierte Faktor dieses Lebenszyklusses definiert sowie eingehend die Wertschöpfungskette des IT-Produktes behandelt. Durch dieses Kapitel werden die drei Fundamente des Software-Lebenszyklusses – IT-Portfolio, IT-Projekt, IT-Produkt – herausgearbeitet, die in den folgenden Kapiteln mit controllingspezifischen Gesichtspunkten und Steuerungsinstrumenten unterlegt werden.

Kapitel 3 In Kapitel 3 wird eine einheitliche Sichtweise auf den Begriff des IT-Projektes geschaffen. Ausgehend von dem allgemeinen Projektbegriff erfolgt eine Überleitung zu den Besonderheiten eines IT-Projektes mit dessen spezifischen Ausprägungen. Bei der Lebenszyklusbetrachtung wird dem Projekt eine tragende Rolle zuteil, da dieses nahezu den kompletten Lebenszyklus indirekt (Strategiephase, Produkteinsatzphase) oder direkt (Entwicklungsprozess) begleitet. Aus diesem Grunde ist es essenziell, eine einheitliche Sichtweise auf diesen Teil des Lebenszyklusses zu haben, zumal hier die Literatur keiner einheitlichen und allgemeingültigen Definition folgt.

Kapitel 4 Kapitel 4 beleuchtet das Controlling und im Besonderen das IT-Controlling mit dessen jeweiligen Aufgabenfeldern näher. Gerade innerhalb der operativen Lebenszyklusphasen nimmt das IT-Controlling in Form des Projektcontrollings eine wichtige Aufgabe für die erfolgreiche Abwicklung der Wertschöpfung des IT-Produktes wahr. Explizite Projektcontrollingmechanismen sind daher erforderlich, um dieser Tragweite gerecht zu werden.

Kapitel 5 Die erste Phase der Wertschöpfungskette eines Software-Produktes wird in Kapitel 5 aus IT-Controlling Gesichtspunkten näher klassifiziert. Neben der Rechtfertigung des IT-Controllings für diese Strategiephase werden entsprechende Controlling-Instrumentarien vorgestellt, die bei der Erfüllung des Informationsauftrages des Controllings behilflich sind. Anschließend wird die Methodik der Balanced Scorecard als Verbindungsglied zwischen strategischer und operativer Lebenszyklusphase beleuchtet.

Kapitel 6 Der Strategiephase folgt die operative Phase, in der es gilt, das gewünschte Software-Produkt zu entwickeln. Dabei werden die lang- und kurzfristigen Gesichtspunkte klassifiziert. Diverse Wirtschaftlichkeitsverfahren werden für die Projekt-Kalkulationen vorgestellt. Speziell bei IT-Vorhaben hat sich zur Aufwands- beziehungsweise Kostenschätzung die Function-Point Methode bewährt. Somit wird diese in einem eigenen Unterkapitel ausführlicher vorgestellt, um sich dann der Projektplanung und Projektbudgetierung zu widmen.

Ebenfalls Bestandteil des sechsten Kapitels ist die Vorstellung eines speziellen IT-Projektgenehmigungsverfahrens. Besonderheit dieses Genehmigungsverfahrens ist, dass es nicht nur zum Projektstart sondern projektbegleitend durch Zwischengenehmigungspunkte angewendet wird. Es funktioniert in diesem Zusammenhang als Frühwarnsystem, so dass das Unternehmen durch rechtzeitige Managemententscheidungen vor größerem wirtschaftlichen Schaden verschont werden kann. Um die Projektsteuerung und Projektkontrolle zu gewährleisten, gleichzeitig aber auch dem Informationsauftrag an das Management gerecht zu werden, wird in diesem Zusammenhang ein Berichtswesen beschrieben, welches auf dem Fundament des Projektgenehmigungsverfahrens aufbaut.

Gerade bei IT-Projekten wird aus Zeit- und Budgetmangel häufig auf eine ausreichende Qualitätssicherung verzichtet. Dies kann im Sinne einer positiven Erfüllung der Kundenbedürfnisse nicht akzeptiert werden, so dass das Qualitätsmanagement in den Betrachtungsfokus des IT-Controllings integriert wird. Verschiedene Qualitätsmanagementmethoden werden daher in diesem Zusammenhang erläutert.

Kapitel 7 In Kapitel 7 wird die letzte Phase des Software-Produktlebenszyklusses behandelt. Hier sind vor allem die Projektnachkalkulationen sowie die Projekterfolgsrechnungen vorzunehmen. Gleichzeitig wird die retrograd ausgerichtete Produktbegleitung herausgearbeitet. Kernthese dieser retrograden Produktbegleitung ist die Tatsache, dass durch zwingend notwendige Weiterentwicklungen beziehungsweise Wartungsanforderungen an das IT-Produkt ein Rücksprung in vorgelagerte Lebenszyklus-Phasen erfolgt.

Die Aussagen in diesem Buch zeigen die Bedeutung eines IT-Controllings sowie die der ganzheitlichen Betrachtung des Lebenszyklusses eines Software-Produktes unter Wertschöpfungsgesichtspunkten. So kann ein effektiver und effizienter Einsatz der Informationstechnologie aus wirtschaftlichen Gesichtspunkten gewährleistet werden.

Buchbegleitend wurde ein Webauftritt konzipiert, der unter http://www.digital-controlling.de weiterführende Informationen zu dem Themengebiet des „Controllings von Softwareprojekten" liefert.

Wir bedanken uns an dieser Stelle bei den Herausgebern Prof. Dr. Dohmann, Prof. Fuchs und Prof. Dr. Khakzar für die Unterstützung bei der Erstellung des vorliegenden Buches, insbesondere für die Verfassung eines eigenen Vorwortes. Gerade in einer kritischen Projektphase bezüglich der Buchveröffentlichung hat sich die Zusammenarbeit mit ihnen als äußerst wertvoll erwiesen.

Ihnen liebe Leserinnen und Leser hoffen wir Anregungspotenziale für die erfolgreiche Umsetzung eines IT-Controllings liefern zu können. Für Verbesserungsvorschläge sind wir als Autoren stets dankbar. Nehmen Sie einfach mit uns Kontakt auf.

Friedberg, Treischfeld, Steinbach/Ts. – im Sommer 2003

Katrin Gruner	Christian Jost	Frank Spiegel
k.gruner@lycos.de	Christian-Jost@Ch-Jost.de	spiegel-steinbach@t-online.de

Katrin Gruner (Diplom-Wirtschaftsingenieur (FH)) ist als IT-Controller bei der Commerzbank AG beschäftigt. Ihre Hauptschwerpunkte liegen in der administrativen und fachlichen Betreuung der Controllingtools. Weiterhin arbeitete sie als Qualitätsmanagementbeauftragte und führte als Consultant mehrere Unternehmen zur Zertifizierung nach DIN ISO 9001.

Christian Jost (Diplom-Wirtschaftsinformatiker (FH)) ist als IT-Controller bei der Commerzbank AG beschäftigt. Seine Schwerpunkte liegen in der Entwicklung und Integration neuer (IT-Controlling-) Verfahren sowie Methoden zur effektiven und effizienten Planung, Steuerung und Kontrolle von IT-Projekten. Des Weiteren fungiert er als Spezialist für betriebswirtschaftliche Aspekte der New Economy. Seine Kenntnisse übermittelt er unter anderem auf Veranstaltungen diverser Seminaranbieter einem praxisorientierten Auditorium.

Besonderen Dank gilt meiner Familie, meinen Mitautoren, Herrn Prof. Dr. Warschburger sowie Herrn Prof. Fuchs (beide Fachhochschule-Fulda), ohne die sich dieses Buch nicht in der vorliegenden Form hätte realisieren lassen.

Frank Spiegel (Diplom Wirtschafts-Informatiker) ist als IT-Projektcontroller bei der Commerzbank AG beschäftigt. Tätigkeitsschwerpunkte sind die verantwortliche Gesamtkoordination der bankweiten IT-Projektplanung, Mitarbeit in Sonderprojekten des Vorstandes, Coaching von Großprojekten bezogen auf das Thema „Function Point". Er ist Mitglied, bis 2002 auch Vorstandsmitglied, der Deutschsprachigen Anwendergruppe für Software-Metrik und Aufwandschätzung (DASMA) e.V..

Vorwort der Herausgeber

Die marktorientierte Unternehmensausrichtung erfordert heute speziell an die Unternehmensbedürfnisse angepasste Software. Auch für die interne Beurteilung der wirtschaftlichen Handlungsaktivitäten werden passende Softwareprodukte im Unternehmen benötigt. Dies führt zu Softwareprojekten, die von der Entwicklungsphase bis hin zur organisatorischen Implementierung transparent hinsichtlich ihrer Wirkungen im Unternehmen und ihrer Kostenentwicklung zu gestalten sind. Hierzu wird in diesem Werk ein methodischer Ansatz für die systematische Umsetzung dieser Ziele aufgezeigt.

IT-Projekterfahrung

Die vielfältigen Einflüsse im Unternehmen auf IT-Projekte und auf das notwendige IT-Controlling sind heute nicht allein mit der aus der Wirtschaftsinformatik stammenden Arbeitssystematik zu lösen, vielmehr wird hier ein hohes Maß an Erfahrung in der konkreten Projektgestaltung gefordert. Die Autoren haben genau diese Erfahrungen aus einer Vielzahl von realisierten IT-Projekten in das vorliegende Werk einfließen lassen.

Webauftritt

Der Webauftritt der Autoren zur Thematik "Controlling von Softwareprojekten" bietet den interessierten Lesern zusätzlich zum Buch interessante und aktuelle Informationen aus einem sich permanent verändernden Themengebiet. Die Herausgeber bitten alle Leser und Leserinnen um Anregungen und stehen für Fragen per Mail zur Verfügung:

Helmut.Dohmann@informatik.fh-fulda.de
Gerhard.Fuchs@informatik.fh-fulda.de
Karim.Khakzar@informatik.fh-fulda.de

Alles Gute und viel Erfolg mit diesen auf die Entwicklung und Nutzung von Softwareprodukten als Produktionsfaktor ausgerichteten Informationen im Unternehmen wünschen Ihnen

Ihre Herausgeber der Reihe IT-Professional

Fulda, im Juli 2003

Helmut Dohmann, Gerhard Fuchs, Karim Khakzar

Inhaltsverzeichnis

1 Der Lebenszyklus von Softwareprojekten 17

2 Die Wertschöpfungskette aus Controlling-Sicht 25

2.1 IT-Unternehmensmodelle 25
2.2 Wertorientierter Lebenszyklus eines Software-Produktes 29
2.3 Wertschöpfungskette eines IT-Produktes/IT-Projektes 40

3 Projektdefinitionen 50

3.1 Traditionelles Projekt 51
3.2 IT-Projekt 61
3.3 IT-Projektspezifizierungen 68

4 IT-Controlling der Software-Wertschöpfungskette 71

4.1 IT-Controlling 73
4.2 Ziele des IT-Controllings 82
4.3 Aufgaben des IT-Controllings 86

5 IT-Controlling in der Strategiephase 95

5.1 Unternehmensstrategie versus Informationstechnologie 95
5.2 Ausgewählte Instrumente des strategischen IT-Controllings 108
5.3 IT-Strategieumsetzung mittels der Balanced Scorecard 127

6 IT-Controlling in der operativen Phase 141

- 6.1 Hauptaufgaben des operativen Projektcontrollings 143
- 6.2 Projekt-Wirtschaftlichkeitsverfahren 148
- 6.3 Function Point-Methode 158
  - 6.3.1 Sicht der Benutzer 162
  - 6.3.2 Verwendung der Function Points 162
  - 6.3.3 Function Point Standards und verwandte Methoden 166
  - 6.3.4 Praktische Durchführung der Function Point Ermittlung ... 167
  - 6.3.5 Fazit Function Point Methode 180
- 6.4 Projektplanung und Projektbudgetierung 181
- 6.5 Periodenorientiertes IT-Projektgenehmigungsverfahren 204
  - 6.5.1 Allgemeine Aspekte und Restriktionen 208
  - 6.5.2 Projektspezifische Vorstudie 212
  - 6.5.3 Startgenehmigung für das IT-Projekt 213
  - 6.5.4 Erste und folgende Projektperioden 215
- 6.6 Periodenorientiertes Projektberichtswesen 216
- 6.7 Qualitätssicherung als Betrachtungsfeld des IT-Controllings 222
  - 6.7.1 Konstruktives Qualitätsmanagement 225
    - 6.7.1.1 Wichtige Aspekte bei der Durchführung von IT-Projekten ... 226
    - 6.7.1.2 Inhalte des Projektmanagements 231
    - 6.7.1.3 Projektablauf 233
    - 6.7.1.4 Projektcontrolling unter qualitativen Gesichtspunkten ... 235
    - 6.7.1.5 Projektdokumentation 236
  - 6.7.2 Analytisches Qualitätsmanagement 239
    - 6.7.2.1 Statische Prüfmethoden 239
    - 6.7.2.2 Dynamische Prüfmethoden 241
  - 6.7.3 Administratives Qualitätsmanagement 244
  - 6.7.4 Ausgewählte Prozesse des Qualitätsmanagements 247
  - 6.7.5 Fazit Qualitätsmanagement im Rahmen des IT-Controllings ... 258

7   IT-Controlling des Software-Produktes 261

Anlage Periodenbericht 283
Abbildungsverzeichnis 288
Literaturverzeichnis 290
Schlagwortverzeichnis 304

1 Der Lebenszyklus von Softwareprojekten

IT-Vorhaben werden in der Regel in Projektform abgewickelt. Dieser Abwicklungsvorgang repräsentiert meistens nur die operative Umsetzung einer Idee beziehungsweise einer expliziten Anforderung. Jedes Unternehmen strebt nach einem geldwerten ökonomischen Erfolg, der durch die Erfüllung von Kundenbedürfnissen erlangt wird. Ein Projekt legt hierfür im IT-Bereich die Grundlagen durch Schaffung eines entsprechenden IT-Produktes. Es kann jedoch nur einen Teilprozess eines komplexen Gefüges verkörpern, das dem Ziel der Befriedigung eines oder mehrerer Kundenbedürfnisse dient.

Projektziel Ziel eines jeden Projektes ist es, in einem definierten Zeitraum mit einem definierten Budget eine vom Kunden definierte Leistung zu erbringen[1].

Projektdefinition Wie in Kapitel 3 noch aufgezeigt wird, handelt es sich bei einem **Projekt** stets um „ein Vorhaben, das im Wesentlichen durch die Einmaligkeit der Bedingungen in ihrer Gesamtheit gekennzeichnet ist"[2]. In der Regel definiert ein Kunde für einen Auftrag den preislichen sowie den zeitlichen Rahmen aber auch die gewünschten Leistungen oder Anforderungen an das spätere Produkt, was eine projektorientierte Abwicklung des Kundenauftrages rechtfertigen würde. Gleichzeitig sind mit einer projektorientierten Abwicklung auch gewisse Formalismen verbunden, wie zum Beispiel die Bildung eines Projektteams, die Terminierung von Arbeitspaketen, regelmäßige Berichte über den Projektstand und dergleichen mehr[3], so dass eine projektspezifische Arbeitsweise stets eine erhöhte Administration erfordert.

Pauschal kann daher ein Projekt nicht für eine Aufgabenabwicklung genutzt werden, da diese zum einen nicht immer den Zielkriterien für ein Projekt gerecht wird. Zum anderen wird in be-

---

1 Vgl. Schwarz-Mehrens, E. / Fliers, F.: Woran scheitern IT-Projekte – Teil 1
2 Vgl. Fiedler, R.: Controlling von Projekten, Seite 4
3 Vgl. Schelle, H.: Projekte zum Erfolg führen – 3. Auflage, Seite 30

stimmten Fällen bewusst die Projektierung von Aufgabenanforderungen umgangen, um diese aus Effizienz- und/oder Effektivitätsgründen ohne großen Formalismus erfüllen zu können. Dies ist unter anderem auch ein Grund dafür, warum es in der Praxis keine eindeutigen Kriterien für die Abwicklung eines Vorgangs in Projektform gibt.

Eigenschaften von IT-Vorhaben

IT-Vorhaben sind jedoch vielmals im Sinne der effektiven Umsetzung der an sie gestellten Aufgabenpotenziale gekennzeichnet durch[4]

- komplexe, evolutionäre und visionäre Aufgabenstellungen ohne einen transparenten Herstellungsprozess,
- eine große Anzahl von beteiligten Mitarbeitern
  - mit unterschiedlichen Fachkenntnissen,
  - aus unterschiedlichen unternehmensinternen Abteilungen,
  - mit und ohne IT-Bezug sowie
  - aus externen Unternehmen ohne direkten Bezug zu dem auftraggebenden Unternehmen,
- Berücksichtigungen von Schnittstellenproblematiken zu anderen unternehmensinternen oder unternehmensexternen Softwareprodukten/-systemen aber auch parallel ablaufenden anderweitigen IT-Vorhaben,
- die sich ständig ändernden Rahmenbedingungen für die Umsetzung des Vorhabens unter anderem durch Anpassung der geforderten Leistungen des organisatorischen Umfeldes beziehungsweise der Erkenntnisse aus der Abwicklung des Vorhabens selbst,
- die Schwierigkeiten, infolge des neuartigen und einmaligen Charakters des Vorhabens, zeitliche und terminliche Planungen sowie Risikokalkulationen im Vorfeld der Abwicklung zu tätigen,
- einen hohen Zeit- und Erfolgsdruck,
- ein hohes Risiko, da infolge der oft fehlenden genauen Planungsmöglichkeiten wichtige Kenngrößen für die effiziente und effektive Abwicklung eines Vorhabens fehlen,

---

[4] In Anlehnung an Kargl, H.: Management und Controlling von IV-Projekten, Seite 6

📖 regulatorische, sprich gesetzliche Vorgaben, unter anderem gerade im Bankenbereich, da eine gesetzliche Auflage unter allen Umständen in einem definierten Zeitrahmen ohne Berücksichtigung der geplanten oder bereits aktiven Bankprojekte umzusetzen ist.

Diese aufgeführten besonderen Merkmale von IT-Vorhaben rechtfertigen und erfordern deren Abwicklung in Projektform, denn nur so kann erreicht werden, dass diese sowohl effektiv als auch effizient durchgeführt werden können. Die Aussage „Doing the right things (effektive Abwicklung) and doing the things right (effiziente Abwicklung)"[5] lässt sich durch Projekte praktisch umsetzen, da hier die Rahmenbedingungen unter anderem durch Etablierung eines speziellen Projektcontrollings geschaffen werden können.

Software-Produkt Phasen

Doch wie bereits am Anfang dieses Kapitels erwähnt, ist die Abwicklung des IT-Vorhabens nur als ein Teil zur Erfüllung der Kundenbedürfnisse anzusehen. Zu Beginn der gesamthaften Betrachtung eines Software-Produktes steht zunächst die Vision eines Unternehmens, mit einem nicht im Speziellen definierten Produkt eine wirtschaftliche Unternehmensausrichtung zu garantieren. Originärer und selbstverständlicher Zweck eines Unternehmens ist es, gemäß dem ökonomischen Prinzip folgend, die Bereitstellung von Produkten zu garantieren, durch die Gewinnpotenziale geschaffen werden können. Anschließend sind diese Visionen und globalen Unternehmensstrategien auf deren Machbarkeit unter wirtschaftlichen Gesichtspunkten zu untersuchen (Potenzialeruierungsphase), um im Folgenden schließlich durch ein operatives Vorhaben in ein reales Produkt überführt werden zu können. Liegt dieses Produkt vor, so ist es dem Kunden zu übergeben und der Markteinsatz zu starten. Kein Produkt wird so vollkommen sein, dass während der Einsatzphase keine Änderungen erforderlich werden, so dass hier wiederum weitere Arbeiten an dem entsprechenden Produkt erfolgen. Nach einer gewissen Zeit ist das Produkt nicht mehr wirtschaftlich, so dass durch Ablösungsmaßnahmen dieses wieder vom Markt zu nehmen ist. Diese gesamthafte Betrachtung eines Software-Produktes, die in Abbildung 1.1 grafisch dargestellt wird, zeigt, dass im Sinne von Controllingaspekten die Umsetzung eines Vorhabens zum Beispiel in Projektform nie isoliert zu betrachten ist. Es sind sowohl vor- als auch nachgelagerte Einwirkungsfaktoren vor-

---

5   Vgl. Kargl, H.: Controlling von IV-Projekten, Seite 158

handen, so dass erst bei einer ganzheitlichen Betrachtung der wirtschaftliche Einsatz des generierten Produktes sichergestellt werden kann.

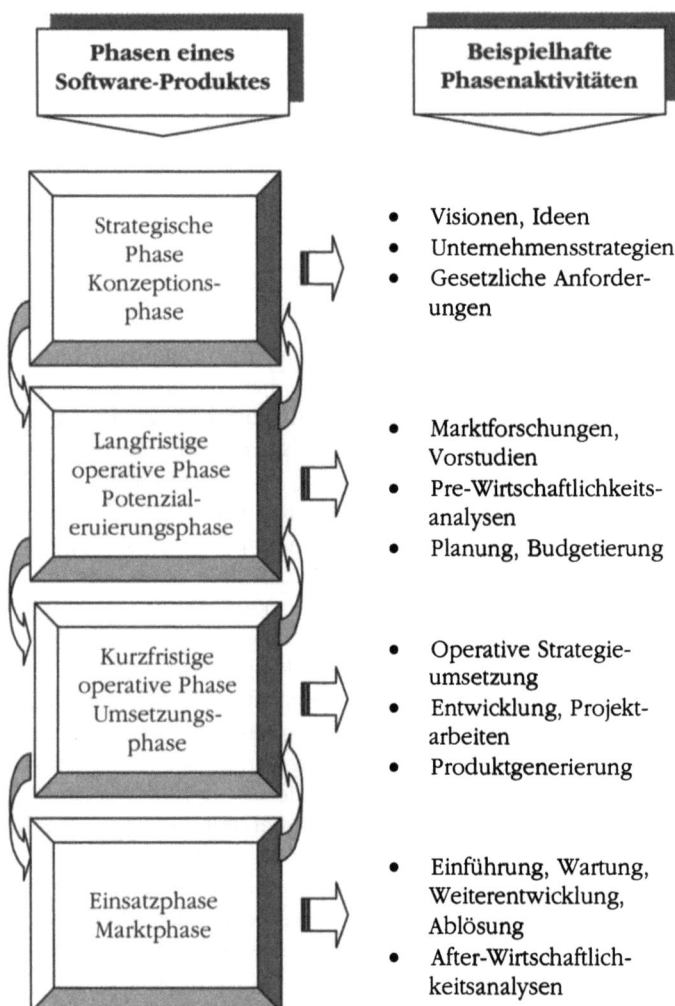

Abb. 1.1: Die Phasen eines Software-Produktes

Beispiel

Vergleichbar ist dies in etwa mit der Anschaffung eines neuen Personenkraftwagens. Zunächst sind gewisse Vorstellungen über den neuen Wagen existent, die entweder aus Muss-Gesichtspunkten oder aus Kann-Gesichtspunkten resultieren[6]. Diese werden dann in einer Informationsphase über das Marktangebot näher konkretisiert, um dann in einer Kaufprozessphase die Entwicklung des persönlichen Automobils nach den eigenen Vorstellungen zu beauftragen (zum Beispiel: Sonderausstattungen, Farbauswahl, etc.). Im Zuge der Einsatzphase des Automobils entstehen jedoch weitere Kosten, die vom gewählten Kraftfahrzeug als auch der entsprechenden Umwelt beeinflusst werden (wie Reparaturen, Versicherungen, Kraftstoffkosten, Unterhaltungskosten, etc.). Nach einer gewissen Zeitdauer ist dann der Punkt erreicht, wo aus technischen oder auch aus persönlichen Gesichtspunkten die Nutzung des Automobils nicht mehr tragbar ist, so dass dieses abgelöst wird. Betrachtet der Käufer nur die Kaufprozessphase, die hier synonym für ein IT-Projekt steht, so fehlen weitere wichtige Einflussfaktoren, die die wirtschaftliche Nutzung des Automobils beeinträchtigen können.

Die dargestellten Phasen eines Software-Produktes entsprechen dem wertorientierten Lebenszyklus eines IT-Produktes. In diesem Zusammenhang kann auch von der ganzheitlichen **Wertschöpfungskette eines IT-Produktes** gesprochen werden. In Kapitel 2.3 wird nochmals im Speziellen auf diese Definition eingegangen. Des Weiteren ist es zunächst erforderlich, gewisse Einflussfaktoren auf eben diese Wertschöpfungskette zu klassifizieren und darzustellen, so dass eine einheitliche Sichtweise auf diese IT-Produktkette gewährleistet werden kann. Auch diesem Gesichtspunkt wird die dargestellte Phaseneinteilung eines Software-Produktes über dessen Lebenszyklus gerecht (Abbildung 1.1). Bereits an dieser Stelle ist zu erwähnen, dass diese Phasen nicht zwingend sequenziell zu durchlaufen sind. Anpassungen, Modifikationen beziehungsweise neue Gegebenheiten rechtfertigen Rücksprünge in vorgelagerte Phasen. Wird zum Beispiel ein sich bereits im Einsatz befindliches Produkt weiterentwickelt und mit neuen Funktionseigenschaften versehen, so ist von der Marktphase wieder in die Umsetzungsphase zurückzuspringen. Bei größeren Änderungen sind jedoch auch die vorgelagerten

---

[6] Ein Muss-Gesichtspunkt verkörpert zum Beispiel der Defekt des alten Personenkraftwagens, welcher quasi eine dringend notwendige Beschaffung eines neuen Automobils hervorruft. Der Kann-Gesichtspunkt kann unter anderem aus einem nicht mehr wirtschaftlichen Betrieb des alten Automobils oder den geänderten Vorlieben des Nutzers resultieren.

Hey-Joe-Effekt

Stufen nochmals mit einzubeziehen, um einer Ad-hoc-Umsetzung einer Anforderung entgegenzuwirken.

Vielmals ist „planloses" Vorgehen mit erhöhten Zusatzkosten verbunden, die es unter Wirtschaftlichkeitsgesichtspunkten unbedingt zu vermeiden gilt. Man kann hier auch von dem sogenannten **„Hey-Joe"-Effekt** sprechen, also der Ad-hoc-Änderung eines Software-Produktes auf Zuruf[7]. Dieses Vorgehen führt vielfach zu verdeckten Kosten der Software-Entwicklung.

Als Gründe für diese Tatsache lassen sich anführen:

- Ergonomische Mängel der Software, da deren einzelnen Bestandteile nicht mehr aufeinander abgestimmt sind,
- Zeitverzug bei der Erstellung des Software-Produktes, da die Änderungen im Rahmen des „Hey-Joe"-Effektes nicht absehbare Auswirkungen auf das Gesamtsystem haben können,
- Funktionsüberfrachtung der Software,
- Fehlende Wartbarkeit der Software durch Aufbau von Expertenabhängigkeiten im Zuge der Programmierung,
- Erschwerte Fehleranalyse bei Software-Problemen,
- Abweichungen von dem Leistungskatalog des Auftraggebers führen vielfach zu Dissonanzen bei der Abnahme des Software-Produktes.

Bereits dieses Beispiel zeigt, dass der Lebenszyklus eines Software-Produktes von komplexerer Natur ist. Eine wertmäßige Betrachtung des **gesamthaften Lebenszyklusses** und nicht nur eines Ausschnittes, wie der der Entwicklung, ist aus diesem Grunde mehr als gerechtfertigt. Der wirtschaftliche Fokus dieser Wertschöpfungskette kann im Speziellen durch ein effizientes **IT-Controlling** gewährleistet werden. Als Hauptcharakteristiken eines IT-Controllings sind zu nennen[8]:

IT-Controlling Charakteristiken

- Funktionsübergreifendes Steuerungsinstrument,
- Ergebnisorientierte Koordination von Planung, Kontrolle und Informationsversorgung,

---

[7] Erweiterung von Hossenfelder, W. / Schreyer, F.: DV-Controlling bei Finanzdienstleistern, Seite 2 ff.

[8] Erweiterung der Charakterisierung von Horváth und Partner: Das Controllingkonzept – 2. Auflage, Seite 5

- Unterstützung der Unternehmensleitung in ihren Führungsaufgaben durch Koordination der dafür notwendigen Entscheidungsprozesse,
- Sicherstellung der wirtschaftlichen Ausrichtung von Teilbereichen des Unternehmens sowie die entsprechende Koordination dieser Teilaktivitäten.

Durch ein Controlling kann die Unternehmensführung bei der Festlegung und Verfolgung der Unternehmensziele koordinations-, reaktions- und adaptionsfähig operieren, wobei sowohl interne als auch externe Einflussfaktoren, wie zum Beispiel die aktuelle und zukünftige Marktsituation, zu beachten sind[9]. Das Controlling ist gerade für die effektive und effiziente Begleitung einer Wertschöpfungskette besonders geeignet. Es hat zur Aufgabe, die Aktivitäten aller Unternehmensteilbereiche sowohl in sachlicher als auch zeitlicher Hinsicht im Sinne der Unternehmenszielerreichung abzustimmen und ist unter anderem verantwortlich für

➤ die Durchführung von Abweichungsanalysen zwischen Ist- und Soll-/Plansituationen,

➤ die transparente Erläuterung von Planabweichungen für das Management sowie

➤ das Vorschlagen, die Selbstinitiierung und/oder Koordination von Maßnahmen zur Gegensteuerung[10].

Dem ökonomischen Prinzip kann so bei dem Durchlaufen der Wertschöpfungskette entsprochen werden, so dass ein IT-Controlling bei dem ganzheitlichen Betrachtungsansatz der Wertschöpfungskette von Software-Projekten dringend notwendig ist.

---

[9] In Anlehnung an Horváth, P. / Reichmann, T.: Schlagwort: Controlling, Sp. 113

[10] Vgl. Hans, L. / Warschburger, V. : Controlling, Seite 3

2 Die Wertschöpfungskette aus Controlling-Sicht

Bevor ein Controlling / ein IT-Controlling die Wertschöpfungskette von IT-Projekten mit effizienten Controlling-Instrumentarien unterstützen kann, ist es erforderlich, die zu „controllende" Wertschöpfungskette näher zu spezifizieren. Nur wenn eine Wegbeschreibung, sei sie auch noch so grob strukturiert, vorliegt, lässt sich ein Ziel erreichen. Bezüglich der Wertschöpfungskette von IT-Projekten bedeutet dies, dass diese in ihren Grundstrukturen dem Betrachter bekannt ist, bevor er effektiv und effizient arbeiten kann. Daher widmet sich dieses Kapitel im Speziellen dieser Anforderung, um hier die Grundlagen für die weiteren Ausführungen zu legen.

2.1 IT-Unternehmensmodelle

Bei der Betrachtung der Wertschöpfungskette von Software-Produkten ist grundsätzlich zu beachten, dass das zugehörige Unternehmensmodell klassifiziert ist. Dieses entscheidet maßgeblich über den Betrachtungshorizont der betreffenden Wertschöpfungskette. Im Wesentlichen ist zwischen den nachfolgenden beiden Unternehmensmodellen eine Unterscheidung vorzunehmen:

➤ „Software-Produktion" als originärer Unternehmenszweck und

➤ „Software-Produktion" als integrierter Dienstleistungsbereich eines Unternehmens mit Unternehmensprodukten, die die entsprechenden Software-Produkte lediglich als sekundären Faktor mit einbeziehen.

Im ersten Fall handelt es sich in der Regel um ein reines Software-Entwicklungsunternehmen, wohingegen das zweite Unternehmensmodell die Software-Entwicklung als Abteilung innerhalb des Unternehmens ansieht, ohne die entwickelten Software-Produkte am Markt zu veräußern. Die Informationstechnologie wird direkt für die Kernprozesse des Unternehmens als interne Unternehmensdienstleistung herangezogen, so dass die eigentlichen Geschäftsziele zielgerichtet und effizient verrichtet werden können[11].

Dienstleistungen

Dienstleistungen zeichnen sich in der Regel durch zwei konstitutive Eigenschaftsmerkmale aus. Zum einen sind sie von immaterieller Natur und weisen einen Prozesscharakter auf. Zum anderen besitzen sie das Merkmal der Integrativität, was die Integration eines „externen" Produktionsfaktors in den Prozess der Leistungserstellung erforderlich macht. Dabei kann der externe Produktionsfaktor sowohl vom Nachfrager selbst dargestellt werden, aber auch lediglich ein von ihm zur Verfügung gestelltes Objekt sein, an welchem wiederum die eigentliche Dienstleistung zu verrichten ist[12]. Leistungsgeber und Leistungsnehmer arbeiten demzufolge eng zusammen, wobei deren Ausführungen von hoher Schwankungsbreite im Hinblick auf das erzielte Ergebnis sind[13].

Beispiel

Ein Unternehmen der Versicherungsbranche bietet kundenindividuelle Versicherungspolicen an. Hierzu benötigt es ein leistungsfähiges Software-Programm, welches anhand von Kundenprofilen die passenden Policen dem Kundenberater vorschlägt. Das Objekt „Police" wird der IT-Abteilung des Versicherungsunternehmens zur Verfügung gestellt, die ein passendes Programm nach Vorgaben der Unternehmensabteilung „Verkauf" zu entwickeln hat. Da die IT-Abteilung in der Regel nicht das Fachwissen rund um die Eigenschaften und Eigenarten von Versicherungspolicen besitzt, die Fachabteilung „Verkauf" jedoch in der Regel ein Software-Programm infolge fehlendem IT-Entwicklungswissen nicht eigenständig erstellen kann, ist hier eine integrative Zusammenarbeit der beiden beteiligten Parteien notwendig. Das Beispiel zeigt, dass mit dem externen Produktionsfaktor auch ein abteilungsübergreifendes Arbeits- respektive Produktionsverhältnis angesprochen werden kann.

Software-Produktion als Dienstleistungsbereich

Eine In-House betriebene IT-Abteilung erbringt im Wesentlichen die Dienstleistungen

➢ Entwicklung/Wartung/Infrastrukturbereitstellung,

---

[11] Vgl. von Dobschütz, L.: IV-Wirtschaftlichkeit, Seite 435

[12] In Anlehnung an Klose, M.: Qualitätscontrolling für Dienstleistungsunternehmen, Seite 645

[13] Siehe auch Kotler, P. / Bliemel, F.: Marketing-Management – 9. Auflage, Seite 673

2.1 IT-Unternehmensmodelle

➢ Produktion/Programmeinsatz und
➢ Benutzerservice/Helpdesk.

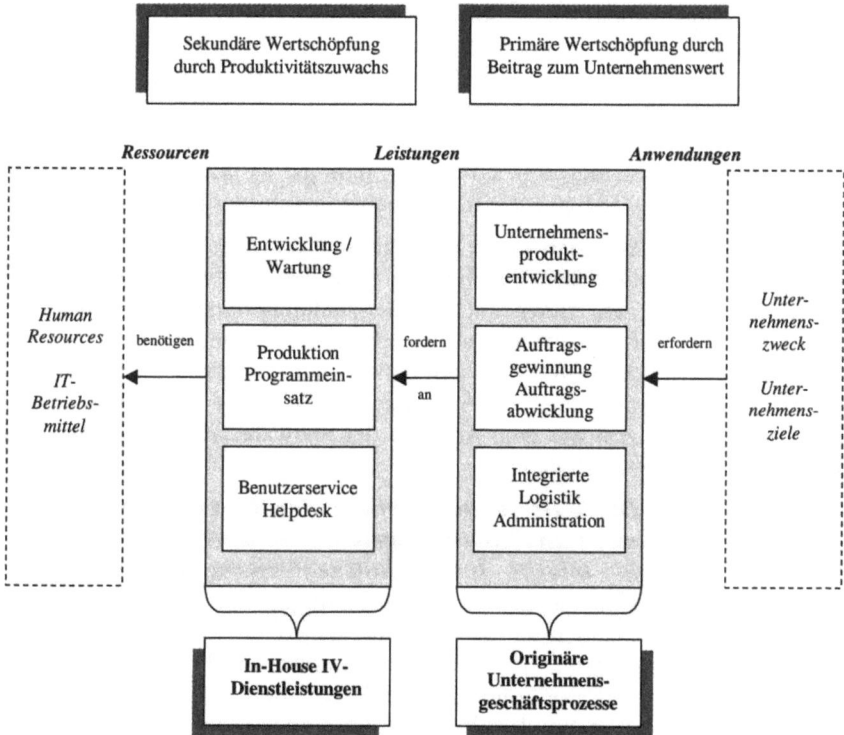

Abb. 2.1: Die Wertschöpfungsstufen der betrieblichen Informationstechnologie als interner Dienstleister[14]

Diese werden der Fachabteilung vom IT-Bereich durch wirtschaftliche Kombination von Personal, Betriebsmitteln und Management zur Verfügung gestellt.[15]. In Abbildung 2.1 werden explizit diese innerbetrieblichen Wertschöpfungsstufen der Informationsverarbeitung dargestellt. Ausgehend von dem eigentlichen Unternehmenszweck wird die hierfür erforderliche IT-Leistungsverwendung durch die IT-Leistungserstellung sicherge-

---

[14] In Anlehnung an von Dobschütz, L.: IV-Wirtschaftlichkeit, Seite 435
[15] Vgl. von Dobschütz, L.: IV-Wirtschaftlichkeit, Seite 435

stellt, was wiederum den oben erwähnten integrativen Charakter einer Dienstleistung untermauert[16].

Software-Produktion als originäre Unternehmensaufgabe

Ist hingegen die Software-Erstellung der originäre Unternehmenszweck, so fällt der Bereich der IT-Leistungsverwendung für das Unternehmen weg. An deren Stelle tritt der Verkauf des Software-Produktes am Markt. Für Wartungs- oder Weiterentwicklungsmaßnahmen wird das jeweilige „externe" (produkterstellende) Unternehmen neu oder im Rahmen eines laufenden Vertrages beauftragt, so dass dieses im Sinne der Wertkettendarstellung stets als unternehmensexterner Faktor aufgefasst wird.

Der Sachverhalt der „externen Software-Erstellung" nimmt jedoch in dieser Ausarbeitung nicht den Hauptfokus ein. Es ist Ziel, einen ganzheitlichen Betrachtungsansatz über die Wertschöpfungsketten von innerhalb des Unternehmens verbleibenden Software-Produkten darzustellen. Bei der Software-Produktion als originärer Unternehmenszweck endet der Wertschöpfungsprozess mit dem Abtreten der Software an das auftraggebende Unternehmen.

Die weitere Betrachtung des Lebenszyklusses der Software aus Controllingsicht geht davon aus, dass die IT eine interne Unternehmensabteilung ist. Selbstverständlich sind die getroffenen Ableitungen auch auf das andere Unternehmensmodell übertragbar, jedoch wird hier der Bereich der direkten IT-Leistungsverwendung nicht fokussiert betrachtet. Aus Controllingsicht unterscheiden sich beide Unternehmensmodelle, dass bei ersterem Modell (Software-Produktion als originärere Unternehmenszweck) der Produkteinsatz für ein auftraggebendes Unternehmen mit fixen Kosten und damit im Sinne des Controllings kaum steuerbaren Entwicklungskosten verbunden ist[17]. Hier sind dann in der Regel für das Controlling Make-or-Buy-Entscheidungen zu treffen, wobei die Nutzung von Kostensenkungspotenzialen im Vordergrund steht. Buy steht für

---

[16] Der Begriff der Wertschöpfung wird in Kapitel 2.3 eingehend definiert. An dieser Stelle soll die Aussage ausreichen, dass mit Wertschöpfung ein unter Wirtschaftlichkeitsgesichtspunkten zu erzielendes Ergebnis für das Unternehmen gemeint ist. Die Wertschöpfungsstufen bilden dabei die daran beteiligten Prozesse ab.

[17] Für das Controlling des auftraggebenden Unternehmens stellt sich die Frage, ob das Software-Produkt zu den entsprechenden Kosten zu erwerben ist oder eben nicht. Eine diesbezügliche Empfehlung ist dann an das Management zu geben.

den Zukauf dieser Leistungen, wohingegen Make die Eigenerstellung der IT-Leistungen impliziert[18]. Im Falle der In-House-Software-Erstellung (Make-Entscheidung) kann dieser Erstellungsprozess wirtschaftlich und erfolgsorientiert mit entsprechenden Controlling-Instrumenten begleitet werden. Somit wird dem ganzheitlichen Charakter des Lebenszyklusses eines Software-Produktes entsprochen.

2.2 Wertorientierter Lebenszyklus eines Software-Produktes

Es gibt in der Praxis mehrere unterschiedliche Definitionen des Produktbegriffes, so dass auch die Beschreibung eines Produktlebenszyklusses nicht ganz unproblematisch ist[19]. Anhand der in Abbildung 1.1 dargestellten Phasen eines Software-Produktes lässt sich sowohl das Produkt an sich als auch der Produktlebenszyklus recht eindeutig pauschalisieren. Keinesfalls ist der Produktbegriff mit dem Projektbegriff gleichzusetzen, was vielfach in der Praxis der Fall ist. Ein **Produkt** an sich umfasst ein größeres Betrachtungsspektrum als ein **Projekt**, da dieses nur ein Teil eines Produktes ist und im Wesentlichen für dessen Erstellung als auch Weiterentwicklung sowie Wartung zuständig ist. Es betrachtet lediglich den operativen Bereich des Produktlebenszyklusses. Wie die nachfolgende Abbildung 2.2 zeigt, vertritt dieses Konzept den Standpunkt, dass ein IT-Produkt zum einen als Ergebnis eines IT-Projektes anzusehen ist, aber zum anderen auch als Auslöser eines neuen Projektes herangezogen werden kann. Infolge eines ineffizienten Produktentwicklungsprozesses kann die Wirtschaftlichkeit des Produktes erheblich beeinträchtigt werden, was dazu führt, dass Nacharbeiten an dem fertigen Produkt erforderlich sind, um die Wirtschaftlichkeitskriterien besser erfüllen zu können. Sind die Produktanforderungen durch den Auftraggeber nicht klar und eindeutig definiert worden, so werden die Projekt- beziehungsweise Produktentwicklungskosten und damit auch die Produktkosten in die Höhe getrieben, da ständig Rücksprünge im Rahmen des Entwicklungsprozesses erfolgen (Stichwort: Hey-Joe-Effekt).

---

[18] Vgl. Brenner, W. / Wilking, G. / Zarnekow, R.: Strategische Aspekte des Make or Buy im Informationsmanagement, Seite 11

[19] Siehe unter anderem Horváth, P. / Reichmann, T.: Schlagwort: Produktlebenszyklus-Konzept, Sp. 521-524

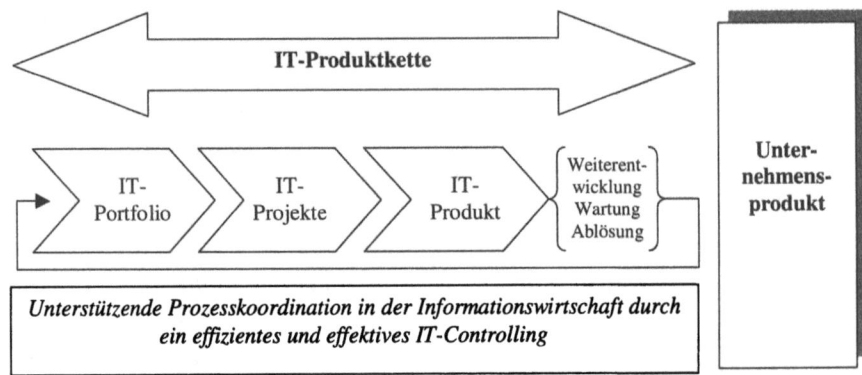

Abb. 2.2: Konzept des IT-Controllings mit dem Fokus auf die IT-Produktkette[20]

Das magische Dreieck[21] der Projektabwicklung wirkt sich direkt auf das Produktergebnis, auf den Markteintrittstermin des Produktes, auf die Produktqualität/Produktfunktionalität als auch auf den Produktpreis sowie die Produktkosten aus. Im gleichen Umfang nehmen die Produktzielgrößen auf die Projektzielgrößen Einfluss, so dass hier eine gegenseitige Wechselbeziehung geschaffen wird[22]; Abbildung 2.3 zeigt diesen Projekt-/Produktsachverhalt. Infolge der aufgezeigten Wechselbeziehungen ist eine gezielte Steuerung der Übergänge zwischen Projekt und Produkt erforderlich, welches durch ein gezieltes Controlling selbständig oder zumindest managementunterstützend vorgenommen werden kann.

In Abbildung 2.2 wird die Portfoliosteuerung als Eingangsgröße in die Projektabwicklung erwähnt, was wiederum der strategischen Phase des in Abbildung 1.1 dargestellten Phasenmodells des Software-Produktes entspricht. Hier beginnt die bereits ange-

---

[20] Abwandlung des IV-Controlling-Modells von Krcmar, H. / Buresch, A.: IV-Controlling – Ein Rahmenkonzept, Seite 6

[21] Das magische Dreieck vereinigt die Sachziele Qualität / Funktionalität, Budget/Kosten und Termineinhaltung eines effektiven und effizienten IT-Controllings (siehe auch Kapitel 3).

[22] In Anlehnung an Schmelzer, H.J. / Friedrich, W.: Integriertes Prozeß-, Produkt- und Projektcontrolling, Seite 335

2.2 Wertorientierter Lebenszyklus eines Software-Produktes

sprochene Produktkette, denn hier werden die Grundlagen für den Produktlebenszyklus gelegt. Die meisten Verbraucher verbinden mit einem Produkt ein Gut, das sie nach ihren Bedürfnissen erwerben, um einen Nutzen daraus erzielen zu können. Auch im Rahmen dieses Buches wird der IT-Produktbegriff ähnlich geprägt.

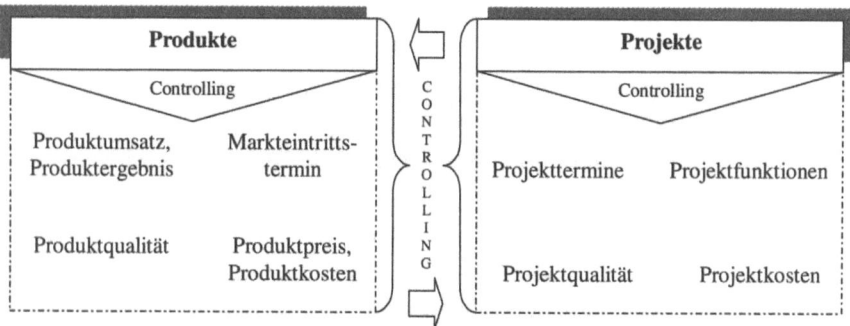

Abb. 2.3: Wechselbeziehungen zwischen Projekt und Produkt

IT-Produkt

Ein **IT-Produkt** repräsentiert ein System, also eine Menge von Elementen, die in bestimmter Weise miteinander in Verbindung stehen, so dass Informationen zwischen den Elementen eines Systems und zwischen dem System selbst sowie seiner Umwelt ausgetauscht werden können (Informationssystem)[23]. Der Schwerpunkt dieses Buches ist auf die Betrachtung von Software-Produkten ausgerichtet. Ein IT-Produkt kann jedoch auch ein Hardwareprodukt (zum Beispiel: Server, Arbeitsplatzausstattungen, etc.) sein. **Wird im Folgenden von IT-Produkten gesprochen, so ist dies mit Software-Produkten gleichzusetzen**. Das Produkt erbringt im Sinne der Informationsgewinnung, Informationsverarbeitung und Informationsweitergabe einen wirtschaftlichen Nutzen für das einsetzende Unternehmen. Ein Projekt hingegen sollte zwar auch einen wirtschaftlichen Nutzen für das herstellende Unternehmen verkörpern, doch erst mit dem Markteinsatz firmiert das IT-Projektergebnis zu einem IT-Produkt.

Erweiterter Produktbegriff

Bis zum Markteinsatz sind Vor- und Erstellungsarbeiten notwendig, aber auch Nacharbeiten (Wartung, Weiterentwicklung) resultierend aus diesem Markteinsatz. Da diese direkt mit dem IT-

---

[23] Vgl. Krcmar, H.: Informationsmanagement – 2. Auflage, Seite 20

Produkt in Verbindung stehen, kann man bei deren Betrachtung innerhalb der Produktkette auch von dem **erweiterten Produktbegriff** sprechen. Infolge des immanenten Einflusses der erweiterten Produktkettenbestandteile auf das IT-Produkt werden diese ebenfalls im Rahmen dieses Buches unter dem Begriff des IT-Produktes impliziert. Wie Abbildung 2.2 zeigt, ist bei dem betrachteten Unternehmensmodell das IT-Produkt Bestandteil des Unternehmensproduktes, welches erst für das einsetzende Unternehmen einen Marktnutzen erbringt.

Beispiel

Für die Abwicklung eines Wertpapiergeschäftes sind eine Vielzahl von Faktoren erforderlich:

- die Informationstechnologie hat die notwendigen Systeme zur Abwicklung dieses Geschäftsprozesses bereitstellen,
- die Aktie ist handelbar,
- es besteht ein Interesse bei potenziellen Kunden an Wertpapiergeschäften.

Der Kunde erwirbt die Aktie, nicht jedoch das zugehörige IT-System, so dass das Produkt hier die Aktie ist. Das IT-Produkt ☞ Wertpapierhandelssystem ☜ liefert hierzu entscheidende Zuarbeiten, wird jedoch dem Kunden selbst nicht übergeben und erbringt somit auch kein direktes Produktergebnis.

Die Produktterminologie ist abhängig vom Einsatz beziehungsweise Vertrieb des Gutes. Vertreibt ein Softwarehaus dieses IT-Produkt ☞ Wertpapierhandelssystem ☜ an eine Bank, so ist das IT-Produkt gleichzeitig auch ein Unternehmensprodukt für das Softwarehaus. Im Rahmen dieses Buches erhält der Begriff des Unternehmensproduktes eine andere Intention als der des IT-Produktes, da die IT als unternehmensinterner Dienstleister angesehen wird. Der Fokus wird dabei explizit auf die Betrachtung der **wertorientierten IT-Produktkette** gelegt.

Produktlebenszyklus-Konzept

Durch die bisherigen Aussagen hat sich herauskristallisiert, dass ein am Markt offeriertes Produkt nie isoliert betrachtet werden kann. Vielmehr ist gerade dessen Gesamt-Lebensweg von der Produktidee bis hin zur Produktablösung aus wertorientierter und wirtschaftlicher Sichtweise interessant. Für die Begleitung dieses Lebensweges ist das **Produktlebenszyklus-Konzept**[24]

---

[24] Als gebräuchliche Begriffe für dieses Produktlebenszyklus-Konzept werden auch die Bezeichnungen Life-Cycle-Analysis und Lebenszykluskonzept herangezogen.

2.2 Wertorientierter Lebenszyklus eines Software-Produktes

das geeignete Instrumentarium. Es hat die Aufgabe, als strategisches Planungs- und Kontrollinstrument eben diesen „Produktlebensweg" in seiner zeitlichen Entwicklung anhand von strategischen und operativen Indikatoren aufzuzeigen[25]. Der Hauptindikator eines jeden Lebenswegabschnittes ist der wertorientierte Nutzen des Produktes für das Unternehmen in Form von Umsatz und Gewinn. So können durch den Einsatz des Lebenszykluskonzeptes Hinweise gewonnen werden, ob Maßnahmen zu ergreifen sind, um die Eigenschaften und Auswirkungen auf den Unternehmenswert von IT-Produkten, wie zum Beispiel deren Kostenverursachung, zu beeinflussen[26]. Dabei wird versucht, einen messbaren Zusammenhang zwischen den gewählten Indikatoren im Zeitablauf herzustellen. Hierzu werden Planwerte für die einzelnen Lebenszyklusabschnitte festgelegt, die dem Ist-Verlauf gegenüber gestellt werden. So kann man durch einen Plan-Ist-Vergleich im Rahmen der Lebenszyklusabschnitte Handlungsbedürfnisse für die Gesamtbetrachtung des wirtschaftlichen Einsatzes des Produktes erkennen[27].

IT-Anwendungen werden schließlich mit dem Ziel erstellt oder auch beschafft, die Leistungsfähigkeit und Wirtschaftlichkeit betrieblicher Abläufe zu steigern. Jedoch verursachen diese zunächst im Rahmen der Anschaffung/Entwicklung, des Betriebes, der Unterhaltung/Instandhaltung und der Stilllegung Aufwand, wohingegen der geplante Ertrag erst durch den betrieblichen Einsatz generiert wird[28]. Die meisten Unternehmen haben ausschließlich ein sehr ausgefeiltes Projektcontrolling etabliert, doch nur sehr wenige verfolgen die Wirtschaftlichkeit ihrer IT-Anwendungen über den kompletten Produkt-Lebenszyklus.

Phasenweise Lebenszykluskosten

Nach Praxiserfahrungen ist festzustellen, dass die Entwicklungs- und Einführungskosten einer IT-Anwendung nicht selten nur 40 bis 50 Prozent der gesamten Lebenszykluskosten des entspre-

---

25 Vgl. Horváth, P. / Reichmann, T.: Schlagwort: Produktlebenszyklus-Konzept, Sp. 521-522

26 Vgl. Back-Hock, A.: Lebenszyklusorientiertes Produktcontrolling, Seite 6

27 Siehe auch Töllner, A.: Methoden des IV-Controllings als Hilfsmittel zur Gestaltung der Informationsverarbeitung, Seite 55

28 Vgl. Kütz, M.: Lebenszyklussteuerungen von IV-Anwendungen, Seite 233

chenden Produktes ausmachen. 50 bis 60 Prozent der Lebenszykluskosten entfallen hingegen auf den **Systemunterhalt**[29], der neben der Wartung ebenfalls die Weiterentwicklung, die Ablösung als auch den eigentlichen Einsatz des Produktes umfasst. Hierbei sind nicht die Kosten berücksichtigt, die zu Beginn des Lebenszyklusses durch die Strategie- oder auch Konzeptionsphase verursacht werden. Doch gerade auch diese Phase kann infolge kurzer Innovationszyklen im Informationstechnologie-Bereich zu hohen Kosten führen, da ein Produkt mit einem „überalterten" Technologiestand am Markt nicht mehr einsetzbar beziehungsweise absetzbar ist. Wird darauf nicht mit strategischen Konzepten und neuen Produkten reagiert, so kann dies bei einem verspäteten Markteintritt mit einem beträchtlichen Umsatz- und Gewinnverlust für das Unternehmen einhergehen[30]. Der frühzeitige Markteintritt spielt daher eine entscheidende Rolle, um bei Produkten, die einer hohen Innovationsrate unterliegen, noch ein verhältnismäßig großes Wertschöpfungspotenzial zu erzielen. Die Grundsteine hierzu werden in der Strategie– oder Konzeptionsphase eines IT-Produktes gelegt.

Operativer Produktmarktlebenszyklus

Im Sinne der Absatzpolitik eines Produktes beschränkt sich die Betrachtung des Produktlebenszyklusses auf die Phasenabschnitte Einführungsphase, Wachstumsphase (Marktdurchdringung), Reifephase (Marktsättigung) und letztendlich Rückgangsphase (Marktdegeneration). Doch wird mit dieser eingeschränkten Sichtweise auf den operativen Markteinsatz des Produktes lediglich dessen Absatzmengenverlauf beziehungsweise Nutzenverlauf im Allgemeinen für das Unternehmen abgebildet, so dass man von einem **operativen Produktmarktlebenszyklus** sprechen kann. Dabei werden die folgenden Aspekte vorausgesetzt[31]:

- Das Produkt hat eine begrenzte Lebensdauer auf dem Markt.

- Der Produktumsatz/-nutzen durchläuft deutlich differierende Lebenszyklusphasen.

---

[29] Vgl. Kargl, H.: Controlling im DV-Bereich, Seite 100

[30] Vgl. Litke, H.D.: Projektmanagement – 2. Auflage, Seite 49

[31] Siehe auch Kotler, P. / Bliemel, F.: Marketing-Management – 9. Auflage, Seite 565

2.2 Wertorientierter Lebenszyklus eines Software-Produktes

- Das Gewinn-/Nutzenpotenzial steigt beziehungsweise fällt mit den verschiedenen Phasen des operativen Produkt-Lebenszyklusses.

- Als Steuerungsmaßnahmen für Gewinn und Nutzen sind innerhalb der einzelnen Phasen des operativen Produktlebenszyklusses unterschiedliche Aktivitäten und Strategien umzusetzen.

Für letztere Voraussetzung lassen sich die nachfolgenden Aktivitäten und Maßnahmen ergreifen, um den operativen IT-Produktmarktlebenszyklus unter wirtschaftlichen Gesichtspunkten abwickeln zu können:

- **Wartung** eines IT-Produktes über den kompletten operativen Produktmarktlebenszyklus,

- **Weiterentwicklung** während der Wachstumsphase sowie der Reifephase und

- **Produktablösung** während der Phase der Marktdegeneration.

Von **Wartungsprojekten** wird in der Regel gesprochen, wenn existente Fehler des entwickelten Software-Produktes während des operativen Einsatzes behoben werden. Die hierzu erforderlichen Erkenntnisse ergeben sich aus der tatsächlichen Nutzung des Produktes und sind in der Regel im Vorfeld nicht planbar.

Unter einem **Weiterentwicklungsprojekt** versteht man die Modifikation der Eigenschaften und Funktionalitäten des Software-Produktes; die Kernfunktionalitäten bleiben jedoch erhalten. Dies kann zum Beispiel durch eine restriktive Gesetzesvorgabe oder aber auch durch einen Vorstandsbeschluss initiiert werden[32]. Letzterer dient in der Regel dazu, das Kosten-/Nutzenverhältnis des Software-Produktes zu verbessern, wohingegen die Gesetzesvorgabe regulatorischer Art ist und dem Wirtschaftlichkeitsprinzip nicht unbedingt unterworfen werden kann.

Wartungsprojekte dienen zur Aufrechterhaltung des operativen Einsatzes der Software-Produkte und sorgen für deren wirtschaftliche Arbeitsweise, wohingegen **Weiterentwicklungsprojekte** infolge regulatorischer Kenngrößen nur als zusätzlicher Kostenfaktor auftreten können. An dieser Stelle wird nicht näher auf die verschiedenen Projektausprägungen eingegangen, da in Kapitel 3.3 diese Thematik nochmals vertieft wird.

---

[32] Vgl. Kisting, J.: IV-Controlling für große Wartungsprojekte, Seite 90

Diese projektorientierten IT-Aktivitäten sind im Rahmen des operativen Produktmarktlebenszyklusses standardmäßig nicht vorgesehen. Sie sollten nicht ohne ausreichende strategische und planerische Maßnahmen vorgenommen werden, um die wertorientierte Gesamtbetrachtung des IT-Produktes nicht zu gefährden. Verdeutlicht wird dieser Sachverhalt in Abbildung 2.4. Hier werden die Bestandteile IT-Portfolio und IT-Projekte als entscheidende Umweltfaktoren des operativen Produktmarktlebenszyklusses in die Gesamtbetrachtung integriert.

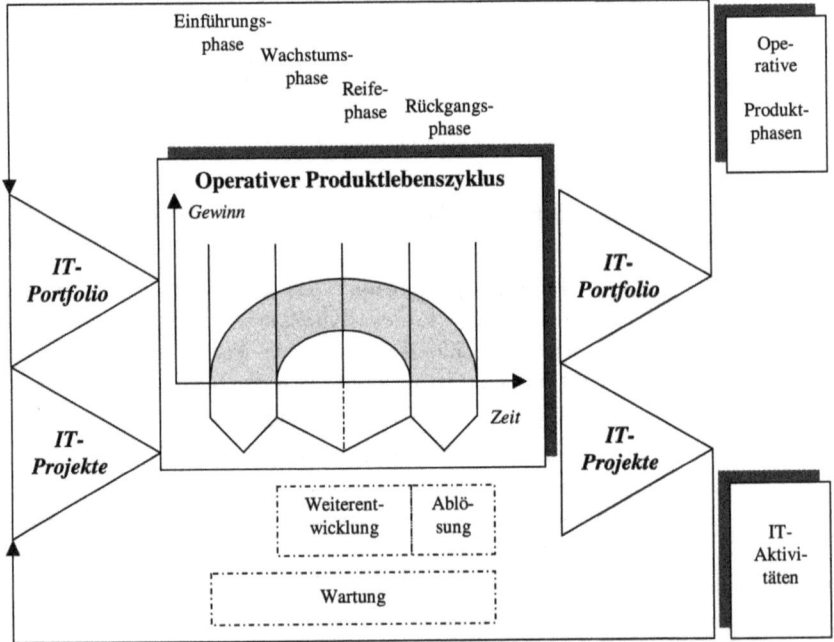

Abb. 2.4: Operativer Software-Produktmarktlebenszyklus unter Beachtung von IT-spezifischen Umweltfaktoren[33]

Neben dem erweiterten Produktbegriff ist es ebenfalls erforderlich, das *erweiterte Produkt-Lebenszykluskonzept* zu be-

---

[33] Der dargestellte operative Produktmarktlebenszyklus ist stark vereinfacht wiedergegeben. Es soll lediglich die Konvergenz zwischen IT-Aktivitäten und operativen Produktphasen aufgezeigt werden, ohne einen realen zeit-/gewinnbezogenen Lebenszyklusverlauf darstellen zu wollen.

trachten, so dass ebenfalls die Kosten- und Nutzenpotenziale der Beobachtungs- oder Strategiephase sowie der Entwicklungsphase im Rahmen der gesamthaften Betrachtung des Produktlebenszyklusses Berücksichtigung finden.

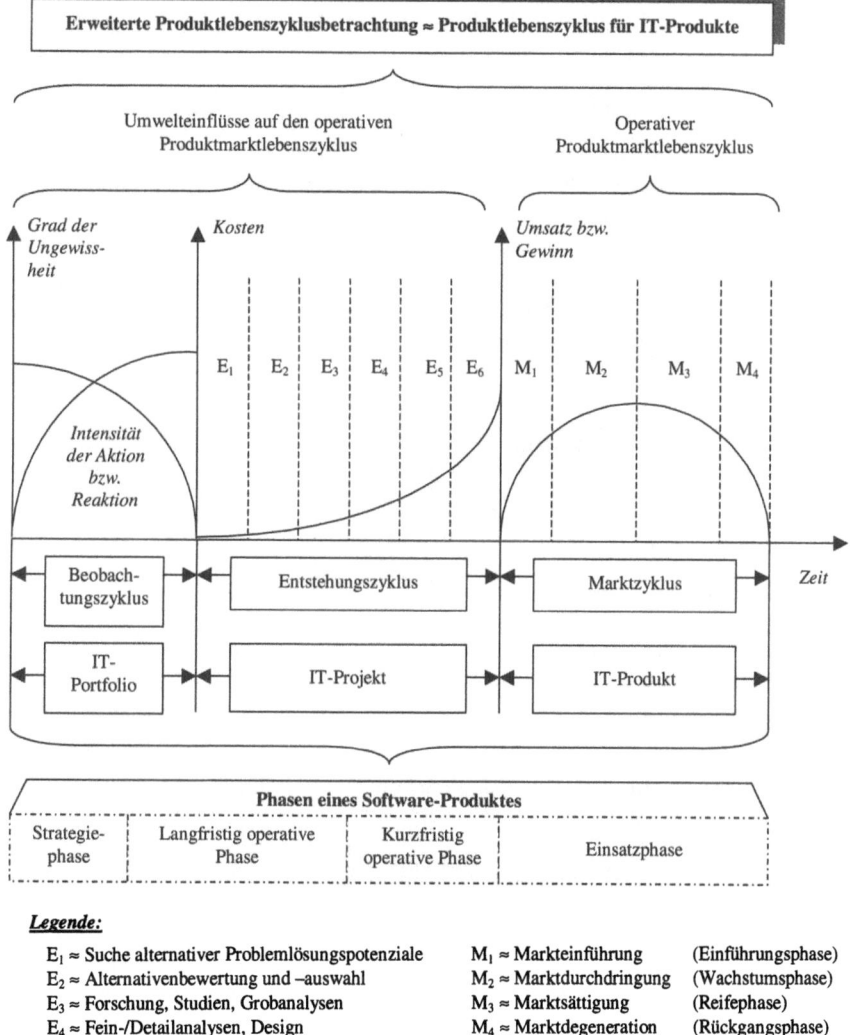

Abb. 2.5: Gesamthafter Lebenszyklus eines Software-Produktes

Diese wird in Abbildung 2.5[34] vorgenommen und im Folgenden unter dem Begriff des **Produktlebenszyklusses für IT-Produkte** impliziert, da nur durch die gesamthafte Betrachtung eine detaillierte wertorientierte Analyse eines IT-Produktes vorgenommen werden kann. Dabei wird innerhalb der Entstehung als Vorgehensmodell der Software-Entwicklung vereinfacht das Wasserfallmodell impliziert (E_4 bis E_6). Es ist in der Theorie weit verbreitet, wird jedoch in der Praxis infolge seiner Linearisierung der Vorgehensweise als unrealistisch angesehen. Anders das Fischtreppen-Patch-Modell, dargestellt in Abbildung 2.6, welches Rücksprünge in vorgelagerte Entwicklungsphasen ermöglicht. Da jedoch der Fokus dieses Buches auf der gesamthaften Betrachtung der Wertschöpfungskette eines IT-Produktes liegt, wird dieses „Fischtreppen-Wasserfallmodell" im Rahmen der IT-Projektabwicklung genutzt. Andere Vorgehensmodelle lassen sich ebenfalls in diese Wertschöpfungskette integrieren, finden hier jedoch keine nähere Erläuterung.

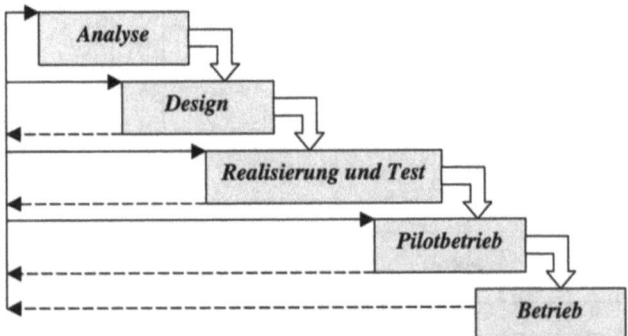

Abb. 2.6: Das Fischtreppen Wasserfallmodell[35]

Bevor die Wertschöpfungskette eines IT-Produktes betrachtet und damit auch der wertorientierte Lebenszyklus eines IT-Produktes näher spezifiziert wird, ist kurz zu verdeutlichen, dass ein Lebenszykluskonzept lediglich eine Grobrichtung über die gesamte marktorientierte Produktentwicklung angeben kann. Das

---

[34] Modifizierte Darstellung des erweiterten Produktlebenszyklus-Modells aus Pfeiffer, W. / Bischof, P.: Produktlebenszyklen, S. 136

[35] In Anlehnung an Fröhlich, A.W.: Mythos Projekt, Seite 76

2.2 Wertorientierter Lebenszyklus eines Software-Produktes

Konzept hat keine normative Aussagekraft, da unter anderem folgende Einschränkungen gelten[36]:

- Infolge der nicht existenten eindeutigen Definition des Produktbegriffes im Allgemeinen und im Speziellen des IT-Produktes fehlen differenzierte Forschungen über die Entstehung, Entwicklung und Verbreitung eines Produktes bis hin zur Ablösung nahezu gänzlich.

- Eine Gesetzmäßigkeit des IT-Produktlebenszyklusses liegt nicht vor und lässt sich auch weder empirisch belegen noch theoretisch ableiten.

- Lebenszyklen werden von umweltbezogenen Eigenschaften, wie zum Beispiel marketingpolitische Aktivitäten rund um die Vermarktung des Produktes, beeinflusst, so dass sich keine zeitlichen Gesetzmäßigkeiten über den Alterungsprozess des IT-Produktes ausmachen lassen.

- Es gibt keine eindeutigen Kriterien zur Abgrenzung der Lebenszyklusphasen (Beispiele: Verwendung unterschiedlicher Software-Entwicklungsvorgehensmodelle, allgemeine Schnelllebigkeit von IT-Produkten, nicht greifbare Produktergebnisse in Form von Quellcodes und dergleichen mehr).

- Da die IT-Produkte in der Regel nur einen Teil der eigentlichen Unternehmensprodukte verkörpern, sind diese maßgeblich von deren Werdegang abhängig, so dass ein IT-orientiertes Lebenszykluskonzept stets zu reagieren hat und häufig nicht von sich aus agieren kann.

Wertorientierter Lebenszyklus für Software-Produkte

Betrachtet man gerade IT-Produkte aus lebenszyklusorientierter Sichtweise, so kann man zum einen vermeiden, nur einen eingeengten Blickwinkel auf den Entwicklungsprozess in Form von IT-Projekten zu legen. Zum anderen lassen sich durch die Einbeziehung der Strategie- sowie Einsatzphase Prognosen im Hinblick auf die wertorientierte Einbringung des IT-Produktes in die Unternehmensphilosophie vornehmen. Frühzeitig sind so Änderungen an dessen Nutzenerbringung für das einsetzende Unternehmen erkennbar, so dass steuerungspolitische Gegenmaßnahmen ergriffen werden können[37]. Nur durch den gesamthaften Blick

---

[36] In Anlehnung an und Erweiterung von Meffert, H.: Marketing – 7. Auflage, Seiten 372-373

[37] In Anlehnung an Meffert, H.: Marketing – 7. Auflage, Seite 64

auf das IT-Produkt lassen sich sinnvolle controllingsensitive Maßnahmen etablieren. Jede Aktivität eines Unternehmens wird im Hinblick auf die Erzielung eines Nutzens in Form von Umsatz und Gewinn vorgenommen. Ein IT-Produkt kann als ein Teil solcher Aktivitäten angesehen werden, so dass von einem wertorientierten Lebenszyklus eines IT-Produktes gesprochen werden kann. Nur bei Erzielung eines Nutzens wird sich dieses am Markt durchsetzen können; daher der Begriff des **„wertorientierten Lebenszyklusses für ein Software-Produkt"**. Im nachfolgenden Kapitel wird dieser Aspekt nochmals durch eine detailliertere Betrachtung der Wertschöpfungskette von IT-Produkten verdeutlicht.

2.3 Wertschöpfungskette eines IT-Produktes/IT-Projektes

In der Allgemeinen Betriebswirtschaftslehre steht der Begriff der **Wertschöpfung** eines Betriebes für die Summe der durch die Kombination von Arbeit, Betriebsmitteln/Werkstoffen, (Boden) und Kapital im Rahmen der Produktion geschaffenen Mehrwerte (value added). Dabei umfassen diese geschaffenen Mehrwerte die betriebliche Gesamtleistung abzüglich der von Dritten bezogenen Vorleistungen. Das Wertschöpfungsdenken beruht auf der Vorstellung, dass durch die betriebliche Produktion innerhalb des zwischenbetrieblichen Werteumlaufs ein Überschuss entsteht, der wiederum auf dem Markt platziert werden kann[38]. Unter dem Begriff der Wertschöpfung wird hingegen nicht die einschränkende Sichtweise der Subtraktion von Rohstoff-Einkaufspreisen von den Verkaufspreisen verstanden. Vielmehr werden explizit alle Inputfaktoren zur Mehrwerterstellung betrachtet[39], so dass in Anlehnung an Porter auch von dem Begriff der **Wertkette**[40] gesprochen werden kann. Der geschaffene Mehrwert wird im Sinne des **Wirtschaftlichkeitsprinzips** als Output dem Markt zugänglich gemacht. Somit hat dieser Outputvorgang wertsteigernd zu erfolgen, wobei eine Beziehung zwi-

---

[38] Siehe auch Lück, W.: Lexikon der Betriebswirtschaftslehre – 4. Auflage, Sp. 1272

[39] Siehe auch Forster, R. / Widmer, N.: Die Wertkette im Zeitalter der Webtechnologie

[40] Der Begriff der Wertkette wird im Folgenden noch explizit definiert werden.

2.3 Wertschöpfungskette eines IT-Produktes/IT-Projektes

schen dem Ergebnis (Ertrag, Nutzen) dieser Maßnahme und dem erforderlichen Mitteleinsatz (Aufwand, Kosten) herzustellen ist. Unterliegen tut diese geschilderte Maßnahme dann dem **absoluten Wirtschaftlichkeitsprinzip**, wenn die Erträge die Aufwendungen übersteigen[41].

Die „Produktion" eines IT-Produktes und im Speziellen einer Software lässt sich jedoch nicht mit dem traditionellen Produktionsprozess zum Beispiel eines Automobils gleichsetzen. Eine Software ist für den letztendlichen Nutzer nicht greifbar beziehungsweise nicht mit den Sinnesorganen wahrnehmbar. Sie ist nur subjektiv bewertbar, was dazu führt, dass vielfach keine quantitativen Bewertungsfaktoren für die Bestimmung der Wirtschaftlichkeit herangezogen werden können, sondern lediglich qualitative Aussagen möglich sind[42]. Dies liegt auch an der Tatsache, dass eine Heterogenität zwischen den Faktoren und Größen des Mitteleinsatzes für die Erstellung des Software-Produktes und dessen zu erbringenden Ergebnissen vorliegt[43]. Es wird in der Regel ein personenorientierter Input in die Generierung / Entwicklung des Software-Produktes vorgenommen, wohingegen der Output des entsprechenden Software-Produktes infolge des nicht greifbaren, eindeutigen Ergebnisbeitrages wertmäßig kaum festgestellt werden kann.

Beispiel

Ein Schnittstellenprogramm wird zur Verknüpfung einer Datenbank $\underline{A}$ mit einer Datenbank $\underline{B}$ für den Aktienhandel entwickelt. Zur Erstellung des Schnittstellenprogramms sind in der Regel Personenkapazitäten erforderlich, die einen gewissen „greifbaren" Aufwand verursachen. Eventuell fallen noch weitere Kosten, zum Beispiel für die Beauftragung von externen Gewerknehmern oder aber auch Investitionen für weitere Software-Produkte, an, die für die Erstellung des Schnittstellenprogramms notwendig sind.

> ➢ Doch wie ist der entsprechende Output dieses erstellten Schnittstellenprogramms zu bewerten?
> ➢ Welchen direkten Ergebnisbeitrag für das einsetzende Unternehmen bringt dieses Programm?

---

[41] Siehe auch von Dobschütz, L.: IV-Wirtschaftlichkeit, Seite 433
[42] Siehe auch Kargl, H.: Management und Controlling von IV-Projekten, Seite 39
[43] Vgl. Haufs, P.: DV-Controlling, Seite 40

> Auf welche weiteren Produkte hat dieses Programm wirtschaftliche Auswirkungen?

In der Regel lassen sich diesbezüglich nur Aussagen über den qualitativen Nutzen dieses Schnittstellenprogramms treffen, da ein direkter sichtbarer, mess- und greifbarer Unternehmensbezug fehlt. Zwar sind für Umweltfaktoren dieser Software geldwerte Messgrößen definierbar, wie zum Beispiel für den Fall der Nicht-Verwirklichung dieses Schnittstellenprogramms. Dann kann jedoch unter Umständen das Nicht-IT-Produkt „Aktie" nicht in dem geforderten Maße am Markt platziert werden, was wiederum zu einer erwarteten Umsatzeinbuße von 10% führt. Hier wird jedoch der Ertrag beziehungsweise die Ertragseinbußen für das marktorientierte Unternehmensprodukt angegeben, nicht für das Schnittstellenprogramm. Eine 1:1-Implikation ist in der Regel nicht möglich, da weitere Auswirkungen dieses IT-Produktes auf weitere Unternehmensprodukte zu erwarten sind. Qualitativ sind diese Auswirkungen greifbar, denn in der Regel ist bekannt, welchen Stellenwert die beiden genannten Datenbanken A und B für das Unternehmen haben. Doch wie sich deren Verknüpfung mittels des Schnittstellenprogramms in geldwerter Hinsicht auf das einsetzende Unternehmen auswirkt, lässt sich kaum darstellen.

Software Produktionsprozess

In diesem Sinne ist das IT-Produkt als ein imaginäres Produkt anzusehen, welches nur scheinbar in einem direkten Kontakt mit dem Nutzer respektive dem einsetzenden Unternehmen steht. Lediglich die erbrachten Arbeitsergebnisse der Software sind ableitbar. Sie verkörpern den Mehrwert für das Unternehmen. Auch dieser imaginäre Produktsachverhalt ist ein Grund dafür, dass der „Produktionsprozess" eines IT-Produktes wesentlich anders vonstatten geht, als der eines realen und greifbaren Produktes. Betriebsmittel und Werkstoffe spielen nur eine untergeordnete Rolle bei der Erstellung des IT-Produktes; die Faktoren Mensch, Logik, Ideen und Kapital beherrschen den Produktionsprozess. Da dieses IT-Produkt keinen materiellen Charakter besitzt und infolge der direkt fehlenden Wahrnehmung durch die Sinnesorgane stets mit einem gewissen Interpretationsgrad über die Effektivität und Effizienz des Einsatzes für den Nutzer versehen ist, stellt dessen Produktion **keinen abgeschlossenen Kreislauf** dar. Vielmehr werden Eigenschaften mit dem IT-Produkt verbunden, die bei dessen Entwicklung nicht bedacht worden sind. Durch den fehlenden materiellen und damit endgültigen Charakter können diese jedoch als sogenanntes Add-On dem IT-Produkt zugefügt werden, so dass hier der „Produktionsprozess" an dem

2.3 Wertschöpfungskette eines IT-Produktes/IT-Projektes

existenten Produkt direkt wieder aufgenommen werden kann. Ein greifbares, materielles Produkt hingegen, wie zum Beispiel ein Automobil, kann nicht so ohne weiteres eine neue Karosserie bekommen, ohne die alte zu „zerstören". Hier wird vielfach ein neuer Produktionsprozess mit neuen Arbeitsmitteln eingeleitet, um den gewünschten Erfolg zu erzielen. Die nachfolgende Abbildung 2.7 verdeutlicht diesen Sachverhalt durch die Gegenüberstellung eines Adaptionsprozesses (Software) mit einem Neues schaffenden Prozesses (Automobil). Gerade bei technischen Projekten liegt eine klare Trennung zwischen Entwicklung und der eigentlichen Bauphase vor. Die Entwicklung ist dann abgeschlossen, wenn eine Dokumentation des Projektes in Form von künstlerischen Darstellungen/Skizzen, Konstruktionsmodellen oder technischen Zeichnungen vorliegt. Bei einem IT-Projekt hingegen ist der Abschluss des Projektes nicht eindeutig zu bestimmen beziehungsweise durch den oben geschilderten Kreislaufprozess noch nicht einmal bekannt[44].

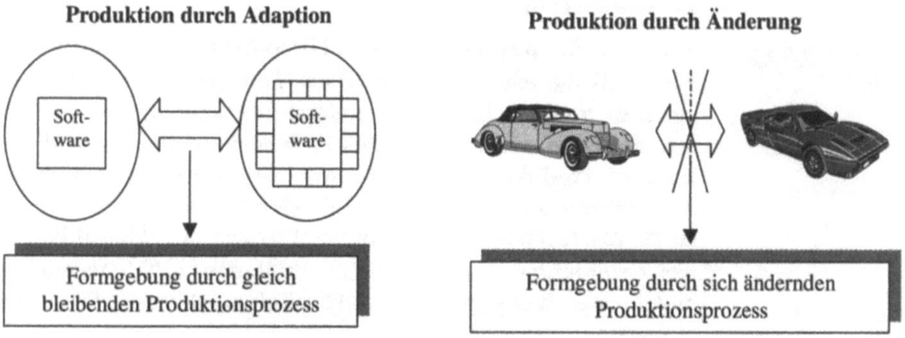

Produktion durch Adaption   **Produktion durch Änderung**

Formgebung durch gleich bleibenden Produktionsprozess   Formgebung durch sich ändernden Produktionsprozess

Abb. 2.7: Software-Produktion durch Adaption versus materieller Produktionsprozess

Im Gegensatz zu einem Automobil, welches nach dessen Produktionsvorgang real sichtbar, ertastbar und dergleichen mehr dem potenziellen Nutzer vorgestellt werden kann, können lediglich die Arbeitsergebnisse eines IT-Projektes präsentiert werden. Das IT-Produkt, der Quellcode, bleibt für diesen verborgen beziehungsweise kann keinen isolierten Nutzen für diesen erbringen. Dies wiederum bedeutet, dass das Ergebnis des Produkti-

---

[44] In Anlehnung an Fröhlich, A.W.: Mythos Projekt, Seite 69

onsprozesses an sich keinen Mehrwert für den Nutzer beziehungsweise das schaffende Unternehmen erbringt. Nur durch Kopplung mit einem entsprechenden Unternehmensprodukt ist dieser in Form eines geldwerten Nutzens erreichbar. Ein Automobil hingegen bringt dem Nutzer direkt einen Fortbewegungsnutzen; ein Quellcode liefert dem Nutzer nur eine Ziffernfolge, die nicht interpretierbar, geschweige denn nutzbar ist. Es kommt hinzu, dass eine zu entwickelnde Software vor deren Entwicklungsende kaum begutachtet werden kann, was wiederum ein weiterer Grund für den oben dargestellten nicht greifbaren Charakter von Software-Produkten repräsentiert. Sie entspricht quasi einer Dienstleistung, die sich dadurch auszeichnet, dass sie vor dem Erwerb nicht geprüft werden kann. Dem Dienstleistungsanbieter ist zu vertrauen und die Erfahrungen mit dessen Arbeitsergebnissen sind als Verifizierungsinstrument heranzuziehen[45]. Die Qualitätsmerkmale einer Dienstleistung entziehen sich einer isolierten und objektivierbaren Spezifikation[46], was wiederum impliziert, dass sie in ihren Ausprägungen kaum quantitativ bewertbar ist.

Wertschöpfungskette

Somit ist die **Wertkette eines IT-Produktes** wesentlich komplexer als die eines herkömmlichen Industriegutes[47]. Eine Wertkette im traditionellen Sinne umfasst alle strategischen Aktivitäten, die für die Erstellung eines Produktes notwendig sind, wie Entwurf, Produktion, Vertrieb sowie unterstützende Aktivitäten. Zu letzteren zählt man die Beschaffung, das Personalmanagement, das technologische Know-how sowie die Infrastruktur eines Unternehmens, dargestellt in Abbildung 2.8[48]. Demzufolge bildet eine Wertkette den Wertschöpfungsprozess des Unter-

---

[45] Siehe auch Zeithaml, V.A.: How Consumer Evaluation Processes differ between Goods and Services, Seite 186

[46] Vgl. Meyer, A / Mattmüller, R.: Qualität von Dienstleistungen, Seite 189

[47] Bereits die Wertketten von Produktions- und Dienstleistungsbetrieben weisen in der Regel grundsätzliche Unterschiede auf. Wie dargestellt, entsprechen Software-Produkte nahezu einer Dienstleistung, nur mit wesentlich komplexeren Ausprägungen, so dass explizit eine spezielle Wertkette eines IT-Produktes aufzustellen ist.

[48] In Anlehnung an Ewert, R. / Wagenhofer, A.: Interne Unternehmensrechnung – 4. Auflage, Seite 281

2.3 Wertschöpfungskette eines IT-Produktes/IT-Projektes

nehmens ab; daher wird im Folgenden auch von der **Wertschöpfungskette** gesprochen.

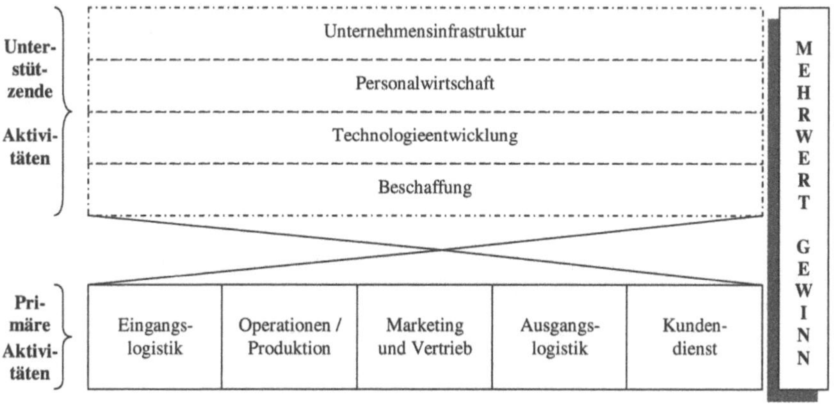

Unterstützende Aktivitäten	Unternehmensinfrastruktur					M E H R W E R T G E W I N N
	Personalwirtschaft					
	Technologieentwicklung					
	Beschaffung					
Primäre Aktivitäten	Eingangslogistik	Operationen / Produktion	Marketing und Vertrieb	Ausgangslogistik	Kundendienst	

Abb. 2.8: Traditionelles Modell einer Wertkette nach Porter[49]

Betrachtet man nochmals die in Abbildung 2.2 dargestellte IT-Produktkette mit den Bestandteilen IT-Portfolio, IT-Projekt und IT-Produkt, so ist die traditionelle Wertkette eines Unternehmens mit diesen drei IT-Produktkettenbestandteilen in Einklang zu bringen. Des Weiteren impliziert das strategische Kostenmanagementinstrumentarium der Wertkettenanalyse einen nicht isoliert zu betrachtenden Blickwinkel auf das Unternehmen sondern auch auf dessen Umwelt. Nur so lassen sich alle nutzen- respektive mehrwertbildenden Unternehmensaktivitäten analysieren[50]. Das im vorangegangenen Kapitel 2.2 vorgestellte Lebenszykluskonzept eines IT-Produktes hat gezeigt, dass auch im Laufe des Marktzyklusses eines IT-Produktes wieder ein Projektcharakter erforderlich wird, da es unter anderem infolge der Schnelllebigkeit des IT-Sektors weiterzuentwickeln ist. Ebenso fallen verstärkt Wartungsaktivitäten an, die unter anderem auch in der Interpretationsfähigkeit des entwickelten Produktes im Hinblick auf des-

---

[49] Geringfügige Modifikation der Wertkette aus folgenden Literaturquellen: Ewert, R. / Wagenhofer, A.: Interne Unternehmensrechnung – 4. Auflage, Seite 281 und Porter, M.E.: Wettbewerbsvorteile – 3. Auflage, Seite 62

[50] Vgl. Horváth und Partner: Das Controllingkonzept – 2. Auflage, Seite 175

sen geforderten Eigenschaften liegen. Bei einem IT-Produkt können nicht so ohne weiteres Änderungen der Eigenschaften vorgenommen werden, da der greifbare Charakter des Produktes fehlt. Die Produktbeschaffenheit besteht nur in der Abfolge der Ziffern „0" und „1", die wiederum betrachtet durch die Sinnesorgane keinen Nutzen erbringen. Somit ist es äußerst schwer, ohne explizite Vorbetrachtung Änderungen/Verbesserungen an dem IT-Produkt vorzunehmen, da, wie Abbildung 2.7 zeigt, kein „neues" Produkt geschaffen wird sondern ein adaptiertes. Diese Auswirkungen des Adaptionsvorgangs sind im Vorfeld gezielt zu prüfen, da in ein bestehendes Gefüge modifizierend eingegriffen wird, womit wiederum strategische sowie operative Maßnahmen verbunden sind.

Wertkette eines IT-Produktes

Die **Wertkette eines IT-Produktes** endet im Gegensatz zu der traditionellen Wertkette nicht bei Beendigung der Entwicklung, sondern bezieht den Marktzyklus gezielt mit ein. Gerade in dieser Phase erbringt das IT-Produkt einen Nutzen für das einsetzende Unternehmen aber auch für die Abteilung, die es entwickelt hat ☞ bedingt durch die Weiterentwicklungs- und Wartungstätigkeiten. Die Wertkette eines IT-Produktes ist also im erweiterten Sinne zu betrachten, wie Abbildung 2.9 zeigt. Dabei umfassen die primären IT-Produktaktivitäten die Phasen eines IT-Produktes/eines Software-Produktes. Der Grund hierfür liegt in der Besonderheit der IT-Produktentwicklung. Der Produktionseinsatzfaktor ist bei der Entwicklung der Mensch, der durch seine logischen Denkweisen Marktgegebenheiten in den Ziffernfolgen „0" und „1" abbildet, um hieraus für ein absetzbares Unternehmensprodukt einen Input zur Mehrwertbildung für das Unternehmen zu generieren. Logische Denkweisen

- sind vielfach mit Unsicherheiten und Risiken behaftet,
- sie erfordern eine bereichsübergreifende Teamarbeit, da eine einzelne Person nicht die Komplexität einer Marktgegebenheit überblicken kann,
- sie setzen ein festgelegtes Ziel mit definiertem Zieleinsatzpunkt voraus und
- sie führen oftmals zu umfangreichen Aktivitäten, da neuartige Gedankenprozesse operativ umzusetzen sind[51].

---

51 In Anlehnung an die Merkmale eines Projektes von Fiedler, R.: Controlling von Projekten, Seiten 3-4

2.3 Wertschöpfungskette eines IT-Produktes/IT-Projektes

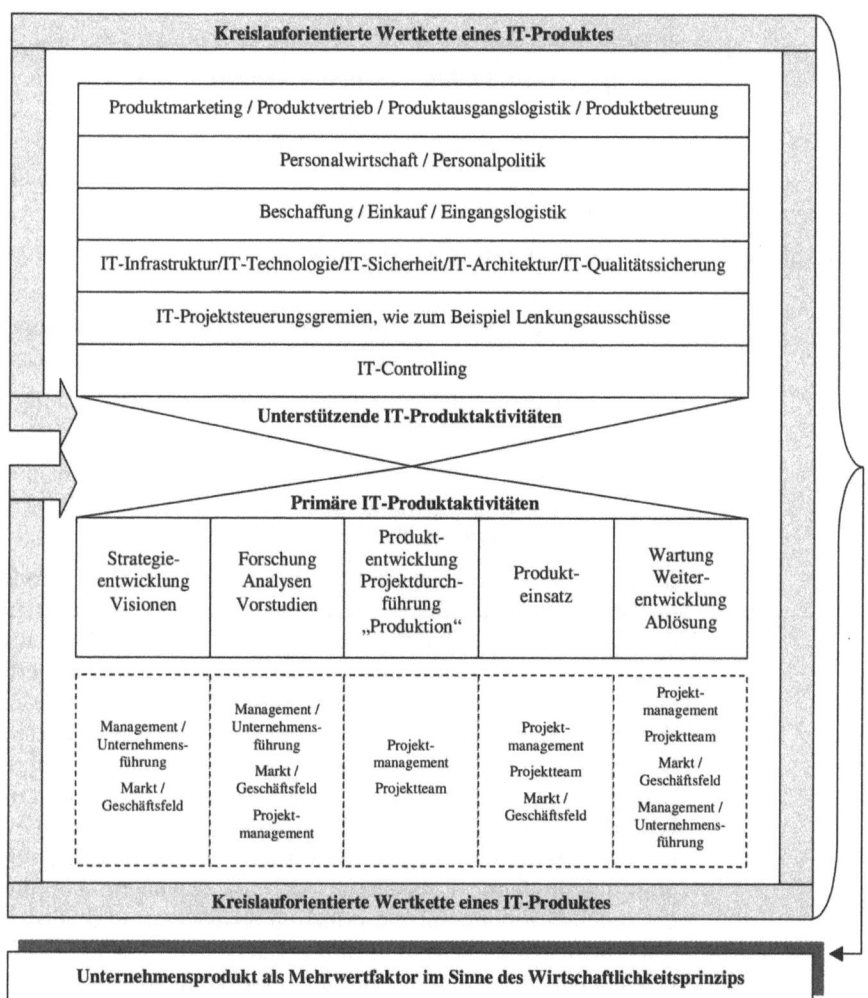

Abb. 2.9: Die erweiterte Wertkette / Wertschöpfungskette eines IT-Produktes

Diese Merkmale implizieren die operative Abwicklung der Wertkette in Projektform, wie die noch folgende Definition eines IT-Projektes in Kapitel 3 zeigen wird. Ein IT-Projekt erfordert vielfach in der Regel vor- und nachgelagerte Aktivitäten in Form von strategischen aber auch operativen Maßnahmen, die aus dem Einsatz des Projektergebnisses resultieren. Demzufolge sind sowohl strategische Überlegungen als auch wartungs-, weiterentwicklungs- sowie ablösungsorientierte Aspekte als primärer abzuwickelnder Teil der Wertkette eines IT-Produktes anzusehen.

Die **unterstützenden IT-Produktaktivitäten** ermöglichen, steuern und bereiten die primären Aktivitäten vor[52]. Dabei sorgt gerade die Etablierung eines gezielten IT-Controllings dafür, dass die Wertkette eines IT-Produktes im Sinne des Wirtschaftlichkeitsprinzips abgewickelt wird.

IT-Controlling

Unter **IT-Controlling** versteht man ein Führungsinstrument eines Unternehmens[53], das

- eine Abstimmung des IT-Bereiches mit den strategischen Unternehmens-Erfolgsfaktoren ermöglicht und sicherstellt,

- ein wirtschaftliches Arbeiten seitens der IT-Abteilung gewährleistet und

- eine Koordination der IT-Abteilung mit den diversen weiteren Unternehmensfunktionen vornimmt respektive sich dafür verantwortlich zeichnet.

In Kapitel 4 wird explizit auf die Bedeutung des IT-Controllings in diesem Zusammenhang eingegangen, so dass an dieser Stelle die allgemeine Definition ausreicht. Des Weiteren sind die unterstützenden IT-Produktaktivitäten selbsterklärend; daher erfolgt keine eingehende Beschreibung derselben. Teilweise können diesen bestimmte primäre Aktivitäten direkt zugeordnet werden. So werden die IT-Projektsteuerungsgremien verstärkt innerhalb der Projektdurchführung zum Tragen kommen, wohingegen die Produktbetreuung erst nach dem Produkteinsatz erfolgen wird. Da eine 1:1-Zuordnung nicht zwingend erforderlich ist, erfolgt eine übergreifende Darstellung; auf eine detaillierte Zuordnung der unterstützenden auf die primären Aktivitäten wird verzichtet. Auch liegt der Schwerpunkt dieses Buches auf den primären IT-Produktaktivitäten unter Controlling-Aspekten, so dass die unterstützenden Aktivitäten IT-Infrastruktur / IT-Technologie, Beschaffung/Einkauf, Personalwirtschaft und absatzpolitische Gegebenheiten keiner näheren Betrachtung unterzogen werden.

---

[52] Siehe auch Forster, R. / Widmer, N.: Die Wertkette im Zeitalter der Webtechnologie

[53] Vgl. Hans, L. / Warschburger, V.: Controlling in der Datenverarbeitung (1), Seite 922

2.3 Wertschöpfungskette eines IT-Produktes/IT-Projektes

Controllingpartner

Die **Wertkette eines IT-Produktes** zeigt, dass der Projektcharakter für die Etablierung, Entwicklung und Umsetzung beziehungsweise Aufrechterhaltung derselben wichtig ist. Daher erfolgt im folgenden Kapitel zunächst eine explizite Definition eines Projektes, um anschließend die Controlling-Aspekte im Hinblick auf die Wertschöpfungskette von IT-Projekten herauszuarbeiten. Dies bedingt auch, die beteiligten Wertkettenpartner im Rahmen der primären IT-Produktaktivitäten zu beachten, so dass diese ebenfalls in Abbildung 2.9 zugeordnet zu den einzelnen Aktivitäten dargestellt werden. Für die noch zu beschreibenden Controlling-Aktivitäten sind diese Partner von großer Bedeutung, da diese zum einen unterschiedliche Anforderungen an die Controlling-Ergebnisse stellen und zum anderen auch explizit in den Controlling-Prozess als Informationslieferanten, als Koordinationspartner und als zu „controllende" Einheiten einzubeziehen sind.

3 Projektdefinitionen

Die vorausgehenden Ausführungen haben gezeigt, dass der Dreh- und Angelpunkt bei der Wertschöpfungskette von Software-Produkten das IT-Projekt ist. Wie bereits in Kapitel 1 erwähnt, handelt es sich bei einem **Projekt** um ein Vorhaben, welches dem Grundsatz der Einmaligkeit unterliegt, und als Ziel anstrebt, in einem definierten zeitlichen Abschnitt, mit einem begrenzten vorgegebenen Budget einen vom Kunden definierten Leistungskatalog zu erfüllen. Diese Grobkriterien eines Projektes sind gerade im Bereich der Informationstechnologie von zentraler Bedeutung, da zum einen die IT innerhalb eines Unternehmens immer mehr zu einem Business Enabler wird, gleichzeitig aber auch vielfach ein Engpassfaktor für bestimmte geschäftsfeldbezogene Aufgabenstellungen ist[54].

Demzufolge gibt die Aussage, dass im Jahr 2000 in den USA nahezu 72 Prozent der gestarteten IT-Projekte gescheitert sind, zu denken. Unter gleichen Gesichtspunkten sind die Untersuchungsergebnisse der Universität Trier in Zusammenarbeit mit Cap Gemini im Jahr 2001 zu betrachten, die bei zwei Drittel der durchgeführten E-Business-Projekte deutscher Unternehmen mit einen durchschnittlichen Jahresumsatz von 1,02 Mrd. Euro keine Senkung der Kosten respektive Steigerung des Unternehmenserfolges als Ergebnis dieser Projekte festgestellt haben[55]. Unter den Gesichtspunkten der Wertschöpfung ist hier also ein Scheitern innerhalb der entsprechenden Produktlebenszyklusphase auszumachen, dem ein gezieltes lebenszyklusorientiertes IT-Controlling unter Umständen entgegengewirkt hätte.

---

[54] Vgl. Barth, H. / Hohensteiner, C. / Gerhardt, J.: IT-Controlling: Überschaubarkeit und Kostentransparenz bei Projekten, Seite 790

[55] Vgl. Schwarz-Mehrens, E. / Fliers, F.: Woran scheitern IT-Projekte – Teil 1

3.1 Traditionelles Projekt

Eine Ursache des Scheiterns von IT-Projekten ist mit Sicherheit in der Tatsache zu sehen, dass sich IT-Entwicklungen einer immer größer werdenden Komplexität unterziehen, wobei es die Dynamik des Marktes erforderlich macht, die Entwicklungszeiten der IT-Produkte drastisch zu reduzieren. Gerade im Bereich des E-Business ist dieser Time-To-Market-Faktor ein entscheidender Erfolgsfaktor, da der Einsatz von E-Business-Technologien zu erheblichen Veränderungen der Unternehmensprozesse an sich führt. Die Gründe liegen hier vor allem in[56]

- einer erheblichen Verringerung der Kosten bei allen Kommunikations- und Transaktionsbeziehungen,

- der Neuausrichtung und Neuverteilung der geschäftsfeldbasierenden Wertschöpfungsketten infolge der reduzierten Transaktionszeiten,

- der eigentlichen Beherrschung von komplexeren Unternehmensprozessen durch den Einsatz der Informationstechnologie sowie

- in der verstärkten Vormachtstellung der Information und im Speziellen der Informationstechnologie bei den originären Unternehmensprodukten respektive Unternehmensdienstleistungen.

Eine weitere Scheiterungsursache für IT-Projekte liegt in dem nicht zu vernachlässigenden Aspekt der direkten Involvierung des Auftraggebers in den Prozess der projektorientierten Produktentwicklung. In Kapitel 2.1 ist gezeigt worden, dass es vielfach die Komplexität des Unternehmensproduktes erforderlich macht, das Fachwissen des Auftraggebers mit dem IT-Fachwissen der IT-Abteilung zu verbinden, um ein zielorientiertes und wirtschaftliches IT-Produkt zu bekommen. Hierzu ist eine fach- und bereichsübergreifende Zusammenarbeit sowie Kommunikation während der Abwicklung des IT-Projektes notwendig[57], was neben den an sich in der Regel knappen IT-Human-Resources ein nicht zu unterschätzender kritischer Erfolgsfaktor eines IT-Pro-

---

[56] Vgl. Müller, A. / von Thienen, L.: e-Profit: Controlling-Instrumente für erfolgreiches e-Business, Seite 63

[57] In Anlehnung an Barth, H. / Hohensteiner, C. / Gerhardt, J.: IT-Controlling: Überschaubarkeit und Kostentransparenz bei Projekten, Seite 790

jektes repräsentiert. Durch die Verwendung von unklaren Fachterminologien gegenüber ihren Auftraggebern kann die IT nahezu selbständig agieren. Die IT gibt somit die Prozesse der Fachabteilung vor, so dass von einer nutzerorientierten Softwareentwicklung[58] vielfach Abstand genommen wird[59]. Dies führt dazu, dass bei der tatsächlichen Nutzung der Software durch ergonomische Mängel beziehungsweise nicht den Unternehmensprozess abdeckende Eigenschaften des Software-Produktes Folgekosten generiert werden, die in Weiterentwicklungs- oder Wartungsprojekten münden. Besonders deutlich ist dies in der Boomphase des E-Business der Jahre 2000/2001 geworden, wo eine technikorientierte Webseitenentwicklung einer kundenorientierten Ausrichtung des Webauftritts vorgezogen wurde. Die IT-Abteilung hatte freie Hand, wodurch die neuesten technischen Raffinessen an den Kunden weitergegeben wurden. Ob diese letztendlich dem Kunden einen Mehrwert erbringen, ist nie Bestandteil der Entwicklung gewesen[60]. Doch gerade diese Tatsache ist auch ein Grund dafür, dass die Verfolgung einer E-Business orientierten Geschäftsphilosophie heutzutage etwas in den Hintergrund geraten ist. Die sogenannte Old Economy ist wieder führend auf den jeweiligen Märkten, wohingegen die New Economy vielfach mit massiven Finanzproblemen zu kämpfen hat.

Projekt

Um diesen Scheiterungskriterien eines Projektes, die keinen Anspruch auf Vollständigkeit erheben, entgegenzuwirken, ist es erforderlich, den Begriff des Projektes eingehend zu definieren sowie die kritischen Erfolgsfaktoren aufzuzeigen. Bevor im Speziellen auf die Besonderheiten eines IT-Projektes eingegangen wird, ist es angebracht, zunächst eine allgemeine Projektdefinition vorzunehmen. Sowohl in der Literatur als auch in der Praxis gibt es sehr viele unterschiedliche Auslegungen und Interpretationsspielräume über den Begriff des Projektes. Diese reichen von recht vagen Umschreibungen wie „jedes außergewöhnliche Vorhaben ist ein Projekt[61]" bis hin zu einer eigenständigen DIN Norm.

---

58 Standardisiert in der ISO-Norm 13407.

59 Siehe auch Fröhlich, A.W.: Mythos Projekt, Seite 56

60 Detailliertere Informationen zu der Thematik der Webseitengestaltung aus E-Marketinggesichtspunkten in Warschburger, V. / Jost, C.: Nachhaltig erfolgreiches E-Marketing, Seiten 229 ff.

61 Wischnewski, E.: Modernes Projektmanagement – 7. Auflage, S. 24

3.1 Traditionelles Projekt

DIN 69901 Projektdefinition

Nach DIN 69901 ist ein **Projekt** „ein Vorhaben, das im Wesentlichen durch eine Einmaligkeit der Bedingungen in ihrer Gesamtheit gekennzeichnet ist[62]", wie zum Beispiel durch:

➢ eine klare strukturierte und abgegrenzte nicht repetitive Zielvorgabe,

➢ zeitliche, finanzielle und personelle Restriktionen,

➢ eine Abgrenzung gegenüber anderen Vorhaben oder aber auch durch

➢ eine explizite projektspezifische Organisation sowie Managementkultur (Projektmanagement).

Resultierend aus der DIN-spezifischen Projektdefinition lassen sich nachfolgende Charakteristiken eines Projektes ableiten, die vielfach auch als kritische Erfolgsfaktoren für eine erfolgreiche Projektabwicklung dienen[63]:

Abgegrenzte Zielvorgabe

Ein Projekt impliziert ein abgrenzbares Einzelvorhaben mit einem definierten Projektergebnis, welches in einer genau spezifizierten Zeitspanne zielorientiert abzuwickeln ist. Demzufolge ist ein tagesgenauer Projektstart- sowie Projektendtermin erforderlich.

Abgrenzung gegenüber anderen Vorhaben

Im Rahmen der Projektabwicklung wird ein neuartiges Aufgabengebiet bearbeitet. Dabei ist die Art des Aufgabengebietes nur von sekundärer Bedeutung, denn sowohl materielle, immaterielle, organisatorische als auch strategische Vorhaben lassen sich projektorientiert durchführen. Man spricht diesbezüglich auch von einer Leistungserstellung mit Projektcharakter. Als Beispiele lassen sich unter anderem nennen[64]: Bau eines Flughafens, Umorganisation eines Unternehmens, Operative Umsetzung einer Unternehmensstrategie, Entwicklung von materiellen Produkten oder auch eines Software-Programms, Begleitung und Umsetzung einer Theaterinszenierung, Umzug einer Betriebsstätte, Bau eines Einfamilienhauses und dergleichen mehr.

Zeitliche und finanzielle Restriktionen

Durch den neuartigen Charakter, der die projektorientierte Leistungserstellung begleitet, verbindet man mit einem Projekt stets den Begriff des „Risikos", bedingt durch die zeitlichen Restriktionen. **Risiken eines Projektes treten in terminlicher, wirt-**

---

[62] DIN: DIN 69901, Projektmanagement

[63] Erweiterte Betrachtung der Projektcharakteristiken von Litke, H.D.: Projektmanagement – 2. Auflage, Seiten 16-17

[64] Vgl. Horváth und Partner: Das Controllingkonzept, Seite 19

schaftlicher und technischer beziehungsweise qualitätsorientierter Hinsicht auf. Diese stehen direkt miteinander in Verbindung, denn Entwicklungen sind mit Kosten und einer bestimmten Zeitdauer verbunden. Gleichzeitig wirkt der Kosten- und der Zeitfaktor wiederum auf das Entwicklungsergebnis (Schlagwort: Design-To-Cost) ein, da zum Beispiel der Time-To-Market Aspekt eine schnelle Markteinführung des zu entwickelnden Produktes verlangt. Dies ist letztendlich auch noch infolge der Marktkonkurrenz zu einem akzeptablen Preis anzubieten. Hinzu kommt die Tatsache, dass ein Kunde ein Produkt auch nach qualitativen Gesichtspunkten in seinem Kauf-Entscheidungsprozess betrachtet. Qualitative Produkteigenschaften sind wiederum mit Zusatzkosten verbunden, was vielfach dem Gewinnstreben der Unternehmen entgegensteht. Kurzum weisen diese drei genannten Projektrisiken eine derartige Abhängigkeit voneinander auf, dass bei Steuerungsmaßnahmen für die Beseitigung eines Risikos die anderen beiden Risiken entweder in positiver oder aber auch in negativer Hinsicht betroffen sind.

Man spricht deshalb auch von einem **risikobehafteten Projektrad**, wobei das Projekt der Aufhängungspunkt der drei Risken ist. Je nach Stellung des Rades rückt ein Risiko in den Fokus der Betrachtung, die anderen verweilen im Hintergrund und werden bei der Einwirkung auf das im Fokus stehende Risiko infolge der drehenden Eigenschaft eines Rades in eine andere Betrachtungslage versetzt. Erfolgt im Sinne einer Qualitätsverbesserung zum Beispiel eine Linksdrehung des Risikos „Qualität" in einem 90 Gradwinkel, so steht anstelle der Qualität das Risiko „Kosten" im Betrachtungsfokus, da Qualitätsverbesserungen in der Regel mit erhöhten Herstellungskosten einhergehen. Das risikobehaftete Projektrad wird in Abbildung 3.1 dargestellt. Diese Risiken eines Projektes als maßgebende kritische Erfolgsfaktoren sind im Vorfeld zu **beachten**, um deren Ausprägungen zu begrenzen; sie sind zu **steuern**, um Gegenmaßnahmen zu ergreifen beziehungsweise durch den Einsatz von Frühwarnsystemen nur in geringem Umfange auftreten zu lassen, aber auch zu **beobachten**, um diese Ausprägungen überhaupt ausfindig machen zu können. Es tauchen die Begriffe Planung, Steuerung und Kontrolle auf, die mit dem Begriff des Controllings stets in Verbindung gebracht werden. Das Controlling jedoch hat keine Auswirkungen auf die operativen Projektdurchführungen. Diese werden zielorientiert durch ein entsprechendes **Projektmanagement** begleitet. Hierunter versteht man die Beschreibung sowie operative Anwendung - im Sinne einer leitenden Funktion -

3.1 Traditionelles Projekt

aller organisatorischen, methodischen, technischen Verfahren und Regelungen zur erfolgreichen Durchführung des Projektes.

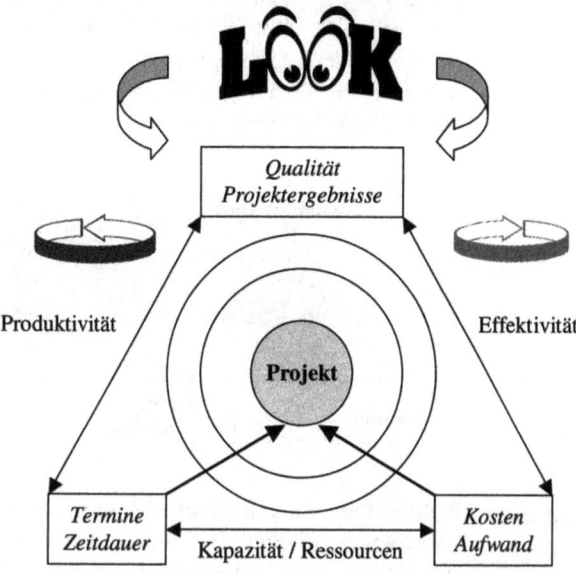

Abb. 3.1: Das risikobehaftete Projektrad[65]

Das **Projektcontrolling** als der administrative Teil zur Steuerung eines Projektes unterstützt den Projektleiter als auch den Projektauftraggeber[66], so dass diese eine gezielte Projektsteuerung vornehmen können. Es schafft und sichert die notwendige Transparenz, welche notwendig ist, damit das Projektmanagement seine Entscheidungsverantwortung wahrnehmen kann[67]. Die operative und administrative Projektsteuerung dreht sich stets um die Risikopotenziale eines Projektes. Anstelle des risikobehafteten Projektrades tritt zu diesen Zwecken dann das **magi-**

---

[65] In Anlehnung an Wischnewski, E.: Modernes Projektmanagement – 7. Auflage, Seite 26

[66] Projektleitung und Projektauftraggeber werden unter dem Begriff des Projektmanagements zusammengefasst.

[67] In Anlehnung an Stadtler, R.: Organisation und Umsetzung von Multiprojektcontrolling, Seiten 193-194

sche Dreieck der Projektsteuerung mit den Steuerungseckpunkten Kosten, Leistungen und Termine in Kraft, wie Abbildung 3.2 zeigt. Durch die Darstellung wird hervorgehoben, dass sich die drei Steuerungsgrößen gegenseitig beeinflussen, denn sie stellen die Verknüpfungspunkte des Dreiecks dar. Letztendlich handelt es sich jedoch nur um eine andere Darstellung des risikobehafteten Projektrades.

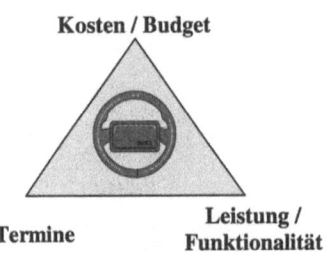

Abb. 3.2: Das magische Dreieck des Projektmanagements und des Projektcontrollings[68]

Komplexität und organisatorische Erfordernisse

Eine weitere Charakteristik für ein Projekt liegt in dessen Durchführungskomplexität begründet, da infolge des zu erzielenden neuartigen Projektergebnisses kein standardisiertes Vorgehen zum Einsatz kommen kann. Gerade diese Komplexität macht es erforderlich, dass viele unterschiedliche Interessensgruppen an dem eigentlichen Projekt mitwirken, um die gewünschten Resultate zu erzielen. Zwischen den einzelnen Gruppen tauchen Wechselbeziehungen während des Projektverlaufes auf, die eben nicht standardisierbar sind und mannigfaltiges Konfliktpotenzial beherbergen. Diese unterschiedlichen Interessenslagen zu bündeln und zu koordinieren ist Aufgabe des Projektmanagements. Daher gehen bereits viele Unternehmen dazu über, als Führungsphilosophie das Konzept des *„Management by projects"* zu verfolgen, da sich hierdurch sehr gut abteilungsübergreifende Probleme lösen lassen[69]. Das Projekt und dessen Projektmitarbeiter sind demzufolge autark, denn sie sind Unternehmer auf Zeit im eigenen Unternehmen und müssen sich keinen aufbauorganisatorischen Grundsätzen beugen. Dies liegt an der Tatsache, dass Abteilungen im traditionellen Sinne nicht existent sind. Diese projektorientierten Unternehmen führen alle

---

[68] In Anlehnung an Fiedler, R.: Controlling von Projekten, Seite 6

[69] Vgl. Horváth und Partner: Das Controllingkonzept – 2. Auflage, Seiten 20-23

3.1 Traditionelles Projekt

projektorientierten Unternehmen führen alle komplexen, neuartigen und teamorientierten Aufgabenstellungen in Form von Projekten durch[70], um den sich rasch ändernden Bedürfnissen des Marktes, der vielfach starken Konkurrenz aber auch den immer kürzer werdenden Produktlebenszyklen gerade auf dem Gebiet der Informationstechnologie gerecht zu werden. So ist eine schnelle Agitation auf Marktgegebenheiten möglich, da die entsprechenden Vorhaben in vorgegebenen Termin- und Kostenrastern abgewickelt werden. Dies erfordert natürlich auch eine entsprechende personelle Besetzung, dass heißt, es sind Projektressourcen in Form von Mitarbeitern bereitzustellen. In einem projektorientierten Unternehmen ist dies kein Problem, da hier die Mitarbeiter entsprechend organisatorisch aufgestellt sind. In allen anderen Unternehmen werden diese aus ihrem Tagesgeschäft für die Projektarbeit abgestellt, was natürlich auch ein entsprechendes Konfliktpotenzial beherbergt. Sind diese Mitarbeiter nicht vorhanden, so ist ein Mitarbeiteraufbau in Form von Neueinstellungen oder der Beauftragung von externen (vorübergehenden) Mitarbeitern, auch als Gewerknehmer bezeichnet, vorzunehmen. Diesen Ressourcenaspekt für ein Projekt kann man ebenfalls als ein projektorientiertes Risiko auffassen, doch ist dieses bewusst nicht in das risikobehaftete Projektrad als eigenständiger Part integriert worden, da ein Ressourcenrisiko stets eine Zusammensetzung des Termin-, des Kosten- und des Qualitätsrisikos verkörpert[71]. Sind die entsprechenden Projektmitarbeiter nicht oder in nicht ausreichender Qualität vorhanden, so ist die termingerechte Abwicklung des Projektes gefährdet, die Qualität kann nicht garantiert werden und aus Neueinstellungen oder Beauftragung von Gewerknehmern resultieren höhere Projektkosten.

Diese Projektcharakteristiken spiegeln sich auch in nachfolgender Projektdefinition wieder, die ein Projekt unter dem Blickwinkel der zeitlich begrenzten Abwicklung in Wechselbeziehung zueinander stehender Teilvorgänge mit unterschiedlichen Produktionsfaktoren betrachtet.

Projektdefinition nach Martino

„A project is any task which has a definable beginning and a definable end and requires the expenditure of one or more re-

---

[70] Siehe im Detail Patzak, G. / Rattay, G.: Projekt Management – 2. Auflage, Seite 458 ff.

[71] In Anlehnung an Wischnewski, E.: Modernes Projektmanagement – 7. Auflage, Seite 31

sources in each of the separate but interrelated and interdependent activities which must be completed to achieve the objectives for which the task was instituted."[72]

All die bisher aufgeführten Projektdefinitionen haben eines gemeinsam: ***Sie beschreiben ein Projekt als ein Vorhaben, ohne dieses genauer zu klassifizieren beziehungsweise zu konkretisieren.*** Die genannten Projektcharakteristiken lassen sich sehr gut mittels einer zu definierenden Methodik sowie einer systematischen Abwicklung innerhalb des Projektes greifen, jedoch fehlt bei all den Definitionen die konkrete Handlungsbasis. Anders ausgedrückt, es fehlt das plastische, reale Beurteilungsmodell des Vorhabens, welches es gilt, in einem Folgeschritt zu verwirklichen.

Prototyp als Ergebnis eines Projektes

Der Begriff des Projektes lässt sich aus dem lateinischen Wort proicere ableiten, was soviel wie „vorauswerfen" bedeutet. Demzufolge ist ein projektorientiertes Vorgehen nichts anderes, als einen Sachverhalt zu projizieren und diesen dem Auftraggeber konkret vor Augen zu führen[73]. Dabei spielt die Methodik an sich nur eine untergeordnete Rolle, da sie eher den Prozess des Suchens und Findens beschreibt[74]. Vielmehr gilt es einen Prototypen zu entwerfen, der als Entscheidungsgrundlage für die reale Umsetzung in einem Herstellungsprozess dient. Nach dem **IKI-WISI-Prinzip** – I know it when I see it! – lassen sich anhand des Prototypens die signifikanten Projektergebnisse darstellen[75]. Der Auftraggeber kann so entscheiden, ob die aufgezeigten Projektergebnisse dann auch in einem realen Produkt verwirklicht werden. Das Projekt endet mit einem Modell und nicht nach dem allgemeinen Verständnis über ein Projekt mit einen „fertigen" Produkt. Zwischen einer Projektierung, dem Projekt mit dem Ergebnis Prototyp und der eigentlichen Realisierung mit dem Ergebnis Produkt wird so eine strikte Trennung vorgenommen, die bei dem herkömmlichen und verbreiteten Projektbegriff eine Einheit bilden, wie in Abbildung 3.3 dargestellt[76]. Dabei greift

---

[72] Martino, R.L.: Project Management and Control – Vol. 1, Seite 17

[73] Vgl. Fröhlich, A.W.: Mythos Projekt, Seite 47

[74] Vgl. Fröhlich, A.W.: Mythos Projekt, Seite 52

[75] Vgl. Fröhlich, A.W.: Mythos Projekt, Seite 64

[76] In Anlehnung an Fröhlich, A.W.: Mythos Projekt, Seite 104

der Auftraggeber nicht mehr in den eigentlichen Herstellungsprozess ein, da als Informationsquelle für den Realisierungsprozess der geschaffene Prototyp herangezogen wird. Bei dem traditionellen Projektprozess hingegen begleitet der Auftraggeber die Abwicklung seines Auftrages, dass heißt, er dient auch noch in der Realisierungsphase als Informationsquelle im Hinblick auf die Produkterstellung.

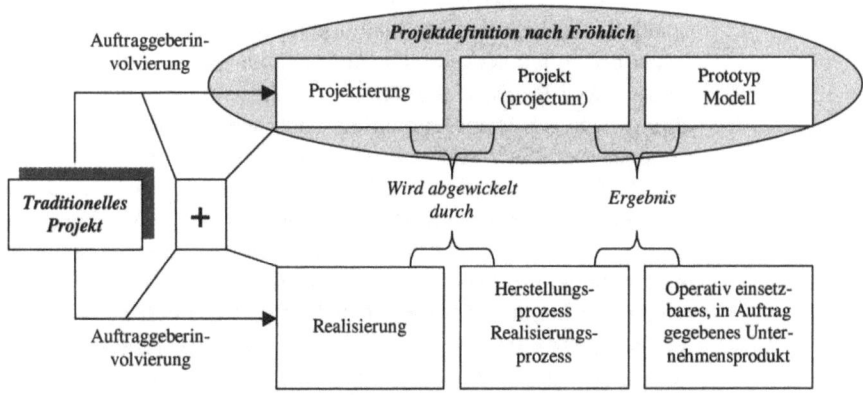

Abb. 3.3: Traditionelle Projektdefinition versus prototyporientierte Projektdefinition

Beispiel

Es wird geplant, ein Haus zu bauen. Der Auftraggeber hat zunächst eine Vorstellung über die Ausprägung des Vorhabens, welches **zeitlichen** sowie **kostenmäßigen** Restriktionen unterworfen, **qualitätsspezifischen** Gesichtspunkten seinerseits genügen muss und einen **einmaligen** Charakter für ihn verkörpert. Nach DIN 69901 sind demzufolge die Projekteigenschaften erfüllt, um ein solches Vorhaben in Angriff zu nehmen. Er beauftragt einen Architekten oder Generalunternehmer für die operative Abwicklung des Vorhabens. Nach der in Abbildung 3.3 klassifizierten Projektdefinition endet dieses Vorhaben mit der Präsentation eines Modells inklusive Bauplänen des zukünftigen Hauses, anhand dessen er über den sich anschließenden nicht projektspezifischen Herstellungsprozess/Bauprozess zu entscheiden hat. Verfährt man hingegen nach der klassischen Projektdefinition, so kann der Architekt/der Generalunternehmer dem Bauherrn durchaus ein Modell seines zukünftigen Hauses präsentieren, doch das eigentliche Projekt endet erst mit der Schlüsselübergabe des fertiggestellten Hauses.

Zu den bisherigen Aussagen über den Einsatz eines Prototypen ist noch folgendes zu beachten. Es wird vorausgesetzt, dass der erstellte Prototyp in einem 1:1-Abbildungsverfahren auf den entsprechenden Herstellungsprozess übertragen werden kann. Probleme werden als nicht existent angesehen, so dass dem Auftraggeber ein Produkt für dessen Einsatz nach kosten-, zeit- und qualitätsorientierten Gesichtspunkten übergeben werden kann. Letztendlich hat jedoch der Auftraggeber einen Auftrag für ein einsetzbares Produkt gegeben[77], welches ihm bei der Verwirklichung seines Unternehmensziels nach wirtschaftlichen Gesichtspunkten behilflich sein soll. Ein Prototyp verkörpert jedoch nur ein Modell, das in der Regel im Tagesgeschäft nicht eingesetzt werden kann. Dieses erfüllt demzufolge nicht die Vertragsgrundlage, so dass erst das Produkt eine Zielerreichung darstellt. Der letztendliche Produktionsprozess wird im sogenannten Prototyping nicht betrachtet, obwohl es hier immer noch zu signifikanten Problemen kommen kann. Daher endet ein Projekt nicht mit dem Ergebnis eines Modellzustandes, sondern es ist ein einsetzbares Produkt dem Auftraggeber zu übergeben. Die Wertschöpfungskette eines IT-Produktes kann mit einem Prototyp nicht nachhaltig sichergestellt werden, da der Auftraggeber keinen direkten operativen Nutzen aus diesem ziehen kann. Im Sinne des Software-Prototypings sind die Ergebnisse der unterschiedlichen Prototyping-Vorgehen stets Diskussionsgrundlagen *(exploratives Prototyping)*, Testobjekte *(experimentelles Prototyping)* sowie Arbeitsmodelle *(evolutionäres Prototyping)*, die keinen direkten Mehrwert bieten[78]. Die Prototypgenerierung an sich wird hier nicht in Frage gestellt; sie dient jedoch nicht als Ergebnis eines Projektes sondern lediglich eines Projektabschnittes.

---

[77] Es sei denn, es wurde explizit nur die Generierung eines Modells verlangt.

[78] In Anlehnung an Kargl, H.: Management und Controlling von IV-Projekten, Seiten 82-83

3.2 IT-Projekt

Bereits die Definitionen und Ausprägungen eines nicht näher spezifizierten allgemeinen Projektes zeigen dessen Komplexität im Sinne von steuerungs- und managementorientierten Aspekten. Die Betrachtung eines IT-Projektes verkörpert jedoch nochmals eine Steigerung hinsichtlich der Komplexität der darunter zu verstehenden Betrachtungsweise. Entgegen den Aussagen von Fröhlich[79] ist die Generierung eines IT-Produktes ein abstrakter Prozess, dessen Output kaum transparent dargestellt werden kann. Es sind sicherlich Prototypen bezüglich der Bedienungsoberflächen und der jeweiligen Funktionsweisen generierbar, doch die internen Abläufe und Mechanismen des späteren Endproduktes lassen sich nicht eindeutig aufzeigen. Ein Quellcode ist nichts greifbares, sondern für den Laien eine beliebige Aneinanderreihung der Ziffern „0" und „1". Sicherlich sind auch die Berechnungen bei einem Brückenbauprojekt nicht für jedermann transparent, doch diese sind lediglich ein Hilfsmittel zur Generierung des eigentlichen Produktes „Brücke", wohingegen der Quellcode das IT-Produkt an sich verkörpert. Verdeutlichen lässt sich die Abstraktion eines IT-Produktes mit den ***Grundsätzen effizienter Datenverarbeitung***[80], aufgestellt durch die DV-Controlling Unternehmensberatung (ECU) GmbH, die jedoch keine konkreten nachhaltig überprüfbaren Anforderungen an ein IT-Projektergebnis stellen.

Grundsätze effizienter Datenverarbeitung

- Gewährleistung ordnungsgemäßer, sich nach dem Datenschutzgesetz richtenden Datenverarbeitung;

- Garantie bezüglich der Sicherheit der erhobenen und der elektronisch abgespeicherten Daten;

- Sicherstellung der wirtschaftlichen Entwicklung sowie des Einsatzes der IT-Anwendung und Ermöglichung einer korrekten, vollständigen sowie termingerechten Verarbeitung der anfallenden Unternehmensaufgaben im Sinne der mit dem IT-Bereich abgestimmten Ziele für das entwickelte IT-Produkt.

Doch gerade im letzten Punkt liegt die Gefahr und die Intransparenz eines IT-Projektes. Die Auftraggeber verstehen in der Regel zu wenig von der IT, um die Produktanforderung genau im Sin-

---

79 Siehe Fröhlich, A.W.: Mythos Projekt, Seiten 60 ff.
80 Vgl. Haschke, W.: DV-Controlling, Seiten 19-20

ne der IT klassifizieren zu können und der IT fehlt das entsprechende Fachwissen, um die Anforderungen der Auftraggeber zielgerichtet umsetzen zu können. Beide Parteien benutzen unklare Fachterminologien und erschweren damit eine für beide Seiten nutzbringende Projektabwicklung. Dies mündet häufig in einer IT-seitigen Spezifikation der Anforderungen, die durch die sich am Bestehenden orientierenden, unvollständigen, inkohärenten, bildhaften und szenischen Vorstellungen des Auftraggebers generiert werden[81]. Diese geschäftsgetriebenen Anforderungen werden im Sinne der IT in logische Objekte, Funktionen, Daten und Regeln zerlegt, welche jedoch so abstrakt sind, dass sie von dem Auftraggeber nicht interpretiert werden können, jedoch für den IT-Analytiker das Maß aller Dinge sind.

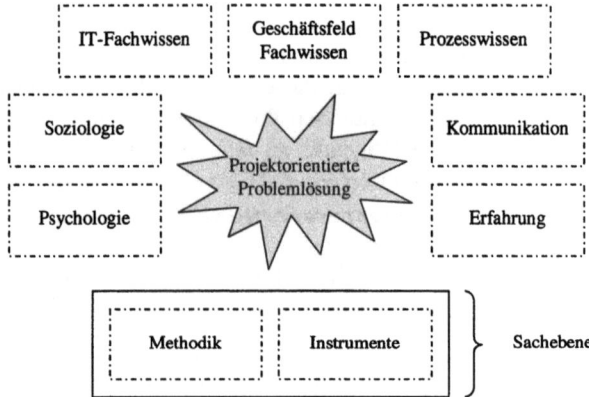

Abb. 3.4: Einflussfaktoren für den Projekterfolg im Sinne der Eisberg-Theorie

Hier wird bereits zu Beginn eines Projektes, das heißt bei der Festlegung der Anforderungen an ein IT-Produkt, die **Eisberg-Theorie** (siehe Abbildung 3.4) im negativen Sinne bestätigt. Diese Theorie besagt, dass 7/8 des Projekterfolges von den Beziehungen zwischen den Projektbeteiligten (den sogenannten weichen Faktoren) abhängen und nur 1/8 von der Sachebene, wie den eingesetzten Instrumenten und Methoden[82].

---

[81] Vgl. Fröhlich, A.W.: Mythos Projekt, Seite 63
[82] Siehe Fiedler, R.: Controlling von Projekten, Seite 7

3.2 IT-Projekt

Scheiterungspotenziale von IT-Projekten

Der Sachverhalt des sich „Nicht-Verstehens" mündet vielfach in einer für die erfolgreiche Projektabwicklung gefährlichen Vertrauensbasis zwischen den genannten Parteien. Keiner will sich die Blöße geben, einzugestehen, den anderen nicht verstanden zu haben. Jeder verwendet Fachterminologien und ist überzeugt, das Richtige zu tun. Dies ist sicherlich ein entscheidender Grund für die hohe Scheiterungsquote von IT-Projekten. Neben diesem Aspekt gibt es noch eine Vielzahl weiterer Scheiterungsfaktoren für ein IT-Projekt, als da sind[83].

- Mangelnde Soft-Skills der IT-seitigen Projektmitarbeiter, die vielfach im Konfliktmanagement projektintern aber auch gegenüber dem Auftraggeber nicht geschult sind, Spezialwissen nicht weiträumig preisgeben, um eine Monopolstellung aufrecht zu erhalten sowie auftretende Probleme nicht klar und deutlich kommunizieren (Schutzeffekt).

- Dogmatisches Vorgehen sowohl im Rahmen der Anforderungsdefinition des Auftraggebers an ein IT-Produkt als auch innerhalb einer zu verfolgenden IT-Strategie.

- Fehlende klare und definierte IT-architektonische Grundlagen, die gewährleisten, dass ein IT-Projekt mit ausgereiften und nahezu standardisierten, fehlerfreien Technologien abgewickelt werden kann.

- Bedingt durch die unklaren Anforderungsdefinitionen und dem „Aneinandervorbeireden" zwischen IT und Geschäftsfeld fehlende klare und anschauliche Projektziele.

- Unüberschaubarkeit der „Doings" innerhalb eines IT-Projektes sowie fehlende verifizierbare Abnahmekriterien eines IT-Produktes; vielmehr werden im Verlaufe eines IT-Projektes ständig Änderungen der Spezifikationen und der Anforderungen vorgenommen, da eine der beteiligten Parteien einen geäußerten Sachverhalt nicht in dem gewünschten Sinne interpretiert hat (Schlagwörter: Ad-hoc-Änderungen, Hey-Joe-Effekt).

---

[83] Kombination von Scheiterungspotenzialen aus folgenden Literaturquellen: Schwarz-Mehrens, E. / Fliers, F.: Woran scheitern IT-Projekte – Teil 1, Tücken im Projekt – Teil 2, Planungsmängel und Abstimmungsprobleme – Teil 3; Kargl, H.: Management und Controlling von IV-Projekten, Seiten 6-7; Fröhlich, A.W.: Mythos Projekt, Seite 26

> Die Schnelllebigkeit der Informationstechnologie, da spätestens ab zwei Jahren Projektlaufzeit dessen Ergebnis durch die Technologieentwicklung überrollt wird. Hieraus resultiert vielfach die Anwendung der Quick-and-Dirty Theorie, die jedoch das Scheiterungspotenzial von IT-Projekten geradezu herausfordert.

> Mangelnde Kundenorientierung der IT-Spezialisten, die zu sehr „verliebt in die eigenen Entwicklungen sind".

> Schnittstellenproblematiken der zu entwickelnden IT-Produkte, da die IT die unternehmensbezogenen Zusammenhänge der Geschäftsabläufe nicht greifen kann und sich starr an die erstellte Spezifikation hält, die jedoch wiederum durch den Auftraggeber durch deren Intransparenz nicht verifiziert werden kann.

> Mangelnde Unterstützung der Unternehmensführung, so dass grundlegende Entscheidungssachverhalte nicht zufriedenstellend in die Projektarbeit integriert werden können.

> Mangelnde Beachtung der Bestandteile des risikobehafteten Projektrades/des magischen Dreiecks, da ein durchdachtes und verständliches Projektkonzept infolge der Intransparenz der gestellten und abzuwickelnden Aufgaben fehlt.

> Fehlendes Projektmanagement, so dass die Aspekte Projektplanung, kurze Projektphasen, klare Projekt-Eigentums- und Projekt-Verantwortungsverhältnisse sowie ein hart arbeitendes, auf das Wesentliche konzentriertes Projektteam kaum betrachtet werden.

Soziale und kommunikative Scheiterungspotenziale für IT-Projekte

Neben den traditionellen Charakteristiken eines Projektes kommen verstärkt bei einem IT-Projekt soziale und kommunikative Gesichtspunkte zum Tragen, was eine Projektabwicklung nicht leichter macht. Ebenso ist der nicht greifbare Charakter des Projektendproduktes dafür verantwortlich, dass IT-Projekte komplex und in ihren Ausprägungen als Besonderheiten anzusehen sind. Dies sind auch Gründe für die vielfach vorliegende Disziplinlosigkeit innerhalb von IT-Projekten, da sie IT-einseitig als erfolgreich bezeichnet werden, wenn die im Vorfeld geplanten Projektrestriktionen nur um 30% überschritten worden sind beziehungsweise die Anwender nur ein Viertel des erzielten Projektergebnisses reklamieren⁸⁴. Der Anwender sieht diesen Sachverhalt natürlich anders, da er von seinem zu erbringenden Ergebnis eine Genauigkeit von nahezu 100% gewohnt ist. Jedoch ist diese leider vielfach im Softwarebereich nicht anzutreffen, eben bedingt durch den Kommunikations- und Definitionsmangel der zu erreichenden Ziele. Nach DeMarco[85] erreichen zu viele Softwareprojekte in wichtigen signifikanten Punkten ihr Ziel nicht, so dass kurzerhand der Erfolg eines Projektes nachträglich neu definiert wird, damit eine gewisse Zielerreichung sichergestellt werden kann[86]. Das Einverständnis des Auftraggebers zu dieser neuen Erfolgsdefinition wird stillschweigend vorausgesetzt, denn schließlich ist man gerade im IT-Bereich um eine Begründung der eingetretenen Situation nicht verlegen. Erleichtert wird dies infolge des fehlenden Verständnisses der IT-Technologie auf der Auftraggeberseite.

Definitionen von DV-/IT-Projekten der nachfolgenden Art sind daher nicht zeitgemäß beziehungsweise versuchen lediglich die traditionellen Projektdefinitionen 1:1 auf ein IT-Projekt zu übertragen, was jedoch den oben genannten Scheiterungspotenzialen für ein IT-Projekt nicht entgegenwirkt sondern vielmehr diese noch weiter untermauert.

DV-Projekte nach Kittel und Menze

Nach Kittel und Menze[87] sind DV-Projekte durch eine eindeutige, zeitlich und aufwandsmäßig definierte Zielvorgabe gekennzeichnet, verbunden mit einem fixierten, funktionalen wie auch technischen Leistungsumfang einschließlich den erforderlichen Rahmenbedingungen. Dabei ist der Ablauf der Projekte gleichartig; er ist in Phasen strukturierbar und lässt sich in standardisierter Form festlegen. Als Phasen werden dabei definiert: • Fachliche Spezifikation, • Technischer Entwurf, • Programmierung, • Test und • Produktionseinführung.

IV-Projekte nach Kisting

Nach Kisting[88] hingegen ist eine Trennung zwischen Wartungs-IV-Projekten und Neu-IV-Projekten erforderlich. Grundsätzlich

---

84 Vgl. Fröhlich, A.W.: Mythos Projekt, Seiten 41-42
85 DeMarco, T.: Software-Projektmanagement
86 Siehe Fröhlich, A.W.: Mythos Projekt, Seite 42
87 Vgl. Kittel, H.-U. / Menze, B.: Controlling von DV-Projekten, Seiten 83-84
88 Vgl. Kisting, J.: IV-Controlling für große Wartungsprojekte, S. 90-91

sind für beide Projektausprägungen eine definierte Aufgabenstellung mit Anfangs- und Endterminen sowie ein Projektleiter mit einer zugehörigen Projektgruppe erforderlich. Wartungsprojekte beschreiben Aktivitäten, mit denen ein bereits eingesetztes und genutztes IV-System gemäß einer bestimmten Zielsetzung verändert wird, wohingegen ein Neuprojekt zum Ziel hat, ein neues Anwendungssystem zu erstellen, welches erstmalig eingesetzt wird oder ein „altes" ablöst. Bei Neuprojekten besteht keine kurzfristige Abhängigkeit zu anderen produktiv eingesetzten Systemen; Wartungsprojekte implizieren jedoch eine parallel verlaufende Produktivnutzung des entsprechenden Systems, da hier Fehler beseitigt beziehungsweise Modifikationen vorgenommen werden.

Die klassifizierten kritischen Erfolgsfaktoren, sprich Scheiterungspotenziale, für ein IT-Projekt werden bei beiden IT-Projektdefinitionen kaum beachtet, so dass es erforderlich ist, ein IT-Projekt im Sinne der Betrachtung der Wertschöpfungskette desselben zu definieren.

IT-Projekt-definition

Wie die bisherigen Ausführungen gezeigt haben, nehmen projektorientierte Aktivitäten innerhalb der Wertschöpfungskette von IT-Produkten einen nicht zu vernachlässigenden Umfang ein, so dass eine gemeinsame Verständniswelt von einem IT-Projekt erforderlich ist. Daher wird im Folgenden unter einem **IT-Projekt** ein Vorhaben verstanden, welches

- terminlich sowie kostenmäßig abgegrenzt,
- einmalig durch eine nicht repetitive Vorhabenerfüllung sowie
- abgrenzbar und damit weiter zerlegbar ist,
- als Produktionseinsatzfaktoren die IT-technologischen Aspekte architektonisch, qualitätsorientiert und sicherheitsspezifisch betrachtet,
- alle Projektbeteiligten sowohl auftraggeber- als auch auftragnehmerseitig auf den gleichen Wissens- und Verständnisstand über das zu erzielende Projektergebnis durch transparente Hilfsmittel bringt,
- ein explizites Ressourcen- und Skill-Management nachhaltig und projektbegleitend gewährleistet,
- klare definierte partnerschaftliche Zielvorgaben zwischen Auftraggeber und Auftragnehmer als Projektgrundlage be-

sitzt[89], die während des Projektverlaufs über ein regulatorisches und steuerungsorientiertes Change- sowie Versionsmanagement modifiziert werden können, wobei jedoch Disziplin auf beiden Seiten im Sinne der Zielerreichung vorauszusetzen ist,

📖 sowie auf einer gezielten Projektorganisation beruht, die auf gemeinschaftlicher und sich in der Verantwortung teilenden Auftraggeber- und Auftragnehmerbeziehungen aufsetzt.

Um die Effektivität und Effizienz solcher IT-Projekte sicherzustellen, ist es notwendig, ein entsprechendes ***IT-Controlling*** wertkettenbegleitend einzusetzen, da dieses von außen einen Blick auf die Wertschöpfungskette eines IT-Produktes bietet. Durch ein gezieltes IT-Controlling können steuerungspolitische und informatorische Akzente übermittelt werden. Im folgenden Kapitel wird daher eine Einbettung des IT-Controllings zu den verschiedenen Stufen der Wertschöpfungskette eines IT-Produktes vorgenommen. Zunächst sind jedoch noch weitere Definitionen von IT-Projektspezifizierungen erforderlich, da unter anderem der operative Produktmarktlebenszyklus eines IT-Produktes von Wartungs- und Weiterentwicklungsprojekten spricht (Abbildung 2.4). In Kapitel 2.2 sind bereits grobe Definitionen von Wartungs- und Weiterentwicklungsprojekten in Anlehnung an die dort genannten Literaturquellen vorgenommen worden, die es gilt, detaillierter zu betrachten.

---

[89] Im Idealfall wird zunächst ein Prototyp als Teilprodukt eines IT-Projektes erstellt, anhand dessen der Auftraggeber die signifikanten späteren Produkteigenschaften bereits erkennen kann. Auf Basis dieses Prototyps wird dann das entsprechende IT-Projekt fortgesetzt. Idealtypischerweise sollte ein solcher Prototyp Ergebnis einer Vorstudie sein, da diese entscheidende Produktausprägungen untersucht, verifiziert und spezifiziert. Sie ist Input für die im Pflichten- und Lastenheft enthaltenen Konzeptionierungen (Grob- und Feinkonzept) für die eigentliche Produktentwicklung; kurz gesagt, sie liefert den Input für die Vertragsverhandlungen zwischen Auftraggeber und Auftragnehmer.

3.3 IT-Projektspezifizierungen

Für dieses Buch maßgebend sind jedoch die nachfolgenden Definitionen von Projektspezifizierungen. Dabei wird auf die Nennung von IT-Infrastrukturprojekten[90] sowie IT-Beschaffungsprojekten[91] verzichtet, da diese im vorgestellten Lebenszyklus eines IT-Produktes keine dominante Rolle spielen.

Vorstudienprojekte

Der Fokus der Vorstudienprojekte liegt auf den fachlichen und geldwerten Forschungsarbeiten, um anhand der Ergebnisse Entwicklungs-, Weiterentwicklungs- oder aber auch Wartungsprojekte in Angriff nehmen zu können. Inhalt der Vorstudienprojekte ist in erster Linie die Analyse der Anforderungen des Auftraggebers, das heißt, es werden Vorentscheidungen für die Machbarkeit und Durchführbarkeit eines IT-Projektes getroffen. Idealtypischerweise liefert die Vorstudie als Ergebnis ihrer Untersuchungen einen Prototypen des späteren IT-Produktes, der plastisch dessen Möglichkeiten und Funktionsweisen präsentiert. Die Ebene der Abstraktion einer IT-Projektspezifikation wird so verlassen und durch eine reales, funktionstüchtiges Modell konkretisiert.

Entwicklungsprojekt

Es wird eine neue, in ihren zielgerichteten Eigenschaften innerhalb des Unternehmens noch nicht existente IT-Anwendung geschaffen beziehungsweise eine bestehende IT-Anwendung dadurch abgelöst.

Weiterentwicklungsprojekt

Ein Weiterentwicklungsprojekt[92] modifiziert die Eigenschaften eines zuvor abgeschlossenen Entwicklungsprojektes, wobei jedoch die Kernfunktionalität des Entwicklungsergebnisses erhalten bleibt. Beträgt die Änderung der Eigenschaften mehr als 50% der Kosten des bisherigen Entwicklungsprojektes, dann handelt

---

[90] Bereitstellung von Entwicklungs- und Produktionsumgebungen beziehungsweise –komponenten

[91] Externe Beschaffung von Hard- und Softwarekomponenten

[92] Unter einem Weiterentwicklungsprojekt lassen sich die Begriffsterminologien Release und Upgrade zusammenfassen; jedoch ist es vielfach schwer, eine explizite Abgrenzung zwischen diesen und einer tatsächlichen Neuentwicklung vorzunehmen. Als Beispiel für eine Abgrenzung lässt sich der Entwicklungsprozess eines VW Golf heranziehen. Modellmodifikationen innerhalb einer Serie kann man als Weiterentwicklungen bezeichnen, wohingegen der Übergang von dem VW Golf II zu dem Golf III als Neuentwicklung nach dieser Definition zu klassifizieren ist.

3.3 IT-Projektspezifizierungen

es sich um kein Weiterentwicklungs- sondern um ein Entwicklungsprojekt. Gegenüber der Wartung unterscheidet sich ein Weiterentwicklungsprojekt durch die Möglichkeit der Schaffung von modifizierten Eigenschaften des einzusetzenden Projektergebnisses, wohingegen die Wartung einzig und allein der Fehlerbehebung ohne Eigenschaftsänderung dient.

Wartungsprojekt Ein Wartungsprojekt schließt sich stets an das Entwicklungsprojekt an und dient der Fehlerbehebung von Erkenntnissen aus dem produktiven Einsatz des zuvor abgeschlossenen Entwicklungsprojektes.

Ablösungsprojekt Unter einem Ablösungsprojekt versteht man die IT-seitigen Aktivitäten, ein bestehendes IT-Produkt wieder vom Markt zu nehmen, es stillzulegen. Hier sind vielfach Schnittstellenprogrammanpassungen an anderen IT-Produkten vorzunehmen, so dass zu dem abzulösenden IT-Produkt keine Verbindungen mehr bestehen. Ein IT-Produkt gilt als abgelöst, wenn es mit all seinen Komponenten aus der Produktionsumgebung, sprich dem operativen Geschäftsfeld des einsetzenden Unternehmens, entfernt worden ist.

Beispiele für Aktivitäten innerhalb eines Ablösungsprojektes[93]:

➤ Löschung der Software aus der Produktionsumgebung;

➤ Modifikation der Programme, die einen Zugriff auf das abzulösende Produkt haben;

➤ Abbau und Verwertung von Hardwarekomponenten;

➤ Beendigung von existenten Verträgen rund um das abzulösende IT-Produkt;

➤ Archivierung von Elementen der Anwendung im Rahmen gesetzlicher Aufbewahrungsfristen;

➤ Anpassung oder Beseitigung von existenten Dokumentationen wie Entwicklungs-, Betriebs- und Benutzerhandbücher.

In Abbildung 3.5 werden die Wirkungszusammenhänge zwischen den vorgestellten IT-Projektspezifizierungen grafisch dargestellt. Bis zur Ablösung des entsprechenden IT-Produktes besteht eine Kreislauffunktion zwischen Entwicklung, Wartung und Weiterentwicklung, wobei jede dieser Projektspezifizierungen

---

[93] Siehe Kütz, M.: Lebenszyklussteuerungen von IV-Anwendungen, Seite 247

eine weitere initiieren kann. Dies repräsentiert die Besonderheit eines IT-Produktlebenszyklus, die jedoch im Moment in der Praxis unter Wirtschaftlichkeitsgesichtspunkten noch keiner gesamthaften Betrachtung unterzogen wird. In der Regel enden die Wirtschaftlichkeitsbetrachtungen nach der Entwicklung des IT-Produktes. Eventuell anfallende Wartungsmaßnahmen oder auch Weiterentwicklungen werden gesondert betrachtet und eigenständigen Wirtschaftlichkeitsberechnungen unterzogen. Eine Business Case Nachhaltung des IT-Produktes kann so nicht erfolgen, da wichtige Einflussfaktoren nicht in zusammenhängendem Maße betrachtet werden. Hier ist im Speziellen das IT-Controlling gefordert, diesen Sachverhalt zu ändern sowie mit geeigneten Methoden eine erhöhte Transparenz und damit auch Steuerungsgrundlage für das Management zu schaffen. Das vorliegende Buch trägt das Nötige hierzu bei.

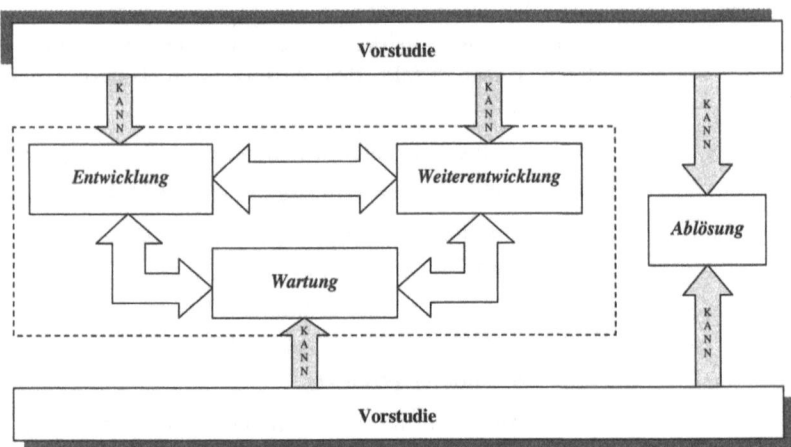

Abb. 3.5: IT-Produktlebenszyklusbetrachtung unter dem Fokus spezifischer IT-Projektspezifizierungen

4 IT-Controlling der Software-Wertschöpfungskette

Controlling

Die Bedeutung eines effizienten und effektiven Controllings innerhalb eines Unternehmens wird an dieser Stelle nicht näher erläutert. Sie wird als hoch vorausgesetzt, da das **Controlling** die Aufgabe hat, als Führungssubsystem die Unternehmensführung zu unterstützen[94]. Des Weiteren obliegt ihm die Aufgabe, die Aktivitäten aller Unternehmensteilbereiche sowohl in sachlicher als auch zeitlicher Hinsicht im Sinne der Unternehmensziele abzustimmen. Durch gezielte Plan-Ist-Vergleiche werden Abweichungen aufgezeigt, analysiert und kommuniziert, sowie Maßnahmen zur Gegensteuerung vorgeschlagen, teilweise selbständig eingeleitet und koordiniert[95]. Hierzu ist die Entwicklung unternehmensspezifischer Planungs- und Planungskontrollsysteme erforderlich, die dem Controlling ein zukunftsorientiertes Denken und Handeln ermöglichen[96]. Als funktionsübergreifendes Steuerungsinstrumentarium sorgt es sich um eine ergebnisorientierte Koordination von Planungs-, Kontroll- und Informationsversorgungsmechanismen[97], die erst eine nach dem ökonomischen Prinzip verfahrende Unternehmenssteuerung erlauben.

Führung

Somit dient das Controlling zur Informationsversorgung für die Führungsprozesse, bietet gleichzeitig aber auch selbständige Unterstützungsfunktionen für das Management an. Unter dem Begriff der Führung wird die Gesamtheit der Institutionen, Prozesse und Instrumente verstanden, die der Problemlösung, der Willensbildung und der Willensdurchsetzung dienen[98]. Hierzu sind Planungsmaßnahmen, Entscheidungen, Kontrollfunktionalitäten und Zielfestlegungen erforderlich. Das Controlling sorgt dafür,

---

[94] Vgl. Fiedler, R.: Controlling von Projekten, Seite 9

[95] Vgl. Hans, L. / Warschburger, V. : Controlling, Seite 3

[96] Vgl. Kaeser, W.: Controlling im Bankbetrieb, Seite 4

[97] Siehe Horváth und Partner: Das Controllingkonzept, Seite 5

[98] Vgl. Rühli, E.: Unternehmensführung und Unternehmenspolitik – 2. Auflage, Seite 28

dass im Sinne der Führungsdefinition die Kontrollfunktionalitäten des Managements ausgeübt werden können. Es liefert Vorschläge, die in die Entscheidungsfindung des Managements integrierbar sind. Im Sinne der Planung nimmt das Controlling initiierende, analysierende, begleitende, kommunikative, kontrollierende und interpretierende Aufgaben wahr, deren Ergebnisse dem Management zur Entscheidungsfindung und für die Zielvorgaben weitergeleitet werden. Daher repräsentiert das Controlling die Schnittmenge zwischen den Zielfindungs- sowie Zielerreichungsprozessen des Managements. Ebenso hat es für die Bereitstellung von geeigneten Methoden, Verfahren und Werkzeugen, insbesondere effektiver und effizienter Planungs- beziehungsweise Planungskontrollsysteme zu sorgen. Die nachfolgende Abbildung 4.1 zeigt diese Wirkungsweise des Controllings auf, in der die Wechselbeziehung zwischen Management und Controlling hervorgehoben wird. So wird die Bedeutung des Controllings deutlich, denn ein Unternehmen ohne fundierte Führung kann wirtschaftlich gesehen nicht existieren. Ein Schiff läuft auch nicht ohne eine Kapitän (Management) aus dem Hafen aus, der jedoch wiederum Lotsen (Controlling) für das Finden des Weges benötigt.

Hauptaufgaben des Controllings

Aus dieser vorgenommenen Controllingdefinition lassen sich in Anlehnung an Weber und Gysler als **Hauptaufgaben des Controllings** klassifizieren[99]:

- Aufbau und Koordination eines Planungs-, Budget- und Kontrollsystems;
- Ermittlung von Soll- und Istgrößen;
- Durchführung von Soll-Ist-Vergleichen;
- Analyse der Gründe aufgetretener Soll-Ist-Abweichungen;
- Versorgung der Geschäftsleitung mit Führungsinformationen;
- Beratung und Begutachtung der Führung im Sinne einer systemkoppelnden[100] Koordination durch Abstimmung der einzelnen Unternehmensteilbereiche;

---

[99] Siehe Weber, J.: Einführung in das Controlling – 3. Auflage, S. 15 und Gysler, T. P.: Informatik-Controlling im Bankbetrieb, S. 50

[100] Zu den Begriffsterminologien „Systembildende Koordination" und „Systemkoppelnde Koordination" siehe Horváth, P.: Controlling – 2. Auflage, Seiten 154 ff.

📖 Unterbreitung von Vorschlägen für Korrekturmaßnahmen innerhalb eines gegebenen Ziel- und Handlungsrahmens;

📖 Unterbreitung von Vorschlägen für Änderungen des Ziel- und Handlungsrahmens;

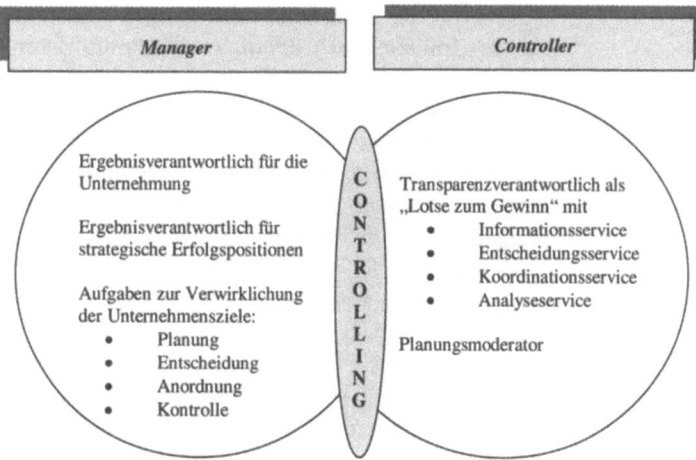

Abb. 4.1: Die Wirkungsweise des Controllings auf die Unternehmensführung[101]

4.1 IT-Controlling

Die Betrachtung der Informationstechnologie nach Controlling-Gesichtspunkten weist einige Besonderheiten auf, denen durch eine explizite Definition des IT-Controllings gerecht zu werden ist. In der Praxis, aber auch in der Literatur existieren eine Vielzahl an Bezeichnungen rund um das Themengebiet des Informationstechnologie-Controllings, zum Beispiel:

➢ ADV-Controlling   (Automatisiertes Datenverarbeitungs-Controlling)
➢ EDV-Controlling   (Elektronisches Datenverarbeitungs-Controlling)
➢ IS-Controlling   (Informationssystem-Controlling)
➢ IV-Controlling   (Informationsverarbeitungs-Controlling)
➢ DV-Controlling   (Datenverarbeitungs-Controlling)

---

[101] In Anlehnung an Ohne V.: Controller und Controlling

> IF-Controlling   (Informatik-Controlling)
> ...

IT-Controlling

Im Rahmen dieses Buches wird der Begriff des **IT-Controllings**, also des Informationstechnologie-Controllings, verwendet[102], da so sowohl die technische beziehungsweise systemorientierte Seite der „Information", deren Verarbeitung, deren Prozessstrukturen als auch deren Wirkungsweise auf die Umwelt impliziert wird. Der Begriff der Technologie umfasst die Gesamtheit aller technischen Prozesse, gleichzeitig aber auch die eigentlichen technischen Verfahren. Zur deren Abbildung sind Prozessstrukturen offen zu legen und deren Wirkungsweise einer genauen Betrachtung zu unterziehen. Somit kommt der Begriff des IT-Controllings einer ganzheitlichen Betrachtung der systematischen automatisierten Verarbeitung von Informationen ($\cong$ Informatik[103] - wissenschaftlich) recht nahe, da insbesondere auch die Wirkung der entsprechenden Anwendungen auf die Außenwelt und nicht nur die reine Verarbeitung von Informationen in den Fokus der Betrachtung gerückt wird. Sicherlich kann man gerade über die Verwendung der Begrifflichkeiten Informationsverarbeitung und Informationstechnologie streiten oder philosophieren. Aus diesem Grunde wird die Begründung der Verwendung des Begriffes Informationstechnologie statt Informationsverarbeitung nicht weiter vertieft, sondern diese ist als Faktum anzusehen. Beide Begrifflichkeiten sind in diesem Buch unter dem Blickwinkel der Synonymität zu betrachten, da sehr viele Literaturquellen den Begriff der Informationsverarbeitung bevorzugen. Gegen Ende der achtziger Jahre betrachtete man das IT-Controlling als ein Instrument zur Beantwortung nachfolgender Fragen unter dem Fokus der Koordinations-, der Kontroll- und der Planungsaufgabe des Controllings[104]:

Koordinationsaufgabe:

Kann eine Sicherstellung des Portefeuille bezüglich der computergestützten Informationsverarbeitung sowohl in

---

[102] Werden jedoch Definitionen dieser Thematik aus Literaturquellen herangezogen, so wird deren originäre Terminologie verwendet.

[103] Siehe explizit Engesser, H. (Hrsg.): DUDEN Informatik – 2. Auflage, Sp. 305 ff.

[104] Vgl. Haufs, P.: DV-Controlling, Seite 31; hier als ADV-Controlling bezeichnet

technischer, theoretischer als auch physischer Hinsicht gewährleistet werden?

Kontrollaufgabe:

Werden die Aufgaben bezüglich der Informationsverarbeitung korrekt durchgeführt?

Planungsaufgabe:

Stehen zur Informationsversorgung die richtigen und vor allen Dingen ausreichende Ressourcen zur Verfügung?

Diese Definition lässt die Kostenfrage des IT-Bereiches außer Acht, da lediglich abwicklungstechnische Details durchleuchtet werden. Aus ökonomischen Gesichtspunkten ist dieser Sachverhalt jedoch nicht tragbar, denn jede betriebswirtschaftliche Aktivität ist auf die Erhaltung und die Vermehrung des Unternehmenswertes ausgerichtet. Ein positiver Nettonutzen – mehr Ertrag als Aufwand – ist Ziel einer jeden Unternehmensaktivität, so dass gerade auch im Bereich der betrieblichen Informationsverarbeitung eine wirtschaftliche IV-Entwicklung, ein wirtschaftlicher IV-Einsatz sowie eine wirtschaftliche IV-Nutzung sicherzustellen ist[105]. Diesem Aspekt kann die Definition nach Haufs nicht gerecht werden.

Des Weiteren ist durch die steigende Komplexität der Unternehmensprozesse und die damit wachsende Informationsintensität der unterschiedlichen Tätigkeiten und Aufgabengebiete die Informationswirtschaft zu einem zentralen Erfolgsfaktor für nahezu jedes Unternehmen geworden[106]. Somit ist die Auffassung von Jahnke über die Rechtfertigung eines IT-Controllings zu pauschal. Er vertritt die These, dass erst durch ein DV-Controlling eine erfolgreiche Bewältigung der Informationsmanagement-Aufgaben gewährleistet werden kann[107]. Informationsmanagement steht dabei für die Zusammenfassung aller der die Informationen betreffenden Führungsaufgaben inklusive deren zielgerichteten Kommunikation[108]. Ähnlich ist die Aussage, dass In-

---

[105] Vgl. von Dobschütz, L.: Wirtschaftlicher IV-Einsatz, Seiten 2-3

[106] Siehe Krcmar, H. / Buresch, A.: IV-Controlling – Ein Rahmenkonzept, Seite 4

[107] Vgl. Jahnke, B.: Informationsverarbeitungs-Controlling, S. 124-125

[108] Siehe Heinrich, L.J./Burgholzer, P.: Informationsmanagement – 3. Auflage, Seite 5 ff.

formationsmanagement ohne IV-Controlling ein „muddling through"[109] aber kein Management sei, einzugruppieren[110].

Informationsmanagement

Unter dem Begriff des Informationsmanagements[111] versteht man

- das Management der Hardware-/Softwaresysteme als technische Ressourcen,
- das Management des Lebenszyklusses der Informationssysteme als Mensch-Maschine-Systeme sowie
- das Management der betrieblichen Informations- und Wissensversorgung zum Zwecke der Leistungssteigerung respektive Erfolgsverbesserung des Unternehmens.

Da jedoch die Informationstechnologie mittlerweile ein kritischer Erfolgsfaktor vieler Unternehmen verkörpert, kann eine Auffassung von einem IT-Controlling als reine Assistenzfunktion des Informationsmanagements nicht akzeptiert werden. Der Blickwinkel ist so für das IT-Controlling sehr stark nur auf den eigentlichen IT-Sektor beschränkt, so dass unter anderem die wirtschaftliche Einbindung der Datenverarbeitung in die bestehenden Geschäftsprozesse aber auch die eigentliche controllingorientierte Begleitung der geschäftsfeldgetriebenen Prozessdefinitionen für den Informationsverarbeitungsbereich in den Hintergrund gerät. Betrachtet man den Lebenszyklus eines IT-Produktes, so stellen diese vor- und nachgelagerten Aktivitäten bezogen auf die Umsetzung eines IT-Projektes wichtige Einflussfaktoren dar, die nicht vernachlässigt werden dürfen. Die Vernachlässigung ist jedoch nach obiger pauschalen Definition des IT-Controllings zu befürchten, da hier lediglich der eigentliche IT-Bereich in den Fokus der Betrachtung gerückt wird. Die explizite Einbeziehung des Geschäftsfeldes kann so nicht gewährleistet werden.

---

[109] Der Begriff des „muddling through" bedeutet wörtlich übersetzt „sich Durchwursteln", das heißt, ein IV-Controlling ist dabei behilflich, zieladäquate Steuerungsinformationen bereitzustellen, die die Grundlage von Managemententscheidungen verkörpern.

[110] Siehe Spitta, Th./Ellerbrock, R./Kuhlmann, A.: IV-Controlling und Informationsmanagement im Mittelstand, Seite 506

[111] Vgl. Seibt, D.: Informationsmanagement und Controlling, S. 126-126

4.1 IT-Controlling

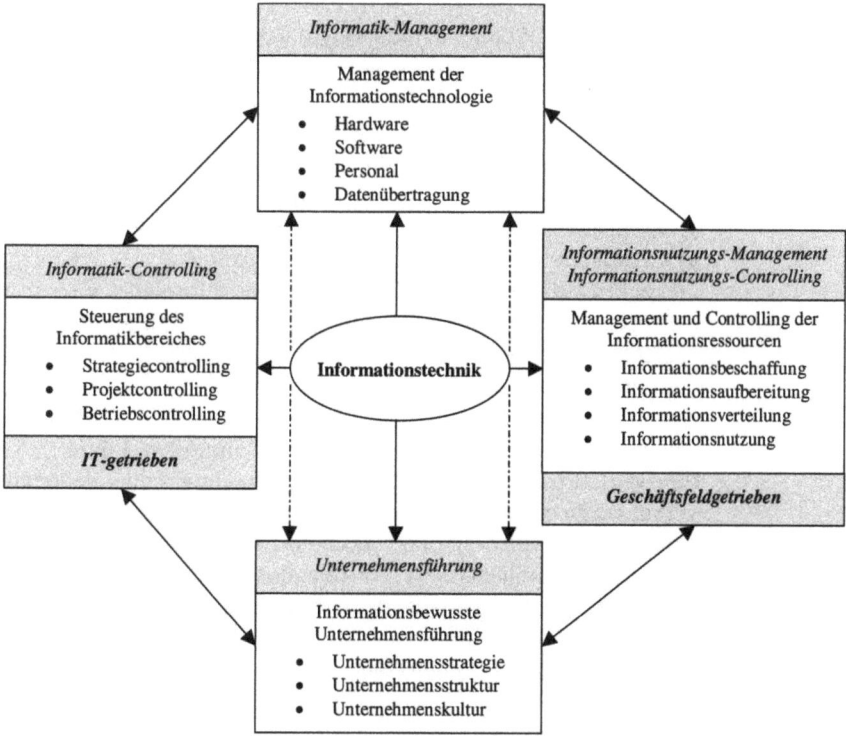

Abb. 4.2: Trennung zwischen Informatik-Controlling und Informationsnutzungs-Controlling[112]

Informatik-Controlling

Konkreter wird Gysler in seiner Definition des von ihm bezeichneten Informatik-Controllings. Er sieht dieses als ein Subsystem der Führung an, welches die Gesamtheit aller Institutionen, Prozesse und Instrumente umfasst, mit denen die Planung und Kontrolle der Aktivitäten des Informatikbereiches sowie die informatikbezogene Informationsversorgung systembildend und systemkoppelnd koordiniert werden[113]. In Anlehnung an die allgemei-

---

[112] Abwandlung der Einbettung des Informatik-Controllings in das Informationsmanagement von Gysler, T. P.: Informatik-Controlling im Bankbetrieb, Seite 57

[113] Vgl. Gysler, T. P.: Informatik-Controlling im Bankbetrieb, Seite 54

ne Controlling-Definition von Horváth[114] beinhaltet die Koordination sowohl die Schaffung von Dauerregelungen durch die Bildung von Systemen (systembildend) als auch eine laufende Abstimmung durch Koppelung der Systeme (systemkoppelnd). Zwar schafft es Gysler in seiner Definition eine Verknüpfung des Informatik-Controllings mit der Unternehmensführung und damit mit dem gesamten Unternehmen herzustellen („Gesamtheit aller Institutionen, Prozesse und Instrumente"), doch gleichzeitig beschränkt er die Planungs- und Aktivitätsmaßnahmen auf den Informatikbereich. Die eigentliche Nutzung der Information respektive deren Verarbeitung durch die Informatik wird außen vorgelassen, so dass eine ganzheitliche Betrachtung der Ressource Information und somit der Wert der Information für das Unternehmen verwehrt bleibt. Die Unternehmensführung hat nach dieser Definition eine Verlinkung zwischen den Controlling-Erkenntnissen des Informatik-Bereiches und dem Bereich, der für die Informationsbeschaffung, -aufbereitung und –verteilung verantwortlich ist, herzustellen. Dadurch erhält sie eine ökonomische Sichtweise auf den gesamten Bereich der Informationsverarbeitung inklusive der Informationsnutzung. Abbildung 4.2 stellt diesen Sachverhalt der Trennung zwischen Informatik-Controlling und Informationsnutzungs-Management (Informationsnutzungs-Controlling) dar.

Im Sinne von Gysler kann bei der Business Case Betrachtung eines IT-Produktes lediglich die Aufwandsseite klassifiziert werden, die Ertragsseite des Geschäftsfeldes ist von diesem selber an die Unternehmensführung zu liefern. Die Unternehmensführung nimmt dann eigenständig eine rudimentäre Aufgabe des Controllings wahr, nämlich die der Kosten-Nutzen-Betrachtung. Nur sie kann infolge der getrennten Informationslieferung zwischen Aufwand und Ertrag einen ganzheitlichen Blick auf den Wert des IT-Produktes vornehmen. Da jedoch das Controlling sowohl informationsversorgend als auch unterstützend dem Management behilflich ist, ist es erforderlich, diese fehlende Verlinkung des Informatik-Bereiches mit den Daten des Geschäftsfeldes bereits innerhalb des Controllings vorzunehmen. Es bietet sich an, diese Aufgabe auch dem IT-Controlling in Zusammenarbeit mit einem zentralen, allgemeinen Unternehmenscontrolling zuzuschreiben, um eine ganzheitliche Betrachtung aus Expertensicht über die

---

[114] Siehe Horváth, P.: Controlling – 2. Auflage, Seiten 154 ff.

4.1 IT-Controlling

Wertschöpfungskette eines IT-Produktes (IT-Projektes) unter Controlling-Aspekten gewährleisten zu können[115].

IV-Controlling

An dem oben geschilderten fehlenden Sachverhalt von Gysler lehnt sich die Definition des Informationsverarbeitungs-Controllings (IV-Controlling) von Krcmar an. Er fordert von einem IV-Controlling, dass dieses für die transparente Darstellung der Informationswirtschaft sowie für den Informations- und Kommunikationstechnologie-Einsatz (IKT-Einsatz) innerhalb des Unternehmens sorgt, so dass unternehmerische Entscheidungen über den Technologie- beziehungsweise Anwendungseinsatz gefällt werden können. *Hierzu stellt das IV-Controlling ein funktions- und bereichsübergreifendes Koordinationssystem für den IV-Bereich und die Informationswirtschaft dar.* Somit ist es seitens des IV-Controllings erforderlich, dass dieses alle informationswirtschaftlichen Aktivitäten innerhalb des Unternehmens unterstützend begleitet. Der gesamte Systemlebenszyklus von IT-Anwendungen rückt in den Fokus controllingorientierter Betrachtungen[116]. Dabei benutzt das Controlling zur Erfüllung seiner Aufgaben die IV, gleichzeitig ist diese auch das Controlling-Objekt[117]. Somit wird verhindert, dass das IV-Controlling lediglich als Unterstützung des allgemeinen Controllings durch Informationssysteme aufgefasst wird.

Es kommt hier jedoch ein wesentlicher Erfolgsfaktor für ein effizientes und effektives IT-Controlling, das sich nicht nur der reinen IT-seitigen Betrachtung zugehörig fühlt, zu kurz. Die Abstimmung der strategischen Unternehmenserfolgsfaktoren sowie deren unter Wirtschaftlichkeitsgesichtspunkten vorzunehmende Nachhaltung wird bei der Definition von Krcmar vernachlässigt,

---

[115] Der Aufwand der IT kann infolge der Nähe des IT-Controllings verbunden mit dem entsprechenden Fachwissen durch dieses sehr gut abgebildet werden, wohingegen das IT-Controlling vielfach nur einen geringen Einblick in die Arbeitsweise der das IT-Produkt einsetzenden Geschäftsfelder besitzt. Daher bietet es sich an, hier eng mit dem zentralen Unternehmenscontrolling zusammenzuarbeiten, um auch die Ertragsseite des IT-Produktes für das Unternehmen abbilden zu können. Diese gezielte Zusammenarbeit ist als essenzielle Aufgabe des IT-Controllings anzusehen.

[116] Siehe Krcmar, H.: Informationsmanagement – 2. Auflage, Seiten 280-281

[117] Vgl. Szyperski, N.: Synergien zwischen Controlling und Informationstechnik, Seite 11

da lediglich ein bereichsübergreifendes Koordinationssystem für den IT-Bereich und die Informationswirtschaft bereitgestellt wird. Die geforderte transparente Darstellung der Informationswirtschaft und des IKT-Einsatzes können so nur einseitig transparent im Sinne der IT vorgenommen werden. Wie bereits in Kapitel 3 erläutert, ist eine IT-Spezifikation zwar für die Beschäftigten der IT-Abteilung durchaus transparent und einleuchtend, stellt jedoch für den Auftraggeber häufig eine nicht zu interpretierende Ablauffolge seiner Anforderungen dar. Stimmt der Auftraggeber dieser Spezifikation zu, so wird anhand derer das IT-Produkt entwickelt. Bei dessen Einsatz stellt sich dann vielfach heraus, dass es eben nicht die Bedürfnisse des Auftraggebers im gewünschten Umfange befriedigt. Ähnlich verhält es sich aus Controllingsicht mit der Aufwandsdarstellung. Kann die auftraggebende Partei die Aufwandsdarstellung nicht nachvollziehen, so hat sie diese als Faktum hinzunehmen und in ihre Wirtschaftlichkeitsberechnungen für ihr Marktprodukt zu integrieren. Ein steuerndes Eingreifen ist unter den genannten Gesichtspunkten kaum möglich, denn es fehlt der Bezugspunkt zu den entsprechenden Aufwänden, da diese nicht zufriedenstellend interpretiert und damit beeinflusst werden können. Daher ist bereits bei der Definition des IT-Controllings darauf zu achten, ein enges Zusammenspiel zwischen dem IT-seitigen Controlling und dem Geschäftsfeldcontrolling/dem zentralen Unternehmenscontrolling herzustellen. Des Weiteren ist gerade der Prozesscharakter in die Definition aufzunehmen, denn sowohl innerhalb der IT als auch innerhalb des restlichen Unternehmens bestimmen Prozesse die Umsetzung einer entsprechenden Unternehmensstrategie. Diese Prozesse sind wiederum für eine ökonomische Ausrichtung der Unternehmen verantwortlich.

Prozess

Ein **Prozess** bezeichnet stets eine Folge von logischen Einzelfunktionen, zwischen denen eine entsprechende Verbindung besteht[118]. Es handelt sich dabei um die Umsetzung von Tätigkeiten und den daran beteiligten Hilfs- und Produktionsmitteln, die in Kombination zu einem entsprechenden Unternehmensprodukt führen. Dieses Prozessdenken wird durch die Einbeziehung der Wertschöpfungskette eines IT-Produktes in controllingorientierte Betrachtungen gefördert, denn hier ist nicht nur ein Lebenszyklusabschnitt des IT-Produktes für Wirtschaftlichkeitsbetrachtungen heranzuziehen. Vielmehr ist der komplette IT-Produktle-

---

[118] Vgl. Krcmar, H.: Informationsmanagement – 2. Auflage, Seite 78

benszyklus maßgebend für die Informationsversorgung des Managements und dessen gezielte Unterstützung durch das IT-Controlling. Dabei werden verstärkt die ablaufenden Unternehmensprozesse (IT- und Geschäftsfeld-seitig) betrachtet, denn diese prägen und steuern den Lebenszyklus des entsprechenden IT-Produktes. Aus diesem Grunde wird die nachfolgende Definition für das IT-Controlling aufgestellt, die eine Erweiterung der in Kapitel 2.3 aufgeführten (Hans/Warschburger[119]) darstellt.

IT-Controlling   Das **IT-Controlling** zeichnet sich als Informationslieferant und selbständig agierender Berater für das Unternehmensmanagement verantwortlich für

- die Abstimmung der IT mit den strategischen Unternehmenserfolgsfaktoren;

- die dual-transparente (IT und Auftraggeber) Darstellung der entscheidungsrelevanten IT-Sachverhalte sowohl in finanzieller, zeitlicher als auch inhaltlicher Hinsicht (magisches Dreieck), wobei bei letzterer der Schwerpunkt auf einer bindenden Vertragsspezifikation mit verifizier- und nachprüfbaren Inhalten liegt;

- die Gewährleistung einer wirtschaftlichen Arbeitsweise der IT-Abteilung im Sinne der Unternehmensziele;

- die Schaffung gezielter Planungs- und Planungskontrollsysteme, welche ganzheitliche Informationen über ein IT-Produkt im Sinne der Unternehmensziele und Unternehmensstrategien liefern;

- die verantwortliche Koordination der IT mit den übrigen Unternehmensfunktionen, im Speziellen unter der Einbeziehung des zentralen Unternehmenscontrollings/des Geschäftsfeldcontrollings sowie

- die Etablierung der Betrachtung der ganzheitlichen Wertschöpfungskette eines IT-Produktes, welche anhand unternehmensspezifischer Prozesse und Abläufe mit Planungs-, Steuerungs- und Kontrollmechanismen aufgebaut, begleitet und abgelöst wird.

---

[119] Siehe Hans, L. / Warschburger, V.: Controlling in der Datenverarbeitung (1), Seite 922

4.2 Ziele des IT-Controllings

Aus der vorgenommenen IT-Controlling Definition ergeben sich zahlreiche IT-Controlling Ziele, die mit den Zielen des unternehmensweiten Controllings konform sein müssen, denn nur so kann eine verantwortliche Koordination der IT mit den übrigen Unternehmensfunktionen gewährleistet werden. Die **Hauptziele eines IT-Controllings** sind die Nachhaltung, die Begleitung, das Reporting und die unterstützende Einwirkung auf die Wirtschaftlichkeit und Effektivität der Planung, Steuerung und Kontrolle aller Informationsverarbeitungsprozesse, deren Ressourceninanspruchnahme sowie der für die reibungslose Verfolgung der Unternehmensziele bereitzustellenden IT-seitigen Infrastruktur[120]. Weiterhin ist es erforderlich, dass für eine Einbindung der strategischen Ziele der Informationswirtschaft in die strategische Planung des Unternehmens gesorgt wird[121]. Dabei hat sich die IT an die Struktur der Informationsprozesse innerhalb des Unternehmens anzupassen und nicht umgekehrt. In diesem Sinne ist die IT als Back-Office-Maßnahme anzusehen, wohingegen das am Markt zu platzierende Unternehmensprodukt als Front-Office-Maßnahme und damit auch als Umsatz- und Gewinnträger anzusehen ist. Die IT kann auf das Gewinnpotenzial zwar einen erheblichen Einfluss - zum Beispiel durch effiziente Arbeitsabläufe, als notwendiger Informationslieferant, etc. – nehmen, doch trägt sie in der Regel nicht selbst direkt zum Unternehmensumsatz bei. Des Weiteren sind als Ziele des IT-Controllings die Sicherstellung einer fundierten Informationsqualität, die wirtschaftliche Termineinhaltung von IT-Projekten sowie die Aufrechterhaltung der IT-Funktionalität auszumachen[122].

Wertschöpfungskette – IT-Controlling

Im Sinne der Wertschöpfungskette eines IT-Produktes / eines IT-Projektes hat gerade das IT-Controlling dafür Sorge zu tragen, dass bereits bei der unternehmensorientierten Aufstellung eines IT-Portfolios eine Verknüpfung der IT mit dem entsprechenden Unternehmen und dessen Prozesse erfolgt. Anschließend ist der Prozess der projektorientierten Abwicklung zum einen unter

---

120 Vgl. Krcmar, H.: Informationsverarbeitungs-Controlling – Zielsetzungen und Erfolgsfaktoren, Seite 9

121 Siehe auch Krcmar, H. / Buresch, A.: IV-Controlling – Ein Rahmenkonzept, Seite 4

122 Vgl. Krcmar, H.: Informationsverarbeitungs-Controlling – Zielsetzungen und Erfolgsfaktoren, Seite 9

wirtschaftlichen Gesichtspunkten für die IT und zum anderen für das beauftragende Geschäftsfeld[123] zu begleiten. Dabei wird dem IT-Controlling eine besondere Bedeutung im Hinblick auf die Koordination der Agitationsweise der IT mit den Anforderungen des Auftraggebers beigemessen. Inhaltlich gesehen kann es zwar nur vermittelnd tätig werden (zum Beispiel bei Service Level Agreements, Moderation von Jour Fixe oder Projektlenkungsausschüssen, etc.), doch hat es für eine Transparenz der (Projekt-) Aufwandskennziffern explizit zu sorgen, so dass im Verbund mit dem Geschäftsfeldcontrolling eine Kosten-Nutzenanalyse des zu entwickelnden IT-Produktes aus Geschäftsfeldsicht durchgeführt werden kann. Abschließend ist dann der Lebenszyklusabschnitt des IT-Produkteinsatzes im Sinne anzustoßender Wartungs- und Weiterentwicklungsprojekte erneut in Zusammenarbeit mit dem Geschäftsfeldcontrolling zu begleiten, so dass ein wirtschaftlicher Einsatz des IT-Produktes sichergestellt werden kann. Gleiches gilt für den Ablösevorgang eines IT-Produktes, denn wie in Kapitel 3 dargestellt, können auch hier noch nicht zu unterschätzende Aufwendungen durch entsprechende Aktivitäten für das Unternehmen entstehen. Das in Abbildung 2.2 dargestellte Konzept des IT-Controllings lässt sich um die oben stehenden Controllingziele erweitern, so dass neben der ganzheitlichen Wertschöpfungskette eines IT-Produktes nun auch ein ganzheitlicher IT-Controllingprozess über eben diese Wertschöpfungskette vorliegt. Somit kann sichergestellt werden, dass ein IT-Controlling nicht isoliert agiert, sondern vielmehr die entsprechenden Unternehmensstrategien/Unternehmensziele in sein Betrachtungsspektrum mit aufnimmt. Abbildung 4.3 zeigt diese aufgezeigte Konzepterweiterung.

Betrachtet man die dargestellten Haupt-IT-Controllingziele, so stößt die Aussage von Fröhlich über das Controlling auf Unverständnis. Im Sinne Boutellier[124] ist er der Auffassung, dass nicht nur zu intensives Controlling der Verfolgung der Unternehmensziele schadet, sondern jedes Controlling generell diese Eigenart besitzt. Ein Grund hierfür liege in der Tatsache, dass es eine ineffiziente und unzeitgemäße Antwort auf ein drängendes Problem der Organisation sei, welches nur mit radikalen Methoden angegangen werden könne. Auf die Projektabwicklung bezogen bedeute dies, dass das Controlling diese an einen betriebswirt-

---

[123] Im Sinne der auftraggebenden Unternehmensabteilung

[124] Boutellier, R. et al.: Zu detailliertes Projektcontrolling schadet

schaftlichen „Lügendetektor" anschließe, denn eine transparente Darstellung der notwendigen Informationen könne durch das Controlling nicht gewährleistet werden; ein Controller verstehe einfach zu wenig vom Projekthandwerk[125].

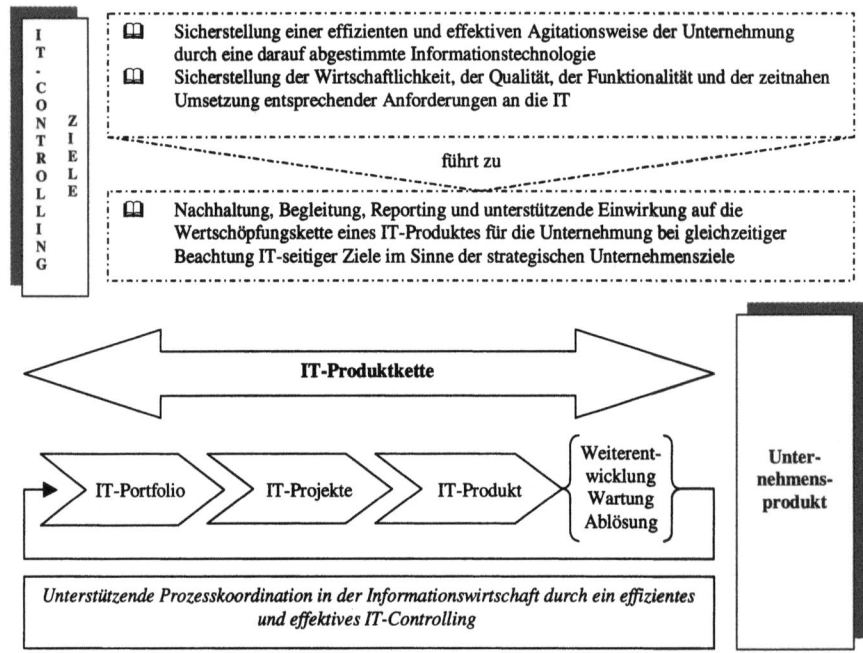

Abb. 4.3: Erweiterung des Konzeptes „IT-Controlling mit dem Fokus auf die IT-Produktkette"

Diese Aussagen sind im Alltagsgeschäft leider häufig anzutreffen, da das Controlling und im Speziellen das IT-Controlling als Blockade für eine effektiven Projektabwicklung angesehen wird. Dies wird jedoch nur als Vorwand vorgeschoben, denn gerade die IT ist bestrebt, weiterhin auf intransparentem Wege ihre Produkte zu erstellen, eine in ihrem Sinne steuerbare Projektabwicklung durchzuführen und losgelöst von dem restlichen Unternehmen der Verfolgung ihrer eigenen isolierten Ziele nachzugehen. In diesem Sinne kann ein IT-Controlling, welches eben diese

---

[125] Siehe Fröhlich, A.W.: Mythos Projekt, Seite 189

4.2 Ziele des IT-Controllings

Transparenz und die wirtschaftliche Orientierung des IT-Bereiches durch seine Tätigkeiten fordert, nur stören.

In den meisten Unternehmen ist man aber heute der Überzeugung, dass dem Controlling eine entscheidende Bedeutung zur effektiven und effizienten Umsetzung der Unternehmensziele obliegt. Dies gilt gerade für den IT-Bereich, der mehr und mehr in den Mittelpunkt eines Unternehmens rückt. Grossbanken haben zum Beispiel hierzu einen eigenen CIO (Chief Information Officer) mit Sitz im Gesamtvorstand. Gerade für den IT-Bereich bedeutet dies, dass der CIO als strategischer Partner für das eigentliche Business fungiert, indem er dem Vorstand als Impulsgeber für alle die IT betreffenden Fragen zur Verfügung steht und sich für das operative Tagesgeschäft der IT verantwortlich zeichnet[126]. Nach Auffassung des CIO's einer Grossbank kommt dem IT-Controlling eine der wichtigsten Aufgaben innerhalb des von ihm zu verantwortenden Aufgabenbereiches zu, da es sich zum einen um die Verlässlichkeit und umfassende Beurteilung der IT-Investitionen (Kostenprognosen, Risikoabschätzungen) mit Verankerung im Business Case des jeweiligen Geschäftsfeldes kümmert (Effektivität). Zum anderen zeichnet es sich verantwortlich für eine effiziente Projektgenehmigung sowie Projektabwicklung aber auch für die Steuerung und Kontrolle des zur Verfügung stehenden IT-Geschäftsfeldbudgets. So können Investitionsruinen, erhöhte operative Projektkosten aber auch allgemeine Budgetüberschreitungen der Geschäftsfelder durch IT-Tätigkeiten unabhängig von einem Projektcharakter vermieden werden. Mehr und mehr wird dem IT-Controlling aber auch eine spezielle Coaching-Funktion abverlangt, denn es gilt, Unternehmensprozesse effizienter zu gestalten beziehungsweise die richtigen Informationen schneller und gezielter zu den entscheidungsbefugten Personen gelangen zu lassen[127]. Somit ist die These Fröhlichs über die Überflüssigkeit des IT-Controllings schon aus der Praxis heraus nicht haltbar.

---

[126] Paravicini, M. / Horváth, P.: "Der IT-Bereich sollte ein wichtiger Impulsgeber für den Vorstand sein", Seite 461

[127] Paravicini, M. / Horváth, P.: "Der IT-Bereich sollte ein wichtiger Impulsgeber für den Vorstand sein", Seiten 462-463

4.3 Aufgaben des IT-Controllings

Aus den IT-Controllingzielen lassen sich explizite Aufgaben des IT-Controllings ableiten, die nochmals den Aspekt verdeutlichen, dass IT-Controlling nicht rein auf den eigentlichen IT-Sektor bezogen werden kann. Dann würde es vollkommen ausreichen, eine stringente IT-Kontrolle sowie IT-Kostenverrechnung vorzunehmen. Doch die im Folgenden geschilderten Aufgabenkomplexe für das IT-Controlling zeigen dessen bereichsübergreifende Notwendigkeit auf[128].

Aufgabenschwerpunkte des IT-Controllings

- Unterstützung bei langfristigen Unternehmenszielen;
- Koordination der IT-Ziele auf die Gesamtziele des Unternehmens;
- Unterstützung bei der IT-seitigen Gestaltung von Geschäftsprozessen;
- Kommunikator zwischen IT und Geschäftsfeld im Rahmen wirtschaftlicher Betrachtungsweisen;
- Steigerung des Nutzens, der durch den IT-Einsatz erreicht wird;
- Kontrolle des Kostenanfalls im IT-Bereich;
- Transparente und kundenorientierte Qualitätssicherung bei IT-Dienstleistungen, da diese einen intangiblen Charakter aufweisen, das heißt nicht physisch präsent sind;
- Schaffung von Transparenz bei der Durchführung von IT-Projekten durch Definition von Unternehmensstandards in Abstimmung mit den einzelnen Geschäftsfeldern;
- Projektbegleitung bei IT-Maßnahmen;
  - ➢ Hierzu gehört unter anderem neben den Wirtschaftlichkeits- und Zeitbetrachtungen auch die Definition klarer Anforderungsdefinitionen, eine vorausschauende Begleitung der Projektplanung, die Einführung kürzerer Projektphasen sowie die Festlegung einer klaren Auftraggeberschaft für die Projekte[129];

---

[128] Erweiterung der Aufgabenschwerpunkte des IT-Controlling von Konetzny, M.: IV-Controlling

[129] Es handelt sich hierbei um die Nachhaltung von einigen der kritischen Erfolgsfaktoren für IT-Projekte, die es gilt, durch das IT-Controlling auf ein Minimum zu reduzieren.

4.3 Aufgaben des IT-Controllings

- Gewährleistung der vereinbarten Software-Funktionalität;
- Gewährleistung der zeitnahen unterstützenden Informationsweitergabe an das IT-Management aber auch an die Unternehmensführung (inklusive Alternativenbetrachtungen)[130];
- Sicherstellung der Wirtschaftlichkeit der IT-Produkte und des IT-Bereiches innerhalb der Unternehmensorganisation;
- Bereitstellung der notwendigen Instrumentarien, um den geschilderten Aufgabenschwerpunkten gerecht werden zu können.

Aufgabenfelder des IT-Controllings

Anhand der Aufgaben des IT-Controllings lassen sich explizite Aufgabenfelder ausmachen. Diese orientieren sich an dem Lebenszyklus eines IT-Produktes, wie in Abbildung 2.5 dargestellt. Somit werden die durch Sokolovsky geprägten drei Aufgabenbereiche des Portfolio-Controllings, des Projekt-Controllings und des Produkt-Controllings erweitert[131], indem das IT-Projektcontrolling nochmals aufgesplittet wird in ein IT-Analyse- und Planungscontrolling (langfristig operatives IT-Projektcontrolling) sowie ein kurzfristig operatives IT-Projektcontrolling.

Strategisches IT-Controlling

Zu Beginn des IT-Produktlebenszyklus kommt das **strategische IT-Controlling** zum Tragen, welches innerhalb der Strategiephase Fragen nach der Effektivität („to do the right things") zu beantworten sucht. Hier gilt es die Informationsverarbeitung mit den strategischen Unternehmenszielen abzustimmen und diese konsequent zur Umsetzung der Unternehmensstrategie heranzuziehen. Gleichzeitig sind damit natürlich auch Überlegungen zu verbinden, ob und in welchem Umfange in für das Unternehmen wichtige Ressourcen, gleich welcher Ausprägung, zu investieren

---

[130] Hierdurch wird von dem IT-Controller eine Agitationsweise von sich heraus durch entsprechende Empfehlungen an das Management gefordert. Er nimmt nicht nur die Aufgabe des Informationsbereitstellers wahr, sondern in gleichem Maße auch die des Informationsanalysten, um dem Management Handlungsalternativen aufzuzeigen beziehungsweise Handlungsempfehlungen zu geben.

[131] Vgl. Sokolovsky, Z. / Kraemer, W.: Controlling der Informationsverarbeitung, Seite 20

ist[132]. Es ist ein IT-Portfolio festzulegen, welches konform mit den Unternehmensvisionen und Unternehmenszielen geht, so dass diese auch operativ durch die entsprechenden späteren IT-Produkte umgesetzt werden können. Man spricht aus diesem Grunde dann auch von einem sogenannten **IT-Portfolio-Controlling**. Dabei ist die IT nicht immer nur reiner Auftragnehmer, sondern kann durchaus auch von sich aus auf die einzelnen Geschäftsfelder mit Vorschlägen zur Prozessverbesserung herantreten. In dieser Lebenszyklusphase nimmt das IT-Controlling häufig die Rolle des Kommunikators zwischen IT-Management, Geschäftsfeldmanagement und der Unternehmensleitung ein. Gleichzeitig stellt es die notwendigen Instrumentarien für diese Lebenszyklusphase zur Verfügung, wie zum Beispiel die Balanced Scorecard oder die Portfolio-Analyse.

Operatives IT-Controlling

Ist das strategische IT-Portfolio bestimmt, so resultieren hieraus zumindest im Software-Bereich zum überwiegenden Teil operative Aufgabenpotenziale, die es gilt in Projektform abzuwickeln. Hier ist zwischen einem **IT-Analyse- sowie Planungscontrolling (langfristig operatives Controlling)** und einem **kurzfristigen operativen IT-Projektcontrolling** zu unterscheiden. Letzteres begleitet den operativen Projektabwicklungszyklus mit Start des Projektes durch eine entsprechende Budgetfreigabe bis hin zur Übergabe des abgeschlossenen Projektergebnisses an den Auftraggeber.

Langfristig operatives IT-Projektcontrolling

Zuvor sind jedoch bereits Wirtschaftlichkeitsbetrachtungen sowie Planungsaktivitäten für das eigentliche Projektergebnis vorzunehmen, so dass das entsprechend freigegebene Budget auch im Sinne einer operativen Verwendung effizient eingesetzt werden kann. Dies ist Aufgabe des **langfristigen operativen IT-Projektcontrollings**, welches unter anderem sowohl die Vorstudien als auch den Budgetierungsprozess für das eigentliche Projekt unterstützend begleitet. Des Weiteren sorgt das langfristig operative Controlling aber auch durch Etablierung von Genehmigungsstrukturen für die Grundlagen einer erfolgreichen operativen wirtschaftlichen Umsetzung des IT-Projektes. Die Budgetierung kann lediglich als Maßnahme zur Finanzbereitstellung an-

---

[132] In Anlehnung an Kunkowsky, H.-R. / Spitta, Th.: Controlling von IV-Projekten und –Ressourcen, Seite 507

4.3 Aufgaben des IT-Controllings

gesehen werden, die im Wesentlichen durch den Auftraggeber vorgenommen wird. Wird die entsprechende Budgetierung, die in der Regel nur eine geldwerte Abbildung von durchzuführenden Maßnahmen verkörpert, von dem gesamten Unternehmensmanagement (zum Beispiel: Vorstand einer Aktiengesellschaft) verabschiedet, so kann anschließend mit der direkten Verwendung der bereitgestellten Gelder begonnen werden. Für das Projektgeschäft ist diese Vorgehensweise jedoch nicht ratsam, da gerade IT-Projekte von ihrem Wesen nach mit dem Faktor der Unsicherheit behaftet sind. Gerade diese Unsicherheitsfaktoren in Form von Projektrisiken können bei einem ungünstigen Projektverlauf das Projektergebnis und die Unternehmenszielerreichung in hohem Maße gefährden. Daher sind diese Projektrisiken und die damit verbundenen Verluste durch eine erhöhte Aufmerksamkeit bei der Projektumsetzung zu minimieren[133]. Spätestens seit dem Inkrafttreten des Gesetzes zur Kontrolle und Transparenz im Unternehmensbereich (KonTraG) ist es erforderlich, Risikoaspekte in die strategische und operative Steuerung mit Hilfe individueller Maßnahmenpakete zu integrieren[134]. So sind zum Beispiel im Bankenbereich nicht nur Markt- und Kreditrisiken einer verstärkten Fokussierung zu unterziehen, sondern auch strategische und operative IT-Risiken, wie IT-Produktausfallzeiten, das Unternehmensziel gefährdende erhöhte Projektkosten, Sicherheitsmankos in Form von nicht ausreichenden Virenschutzmaßnahmen und dergleichen mehr. Für die IT-Projektabwicklung bedeutet dies, dass bereits innerhalb der Strategiephase potenzielle Risiken für den Produkteinsatz zu ermitteln sind. Diese sind dann in der Entwicklungsphase durch ein eigenständiges Risikomanagement detaillierter zu betrachten.

Risikomanagement

„Das **Risikomanagement** stellt die Implementierung von organisatorischen Maßnahmen, risikopolitischen Grundsätzen sowie die Gesamtheit aller führungsunterstützenden Planungs-, Koordinations-, Informations- und Kontrollprozesse dar, die auf eine systematische und kontinuierliche Identifikation, Beurteilung, Steuerung und Überwachung der unternehmerischen Risikopotenziale im Rahmen eines

---

[133] Vgl. Schön, D. / Diederichs, M. / Busch, V.: Chancen- und Risikomanagement im Projektgeschäft, Seite 379

[134] Siehe Diederichs, M.: Data Warehouse-gestütztes Risikomanagement, Seite 113

dynamischen Prozesses abzielen und eine Gestaltung der Risikolage des Unternehmens mit dem Ziel der dauerhaften Existenzsicherung ermöglichen."[135]

Gerade die führungsunterstützenden Koordinations-, Informations- und Kontrollprozesse können innerhalb des IT-Analyse- und Planungscontrollings nach der erfolgten Budgetverabschiedung erfolgen. Dies kann durch die Festlegung von Genehmigungsprozessstrukturen für IT-Projekte als auch begleitende Projektsteuerungsmechanismen in Form eines transparenten Berichtswesens unter Beachtung des magischen Dreiecks, wie Milestonereporting, Budgetsteuerungsauswertungen, Statusberichte oder auch Verrechnungsmodellen von bereits erbrachten Leistungen erreicht werden.

Kurzfristig operatives IT-Projektcontrolling

Das **kurzfristig operative Projektcontrolling** widmet sich dann der eigentlichen Projektsteuerung und Projektkontrolle. Dabei werden unter dem Begriff der Projektsteuerung alle Aktivitäten verstanden, die die Projektmitarbeiter dazu bringen, die Projektentwicklung gemäß der zuvor vorgenommenen Planung durchzuführen. Orientierungsgrundlage bilden hier die Kriterien des magischen Dreiecks Leistung/Qualität, Kosten/Budget und Terminierung. Um eine Projektsteuerung zu ermöglichen, sind Kontrollinstrumente erforderlich, die nicht nur eine ex-post Betrachtung erlauben, sondern vielmehr auch Ansatzpunkte für eine rechtzeitige Erkennung von Projektfehlentwicklungen liefern[136] (Früherkennung). Demzufolge obliegt der controllingorientierten Projektsteuerung und Projektkontrolle:[137]

- die Istdatenerfassung;
- Soll-Ist-Vergleiche unter dem Fokus der Früherkennung von Planabweichungen;
- Abweichungsanalysen;

---

[135] Diederichs, M.: Data Warehouse-gestütztes Risikomanagement, Seite 113

[136] In Anlehnung an Kunkowsky, H.-R. / Spitta, Th.: Controlling von IV-Projekten und –Ressourcen, Seiten 508-509

[137] Vgl. Krcmar, H. / Buresch, A.: IV-Controlling – Ein Rahmenkonzept, Seite 11

📖 die Durchführung von Projektsteuerungsmaßnahmen im Sinne von Korrekturmaßnahmen sowie

📖 die Sicherstellung der gewünschten Qualität durch den Aufbau eines Qualitätsmanagements sowie dem Aufbau und der Pflege einer Projekterfahrungsdatenbank[138].

Vielfach wird der Abgleich des Istzustandes mit den Punkten des Lastenheftes/Pflichtenheftes[139] während der Projektdurchführung vernachlässigt. Die IT zeichnet sich bisher durch eine mangelnde Transparenz hinsichtlich ihrer Arbeitsergebnisse und Aktivitäten aus, so dass es hier dringend erforderlich wird, bereits auch während der Projektdurchführung qualitative Abgleiche des Ist-Zustandes mit dem Sollzustand des Lastenheftes vorzunehmen. Nur so können rechtzeitig Gegenmaßnahmen im Falle einer sich andeutenden Kundenunzufriedenheit infolge eines nicht den Ansprüchen entsprechenden IT-Produktes ergriffen werden. Um die Projektsteuerung und Projektkontrolle effizient umsetzen zu können, ist ein **zielgerichtetes Berichtswesen** zur Informationsversorgung des Managements, der Projektleitung und des Projektteams erforderlich. Die Begleitung, Durchführung und Umsetzung des Berichtswesensprozesses ist die Hauptaufgabe des kurzfristig operativen IT-Projektcontrollings.

Daneben gilt es, die angefallenen Projektleistungen sinnvoll zu verrechnen. Für die IT als internen Unternehmensdienstleister bietet es sich an, nicht erst bei der Übertragung des Projektergebnisses an den Auftraggeber eine interne Leistungsverrechnung vorzunehmen. Vielmehr ist hier zeitnah zu agieren, wobei ein monatlicher Verrechnungsmodus vorteilhaft ist. Der Auftraggeber kann so auch aus seiner Sicht die Budgeteinhaltung überprüfen und rechtzeitig kostensensitive Maßnahmen ergreifen. Er liefert im Sinne der Business Case Betrachtung die Ertragsseite

---

[138] Generell ist der Aufbau einer Projekterfahrungsdatenbank zu empfehlen, da sie insbesondere für die Planungsunterstützung des Informationsmanagements, für das Berichtswesen im Sinne eines Projekt-Benchmarkings sowie für detaillierte Wirtschaftlichkeitsanalysen unabdingbar ist.

[139] Das Lastenheft (WAS ist zu tun?) beinhaltet die Anforderungen des Auftraggebers, wohingegen das Pflichtenheft (WIE ist es zu tun?) die IT-seitigen Realisierungsaktivitäten enthält.

In Anlehnung an: Wischnewski, E.: Modernes Projektmanagement – 7. Auflage, Seite 182

und damit eine Zielgröße zur Errechnung der Amortisationsdauer eines IT-Produktes. Ändert sich diese signifikant oder stimmen die entsprechenden IT-Kosten nicht mit der Planung überein, so hat er durch die monatliche Leistungsverrechnung eine entsprechende rechtzeitige Korrekturmöglichkeit, um die Wirtschaftlichkeit seines Geschäftsbereiches sicherzustellen.

Die Controllingaktivitäten innerhalb der operativen Phasen der Wertschöpfungskette eines IT-Produktes beeinflussen dessen Wirtschaftlichkeit signifikant, so dass hier die schwerpunktmäßigen Aufgabenfelder eines IT-Controllings anzusiedeln sind.

IT-Produktcontrolling bzw. Betriebscontrolling

Liegt das Projektergebnis in Form eines einsetzbaren IT-Produktes vor, so beginnt die Markteinsatzphase, die durch ein **IT-Produktcontrolling oder auch Betriebscontrolling** begleitet wird. Der Fokus des IT-Controllings ist dabei auf die Koordination der effektiven und effizienten Nutzung des entsprechenden IT-Produktes innerhalb des laufenden Betriebes zu legen. Das **Betriebscontrolling** beschäftigt sich mit der Entwicklung, Umsetzung und Überwachung von Methoden und Instrumenten zur Steuerung der betrieblichen Leistungserstellung, zum Sicherheitsmanagement und zur Katastrophenvorhersage[140]. Dabei steht nun nicht mehr das Projekt im Fokus der Betrachtung sondern das IT-Produkt. Hier gilt es insbesondere die Kosten anstehender Produktmodifikationen, die teilweise über 50% der Lebenszykluskosten ausmachen[141], zu überwachen und in Form von Wartungs-, Weiterentwicklungs- oder aber auch Ablöseprojekten zu begleiten. Werden diese erforderlich, so ist ein Rücksprung in die Strategie- zumindest aber in die operative Phasenabwicklung der Wertschöpfungskette eines IT-Produktes erforderlich. Daneben ist der laufende Betrieb mit Hilfe des **Produkt-Controllings** zu begleiten. Als Aufgabenschwerpunkte des Produkt-Controllings lassen sich in diesem Zusammenhang ausmachen:

- Koordination und Begleitung der Produktmodifikationsprozesse, unter anderem auch durch Festlegung des Ersatz- oder Ablösezeitpunktes;

---

[140] Vgl. Gysler, T. P.: Informatik-Controlling im Bankbetrieb, Seite 186

[141] Vgl. Siehe auch Krcmar, H. / Buresch, A.: IV-Controlling – Ein Rahmenkonzept, Seite 13

4.3 Aufgaben des IT-Controllings

- Wirtschaftlichkeitsberechnungen des laufenden Produkteinsatzes;
- Produktakzeptanzuntersuchungen;
- Leistungsverrechnung des laufenden Produkteinsatzes, im Wesentlichen von produktionsorientierten Dienstleistungen des IT-Bereiches (Bereitstellung der Hardware / Infrastruktur, der Software-Transaktionen, etc.);
- Etablierung eines betriebsbezogenen Kennzahlensystems;
- Aufbau und aktive Begleitung eines produktorientierten Berichtswesens;
- Risikocontrolling auf produkteinsatzbezogene Risiken mit Etablierung von Frühwarnindikatoren;
- Projektnachkalkulationen.

Infrastruktur-Controlling

In diese Phase fällt auch das ***Infrastruktur-Controlling***, welches sich mit den Informationssystem-Architekturen im Unternehmen auseinandersetzt. Auch hier gilt es, planungs-, betriebs- und abrechnungsspezifische Controllingaktivitäten zu etablieren[142]. Dieses hat Hand in Hand mit dem oben geschilderten Betriebscontrolling zu gehen, denn eine passende unternehmensorientierte IT-Infrastruktur ist für den erfolgreichen Einsatz eines Software-IT-Produktes zwingend erforderlich. Hauptunterscheidungsmerkmal zwischen diesen Controlling-Ausprägungen ist der primäre Empfängerkreis der entsprechenden Informationen. Während ein Betriebscontrolling aus dem Blickwinkel des Auftraggebers zu erfolgen hat, ist das Infrastruktur-Controlling hingegen eher auftragnehmer- und damit IT-orientiert. Das Infrastrukturcontrolling liefert das Backup für den Bereich des Betriebscontrollings, welches man als Front-Office-Aktivität ansehen kann.

IT-Administrations-controlling

Nicht in einem direkten Zusammenhang mit der Wertschöpfungskette eines IT-Produktes steht das sogenannte ***IT-Administrationscontrolling***. Es ist für das Bereichscontrolling des IT-Sektors zuständig und beschäftigt sich hauptsächlich mit dem IT-Kostenstellen- sowie IT-Personalcontrolling. Dabei handelt es

---

[142] Siehe auch Krcmar, H. / Buresch, A.: IV-Controlling – Ein Rahmenkonzept, Seiten 14-16

sich um ein Controlling mit Innenwirkung, das heißt, es ist lediglich auf den IT-Bereich bezogen, so dass dieser gemäß dem Wirtschaftlichkeitsprinzip im Verbund mit den zuvor geschilderten IT-Controlling-Aktivitäten mit Außenwirkung geführt werden kann.

Zusammenfassend lassen sich die geschilderten Aufgabenfelder des IT-Controllings in Abbildung 4.4[143] darstellen, wobei eine Zuordnung der IT-Controllingaktivitäten auf den Empfängerkreis der Information vorgenommen wird[144].

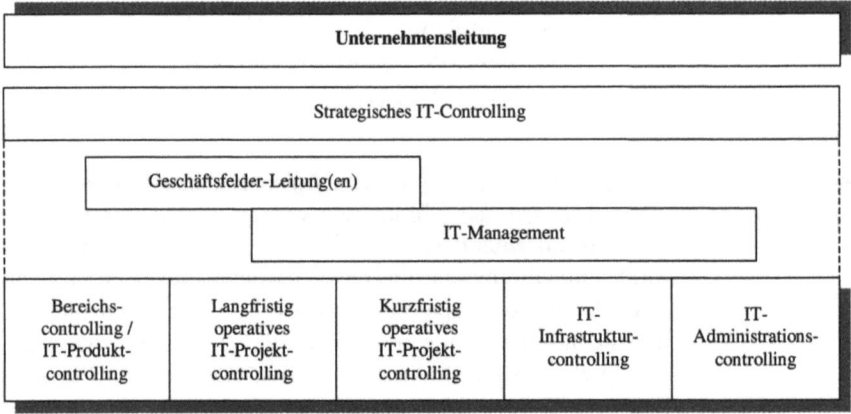

Abb. 4.4: Aufgabenfelder des IT-Controllings

Im Folgenden werden nun die einzelnen Phasen der Wertschöpfungskette eines IT-Produktes unter Controllinggesichtspunkten durchleuchtet.

---

[143] Modifikation der Bereiche des Informatik-Controllings nach Gysler, T. P.: Informatik-Controlling im Bankbetrieb, Seite 79

[144] Zum Beispiel ist das IT-Infrastrukturcontrolling primär dem IT-Management dienlich, wohingegen das kurzfristig operative Projektcontrolling sowohl die Geschäftsfeld-Leitungen als auch das IT-Management anspricht.

5 IT-Controlling in der Strategiephase

Ein Unternehmen ohne eine fundierte Unternehmensstrategie ist in der heutigen durch eine hohe Wettbewerbsdynamik gekennzeichneten wirtschaftlichen Orientierung und Marktlage nahezu undenkbar. In der Blütezeit des E-Business (1999-2000) ist eine strategische Ausrichtung sich neu gründender Unternehmen gänzlich vernachlässigt worden. Viele Start-Up's sind davon ausgegangen, dass die Veröffentlichung einer oder mehrerer Internetseiten mit einer entsprechenden Verkaufsfunktion als strategische Orientierung eines Unternehmens ausreicht. Diese Quick and Dirty Theorie wurde durch die Etablierung des Neuen Marktes und dem damit einsetzenden Börsenboom untermauert, so dass eines der wichtigsten geschäftlichen Grundprinzipien, die langfristige Orientierung eines Unternehmens mit einer detaillierten Ausrichtung nach dem ökonomischen Prinzip, außer Kraft gesetzt worden ist. Essenziell für ein neu gegründetes Unternehmen war die Tatsache, dass es sich schnell namentlich in der Öffentlichkeit bekannt machte (der sogenannte First-Mover-Effekt). Letztendlich hat sich für diese Unternehmen das Sprichwort nach Konfuzius „*Wer nicht an die Zukunft denkt, der wird bald große Sorgen haben*" bewahrheitet.

5.1 Unternehmensstrategie versus Informationstechnologie

Da die IT hauptsächlich als Dienstleister für die entsprechenden Unternehmensbereiche angesehen wird[145], hat sich diese auch an den entsprechenden Bereichsstrategien zu orientieren. Eine Strategie verkörpert ein genau geplantes Vorgehen im Hinblick auf ein oder mehrere definierte Unternehmensziel(e). Hierzu sind aktuelle (heute) Entscheidungen zu treffen, die den Erfolg von morgen garantieren[146]. Seitens des Managements ist es somit erforderlich, Visionen für die Unternehmenszukunft zu entwickeln, die zum einen operativ umsetzbar und zum anderen auch

---

[145] Es sei denn sie nimmt den Part der originären Unternehmensausrichtung ein.

[146] Aus Drucker, P.F.: The Practice of Management

den wirtschaftlichen Erfolg nachhaltig positiv beeinflussen. Dabei sind die Potenziale des eigenen Unternehmens mit den Erfordernissen und Chancen des Unternehmensumfeldes (im Besonderen des Marktes) abzustimmen, wobei die gegenwärtige Situation als auch die zukünftigen Entwicklungen gleichermaßen zu berücksichtigen sind. **Today-for-Today-Strategien** und **Today-for-Tomorrow-Strategien** sind zu entwickeln, wobei erstere auf die laufenden Unternehmensaktivitäten ausgerichtet sind. Die Today-for-Tomorrow-Strategien betrachten die zukünftigen Aktivitäten und formulieren[147]

- das strategische Zielsystem des Unternehmens,
- identifizieren und positionieren das zukünftige Geschäft,
- priorisieren die für diese Geschäfte kritischen Erfolgsfaktoren und
- definieren die Ressourcen und Kompetenzen, die zur Erhaltung beziehungsweise Erlangung zukünftiger Wettbewerbsvorteile erforderlich sind.

Today-for-Today Strategien

Sie sichern so das wirtschaftliche Überleben des Unternehmens. Nach der in Kapitel 4 vorgenommenen Einteilung der Aufgabenfelder des IT-Controllings auf die einzelnen Stufen der IT-Produktkette sind die Today-for-Today Strategien eher dem langfristig/kurzfristig operativen Controlling zuzurechnen, da ihnen der strategische Weitblick fehlt. Infolge der Ausrichtung an dem laufenden Unternehmensbetrieb sind sie Grundlage für dessen effiziente Abwicklung. Für konkrete IT-Projekte bedeutet dies, dass sie im Zuge der Today-for-Tomorrow Strategiefindung als notwendig erachtet werden, wobei aber deren individuelle Planung noch vorzunehmen ist. Diese Controllingaktivitäten sind Bestandteil des nächsten Hauptkapitels.

Today-for-Tomorrow Strategien

Die Today-for-Tomorrow Strategien widmen sich der ständigen Hinterfragung des vorherrschenden Geschäftsverständnisses sowie einer Repositionierung der Unternehmensziele anhand von neu erkannten Chancen. Nach Markides[148] kann dies zum Beispiel anhand der Kunden, Kernkompetenzen und Produkte vorgenommen werden. Hier sind neue Kundensegmente auszumachen und der bestehende Kundenstamm dauerhaft an das Unter-

---

147 Siehe Zahn, E. / Foschiani, S.: Strategiekompetenz und Strategieinnovation für den dynamischen Wettbewerb, Seite 415

148 Vgl. Markides, C.: Strategic Innovation, Seite 12 ff.

5.1 Unternehmensstrategie versus Informationstechnologie

nehmen zu binden. Des Weiteren sind die Kernkompetenzen stetig weiter zu entwickeln und zu diversifizieren sowie die Unternehmensgeschäftsbasis wirtschaftlich fundiert abzusichern (zum Beispiel durch Ausweitung der Unternehmensziele). Nur durch eine entsprechende Produktausrichtung ist dieses zu erreichen, denn nicht die Unternehmenskompetenzen gehen in Kundenhand über, sondern die geschaffenen Produkte. Sie verkörpern das geldwerte Erfolgspotenzial des Unternehmens; für den IT-Bereich bedeutet dies, dass dieser die Unternehmensprodukte mit seinen Möglichkeiten so zu unterstützen hat, so dass diese wiederum die in sie gesetzten Erwartungen für das gesamte Unternehmen erfüllen können. Somit sind die entsprechenden IT-Strategien und gleichermaßen das IT-Portfolio aus den Unternehmensstrategien abzuleiten.

Strategie Eine Strategie zu entwickeln bedeutet stets, mit unbekannten Größen zu arbeiten, die mit einer erheblichen Unsicherheit behaftet sind. Es wird versucht, einige Orientierungspunkte für die zukünftige Unternehmensentwicklung zu setzen, wobei jedoch infolge des hohen Unsicherheitsfaktors lediglich selektive und hoch aggregierte Sachziele – wie zum Beispiel Marktführerschaft, Eigenkapitalrendite, Technologieführerschaft, etc. - geplant und visionär vertreten werden können. Dazu sind durch die strategische Planung die strategischen Erfolgs- (produkt-, markt- und kundensegment-bezogen) und Fähigkeitspotenziale (Kernkompetenzen des Unternehmens) im Rahmen von gewählten Wettbewerbsstrategien zu erkennen und aufzubauen[149]. Die besten Strategien sind erfolglos, wenn sie keinen zusätzlichen Wert für ein Unternehmen generieren, das heißt wenn sie nicht operativ umgesetzt und nachhaltig verfolgt werden[150]. „Implementation is what strategy is all about. You can't be satisfied with a theory, a system or even a strategy that is creative but isn't viable"[151]. Gerade die angesprochene Strategieumsetzung kann durch das strategische Controlling zielorientiert begleitet werden. Dabei ist das strategische Controlling eine Teilfunktion der strategischen Un-

---

[149] Vgl. Weber, J. / Schäffer, U.: Balanced Scorecard & Controlling – 3. Auflage, Seite 15 und Seiten 53-54

[150] Vgl. Raps A.: Strategisches Controlling mit Software-Unterstützung, Seite 607

[151] Rothschild, W.E.: Strategic Alternatives, Seite 224

97

ternehmensführung[152] und nimmt dort die unterstützenden Controllingaufgaben wahr. Es ist verantwortlich für die Koordination der strategischen Planung und Kontrolle mit Hilfe der strategischen Informationsversorgung[153]. Hierzu sind im Wesentlichen Feedforward-Überlegungen notwendig, da es sich mit zukunftsorientiertem Datenmaterial auseinander zusetzen und dieses entsprechend für die „strategische" Führung aufzubereiten hat *(Entscheidungsinformationen)*. Im Zuge des Aufgabengebietes der strategischen Informationsversorgung gilt es auch, neben der Bereitstellung von Entscheidungsinformationen die erarbeiteten strategischen Ziele in operative Ziele zu überführen *(Umsetzungsinformationen)* und die strategische Zielerreichung zu überwachen *(Kontrollinformationen)*. In Abbildung 5.1[154] werden die Aufgabengebiete des strategischen Controllings kurz zusammenfassend dargestellt. Aus den aufgestellten strategischen Unternehmenszielen ergibt sich dann das in Kapitel 4 angesprochene IT-Portfolio. Wie die vorangegangenen Ausführungen gezeigt haben, ist die Erarbeitung einer strategischen Unternehmensausrichtung mit einem großen Unsicherheitsfaktor behaftet. Diese dann auch noch für den „intransparenten" Bereich der Informationstechnologie herunterzubrechen, ist aufgrund der Schnelllebigkeit von IT-Produkten mit noch größeren Schwierigkeiten verbunden. Daher hat die Informationstechnologie stets als gleichberechtigter Partner innerhalb der strategischen Führung vertreten zu sein. Im Vorfeld können dadurch bereits die Chancen und Risiken beziehungsweise die Stärken und Schwächen der Informationstechnologie in den Strategiefindungsprozess einbezogen werden. Wertvolle Hilfestellungen hierzu leistet das strategische IT-Controlling.

Entscheidungsinformationen zu liefern impliziert:

- Organisation des strategischen Planungsprozesses von der Vorbereitung über die Durchführung bis hin zur Nachbetrachtung;

---

[152] Siehe Götze, U. / Mikus, B.: Strategisches Management, Seite 5 ff.

[153] Vgl. Horváth, P.: Controlling – 6. Auflage, Seite 245

[154] Die in Abbildung 5.1 dargestellte Grafik ist eine erweiterte Betrachtung der Aufgaben des strategischen Controllings nach Weber, H.K: Betriebswirtschaftliches Rechnungswesen - Band 1 – 3. Auflage, Seiten 126-127 sowie Hans, L. / Warschburger, V. : Controlling, Seiten 51-52 und Seiten 102-103

📖 Anstoß, Unterstützung sowie Koordination der Ermittlung und Aufbereitung des Prozessinputs durch frühzeitiges Erkennen von diskontinuierlichen Umweltentwicklungen;

📖 Analysierende Hilfestellungen sowie Auswahl und Entwicklung unternehmensspezifischer Planungsinstrumente und Planungsmethoden;

📖 Hilfestellung bei der Umsetzung der strategischen Planung in Strategie- und Maßnahmenpakete durch Zielvorgaben, indem eine Konkretisierung der Leit- und Oberziele des Unternehmens erfolgt.

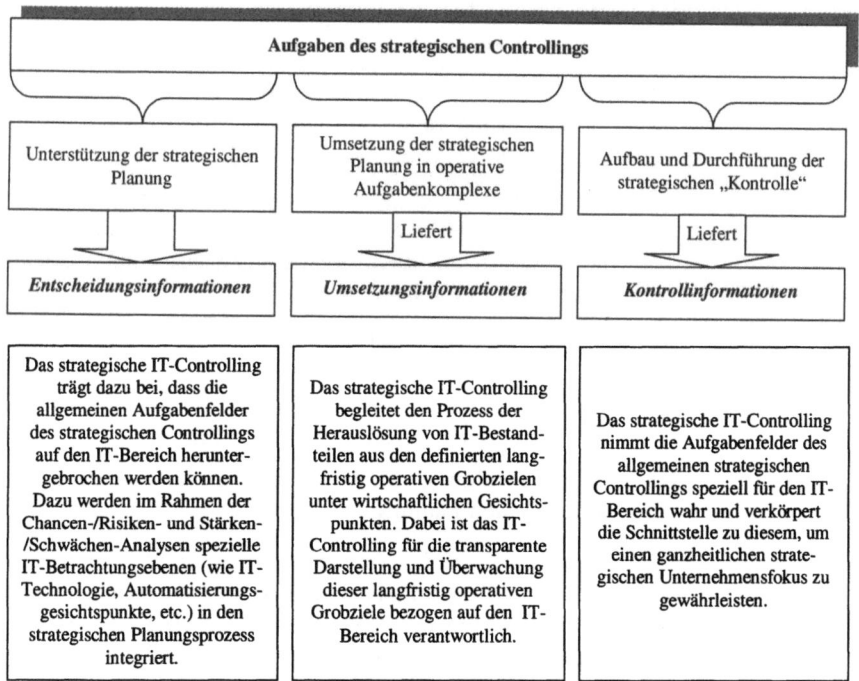

Abb. 5.1: Aufgabenfelder des strategischen IT-Controllings

Umsetzungsinformationen zu liefern bedeutet:

📖 Überführung der Entscheidungsinformationen in langfristig operative Grobziele durch unterstützende Analysen bei der / den

> Festlegung der Unternehmensprodukte,

- zu betreuenden Märkte,
- erforderlichen Mitteln sowie
- notwendigen Unternehmensaktivitäten,

um zukünftige Unternehmenserfolge zu schaffen beziehungsweise zu erhalten.

Diese operativen Grobziele sind Grundlage der Today-for-Today Strategien, die im Rahmen des langfristig operativen Controllings auf ihre Realisierungsreife hin überprüft, in Etappenziele aufgesplittet und mit monetären Plangrößen unterlegt werden.

Kontrollinformationen zu liefern setzt voraus:

- Mitwirkung bei der Bestimmung von strategischen Zielerreichungskontrollgrößen;
- Etablierung eines Frühwarnsystems;
- Durchführung der Kontrolle des strategischen Planungsprozesses;
- Durchführung der Zwischenergebniskontrolle der strategischen Ziele mit denen der langfristigen und der kurzfristigen operativen Ziele beziehungsweise deren Zielerreichungsgrad (Soll-Ist-Vergleiche);
- Strategische Plan-Plan-Vergleiche durch Prämissenkontrolle;
- Aktive Erarbeitung von Vorschlägen zur Gegensteuerung bei strategischer Zielerreichungsgefährdung;
- Berücksichtigung von Abweichungen für eine Revision der strategischen Planung.

Strategische Entscheidungen beeinflussen maßgeblich die grundsätzliche Ausrichtung des Unternehmens. Dabei handelt es sich um komplexe, nicht standardisierbare Entscheidungen mit langfristigen Auswirkungen auf die Unternehmensorganisation an sich sowie deren ökonomischer Werthaltigkeit in der Zukunft, die nur schwer revidierbar sind[155]. Der IT-Bereich ist in diesem Zusammenhang einerseits als Dienstleister für die Implementierung der definierten Geschäftsstrategien mittels strategischer IT-Vorhaben anzusehen. Andererseits ist die IT gleichzeitig ein Un-

---

[155] Vgl. Ewert, R. / Wagenhofer, A.: Interne Unternehmensrechnung – 4. Auflage, Seite 272

5.1 Unternehmensstrategie versus Informationstechnologie

ternehmensbereich, der durch die Bereitstellung unternehmens- und geschäftsfeldgestaltender Technologien als strategischer Erfolgsfaktor anzusehen ist[156]. Aus diesem Grunde hat das strategische IT-Controlling eine Doppelfunktionalität wahrzunehmen, die als Ergebnis den Aufbau und die Erhaltung der unternehmensorientierten Wettbewerbsvorteile fokussiert.

Doppelfunktion des strategischen IT-Controllings

Zum einen ist für den IT-Bereich eine IT-Strategie aufzustellen beziehungsweise deren Erstellungsprozess unter controllingspezifischen Gesichtspunkten zu begleiten. Zum anderen gilt es, strategische IT-Leistungen zu definieren, zu konkretisieren und zu implementieren, so dass das Unternehmen seine Strategien überhaupt umsetzen kann. Die angesprochene Wahrnehmung der Doppelfunktionalität kann jedoch nur dann erfolgen, wenn das strategische IT-Controlling als Verbindungsglied zwischen dem Dienstleister IT und des restlichen Unternehmens angesehen wird, um eine gegenseitige Behinderung der Zielsysteme beider Partner zu vermeiden.

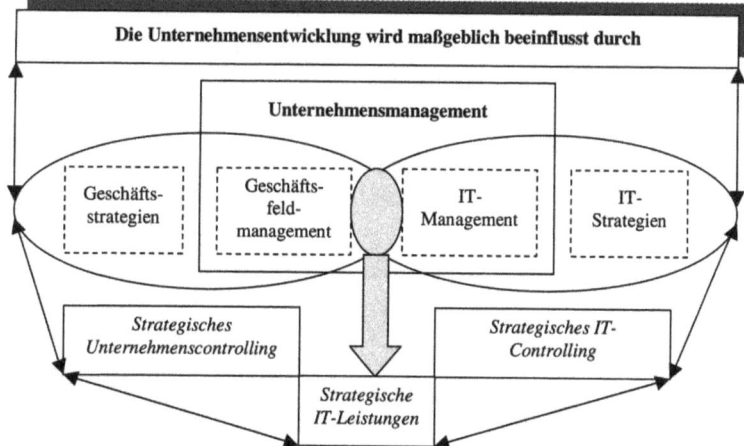

Abb. 5.2: Unternehmensstrategie ⇔ Informationstechnologie[157]

---

[156] Vgl. Degener-Böning, M. / Schmid, B..: Strategische Anwendungsplanung, Seite 99

[157] Erweiterung des strategischen IV-Managementmodells nach Degener-Böning, M. / Schmid, B..: Strategische Anwendungsplanung, Seite 100

In Abbildung 5.2 wird verdeutlicht, dass die Informationstechnologie in die Unternehmensstrategie einzubinden ist, um einen Prozessbruch bezogen auf die ökonomische Unternehmensentwicklung zu vermeiden. Mittel- bis langfristige Managementkonzepte sind notwendig (Planungshorizont bis zu 10 Jahren), die wettbewerbsentscheidend für das eigene Unternehmen sind. Es gilt, diese treffsicher auf die Marktgegebenheiten und Trends hin zu entwickeln, diese jedoch auch gleichzeitig schnell und kosteneffizient zu implementieren. Das Unternehmen hat sich mittels seiner Unternehmensstrategie von den Wettbewerbern abzuheben, denn diese ist essenziell für die Marktausrichtung und damit die wirtschaftliche Überlebensfähigkeit. Hierzu ist eine strategische Planung vorzunehmen, die Impulse aus den allgemein formulierten Zielen und Grundsätzen der Unternehmensphilosophie erhält und Impulse an die folgende operative Planung abgibt[158]. Im Bankenbereich umfasst die Unternehmensphilosophie in der Regel folgende Ziele[159]:

- Wertziele — Beispiel: Priorität von Gewinn vor Wachstum
- Sachziele — Beispiel: Struktur des bankseitigen Leistungsangebotes
- Sozialziele — Beispiel: Mitarbeiterbezogene Aspekte
- Imageziele — Beispiel: Bankseitiges Erscheinungsbild in der Öffentlichkeit
- Kulturziele — Beispiel: Förderung kultureller Gegebenheiten im Sinne einer Sponsorenschaft; auch Sportveranstaltungen bzw. Wiederaufbau kultureller Denkmäler (z.B. Dresdner Frauenkirche)
- Marktziele — Beispiel: Priorität der Leadership-Funktion in bestimmten Marktsegmenten anstelle eines globalen Marktauftritts

---

[158] In Anlehnung an Horváth, P. / Reichmann, T.: Schlagwort: Strategische Planung und Kontrolle bei Banken, Sp. 606

[159] Erweiterung der Bank-Unternehmensphilosophie nach Horváth, P. / Reichmann, T.: Schlagwort: Strategische Planung und Kontrolle bei Banken, Sp. 606

5.1 Unternehmensstrategie versus Informationstechnologie

📖 Kundenziele   Beispiel: Senkung der Wechselquote von Kunden zu Konkurrenzunternehmen

📖 Konkurrenz-differenzierungsziele   Beispiel: Abhebung der Unternehmensprodukte durch Mehrwertfaktoren von den Konkurrenzprodukten

📖 Innovationsziele   Beispiel: Aufbau von Online-Direktbanken sowohl für Privat- als auch Firmenkunden

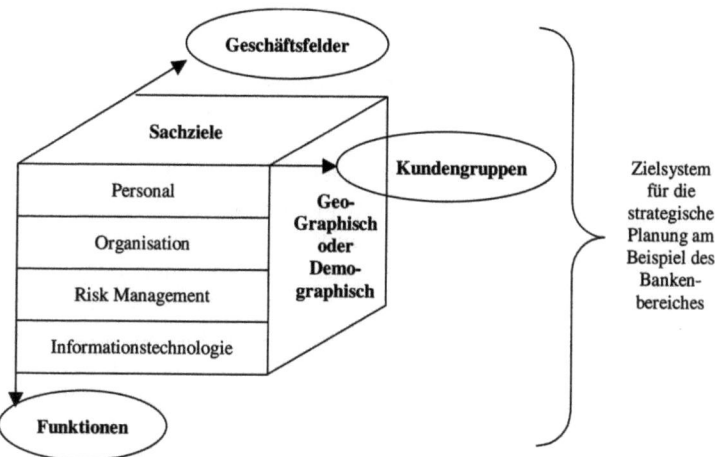

Abb. 5.3: Strategisches Zielsystem zur Erhaltung von Wettbewerbsvorteilen (Bankenbereich)

Diese Ziele sind im Sinne der Unternehmensphilosophie durch die einzelnen Geschäftsfelder der Bank zu erbringen. Demzufolge sind sie Gegenstand der strategischen Planung, die die strategischen Erfolgspotenziale für die zukünftige Entwicklung dieser Geschäftsfelder bezogen auf die Kundengruppen eruiert. Gerade im Bankenbereich sind jedoch für die Erfüllung dieser Ziele bankinterne Funktionen erforderlich, die als Back-Office-Einheiten den Zielerreichungsprozess maßgebend unterstützen, koordinieren und überhaupt erst ermöglichen. Ohne Informationstechnologie könnte sich heutzutage überhaupt keine Bank mehr am Markt behaupten, da diese den Prozess zur Befriedigung der Kundenbedürfnisse nahezu zu 90% determiniert. Für eine einge-

Einbindung der IT in das Unternehmensmanagement

hende Kundenberatung ist ein Informationssystem erforderlich, Buchungen werden elektronisch abgewickelt, Wertpapiertransaktionen sind nahezu vollständig elektronisiert, Online-Banking findet immer größere Akzeptanz, ...

Dies impliziert die Einbindung der IT in das Unternehmensmanagement, so dass bereits im Rahmen der strategischen Planung entscheidende zukunftsorientierte Weichenstellungen durch abgestimmte strategische Ziele der Geschäftsfelder mit denen der IT vorgenommen werden können. Hierbei behilflich ist das unternehmensoriginäre Zielsystem, welches stets die Informatik an sich als Funktion enthalten sollte. Für den Bankenbereich lässt sich ein dreidimensionales Zielsystem festlegen, wie Abbildung 5.3 zeigt[160].

Zielsystemdimensionen

Die **erste Dimension** umfasst dabei die Geschäftsfelder, die eine Verdichtung der Sachziele der Bank enthalten und somit die Unternehmensausprägung durch Sachzielaufsummation beeinflussen (zum Beispiel: Universalbank gegenüber Investmentbank, Sparkasse, Privatkundenbank, etc.[161]). Für die Umsetzung der Sachziele sind Kunden erforderlich, die sich im angesprochenen Zielsystem als geographische oder demographische Kundengruppen darstellen lassen *(zweite Zieldimension)*. Als **dritte Zieldimension** sind die betrieblichen Funktionen an sich anzusehen, die die Übertragung der Sachziele auf die Kundengruppen gewährleisten. Durch diese Eigenschaft kommt ihnen eine zentrale Unternehmensaufgabe zu, so dass es erforderlich ist, die Funktionsziele mit den Sach- und Kundenzielen abzustimmen. Diesen Teil übernimmt für die Informationstechnologie innerhalb der strategischen Planung das strategische IT-Controlling. Hierbei gilt es primär für den IT-Bereich, die knappen IT-Ressourcen auf die strategischen Maßnahmen der Geschäftsbereiche und auf das bereits laufende operative IT-Geschäft zu verteilen. Letztendlich lassen sich definierte Unternehmensstrategien nicht durchsetzen, wenn das entsprechende Human Capital nicht vorhanden ist. Das strategische IT-Controlling bewegt sich stets auf der Gradwanderung, möglichst viele strategisch bedeutsame IT-Leistungen für die Geschäftsfelder in relativ kurzer Zeit und mit möglichst

---

[160] Vgl. Gysler, T. P.: Informatik-Controlling im Bankbetrieb, Seite 96

[161] Für detaillierte Informationen über die Strukturgestaltung von Banken siehe Kilgus, E.: Grundlagen der Strukturgestaltung von Banken, Seite 18 ff.

geringem geldwerten Mitteleinsatz zu ermöglichen, ohne dabei den laufenden operativen Betrieb zu gefährden. Als Aufgaben der strategischen IT-Planung lassen sich daher die folgenden feststellen, die miteinander zwingend in Einklang zu bringen sind[162]:

- Koordination der strategischen IT-Planung mit der strategischen Unternehmensplanung.

- Beratung der Geschäftsfelder innerhalb der strategischen Planung in Informationstechnologie-Belangen unter anderem durch Erarbeitung von Studien und Szenarien, die zum einen definierte Unternehmensstrategien IT-seitig beleuchten und zum anderen auch agitative Vorschläge der IT für eine noch zu definierende Geschäftsfeldstrategie geben.

- Etablierung gemeinsamer Grundbegriffe und Denkstrukturen, um einen sprachlichen Kontext im Rahmen der Planung zu schaffen.
  - Verwendung von einheitlichen und verständlichen IT-Grundbegriffen
  - Förderung der Kommunikation zwischen den involvierten Planungsgruppen

- Auswahl der primären IT-Leistungen und IT-Technologien für die Geschäftsfelder zur Umsetzung ihrer geschäftsfeldbasierenden Strategien.

- Festlegung der effektivsten Maßnahmen für die Zukunftsgestaltung des IT-Bereiches als leistungsstarken IT-Dienstleister innerhalb des Unternehmens.

- Begleitung des Prozesses der Parallelität zwischen Strategieentwicklung, -implementierung und -anpassung inklusive der Berücksichtigung der Abhängigkeiten der IT-Vorhaben untereinander.
  - Steuerung der Umsetzung der IT-Strategie im Einklang mit der Unternehmensstrategie

- Veränderung des strategischen Steuerungsprozesses.

---

[162] Erweiterung der definierten Aufgabenfelder für die strategische IT-Planung von Degener-Böning, M. / Schmid, B..: Strategische Anwendungsplanung, Seiten 99-100 und Gysler, T. P.: Informatik-Controlling im Bankbetrieb, Seite 95

5 IT-Controlling in der Strategiephase

> Entwicklung, Einführung und ständige Überprüfung der Verfahren und Methoden der strategischen IT-Planung

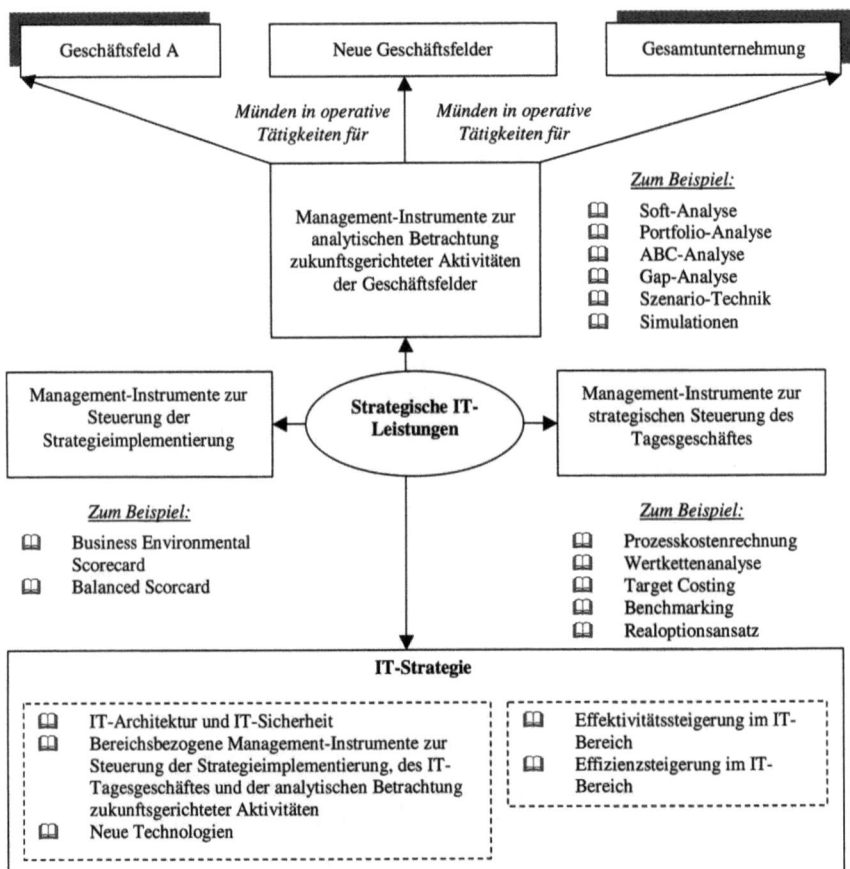

Abb. 5.4: Strategische IT-Leistungen als zentraler Aspekt des strategischen IT-Controllings[163]

---

[163] Erweiterung des strategischen IT-Leistungsmodells von Degener-Böning, M. / Schmid, B..: Strategische Anwendungsplanung, Seiten 99-100 und Gysler, T. P.: Informatik-Controlling im Bankbetrieb, Seite 104

Wie Abbildung 5.2 zeigt, sind die strategischen IT-Leistungen als Betrachtungsobjekt Dreh- und Angelpunkt zu Beginn der Wertschöpfungskette eines IT-Produktes. Sie sind innerhalb der Strategiephase des entsprechenden Lebenszyklusses Implikator für die Verknüpfung der IT-Strategien mit denen der jeweiligen Geschäftsfelder im Sinne einer ganzheitlichen strategischen Unternehmensplanung. Nur so lässt sich eine vorausschauende Unternehmensplanung vornehmen, denn ein strategisches Management kann nur dann erfolgsorientiert agieren, wenn die Organisation an sich eine einheitliche, abgestimmte und in sich schlüssige Strategie verfolgt. Nicht abgestimmte Strategien führen zu einem strategischen Missmanagement. Zu vergleichen ist dies in etwa mit einer nicht durchdachten Statik bei einem Hochhaus. Zwar ist es möglich, es lange Jahre trotz unzureichender Statik ohne Probleme zu betreiben, doch ist die Wahrscheinlichkeit des Einsturzes ziemlich hoch. Deshalb ist es wichtig, innerhalb eines Unternehmens den IT-Bereich mit den übrigen Geschäftsfeldern zu harmonisieren, wozu das IT-Controlling durch die Begleitung des strategischen Planungsprozesses mit entsprechenden Analyse- aber auch Umsetzungsinstrumenten beitragen kann. Abbildung 5.4 zeigt die Bedeutung der strategischen IT-Leistungen für die ganzheitliche strategische Unternehmensplanung.

Strategisches Management

Ein strategisches Management ist charakterisiert durch das Handeln im Sinne der Strategie in der gesamten Organisation, durch Abstimmung von Strategie und Struktur sowie dem Wertsteigerungshandeln entlang der gesamten Wertschöpfungskette[164]. Das Kosten- und Leistungsbewusstein der Organisation steht dabei unter einer fokussierten Betrachtung, um den Grundsätzen der Effektivität und Effizienz gerecht zu werden. Die nachfolgenden Kapitel zeigen ausgewählte strategische Führungsinstrumente und Strategieumsetzungsinstrumente auf. Als **strategische Führungsinstrumente** bezeichnet man Hilfsmittel, Werkzeuge, Maßnahmen und Methoden, die das Management bei der Wahrnehmung seiner Führungsfunktionen ☞ Planung, Entscheidung und Kontrolle ☜ wirkungsvoll unterstützen können[165]. Diese werden durch das strategische Controlling zur Verfügung gestellt.

---

[164] Zusammenfassende Charakterisierung des strategischen Managements von Gluck, F.W. / Kaufmann, P. / Wallek, A.: Strategic Management for Competitive Advantage

[165] Vgl. Jäger-Goy, H.: Innovative Führungsinstrumente für die Informationsverarbeitung (IV), Seite 491

5.2 Ausgewählte Instrumente des strategischen IT-Controllings

Um der in Kapitel 5.1 beschriebenen Rolle des strategischen IT-Controllings während der Strategiephase der Wertschöpfungskette eines IT-Produktes gerecht zu werden, ist es notwendig, Planungsinstrumente zu entwickeln und zur Verfügung zu stellen. Im Rahmen der strategischen Planung sind Entscheidungs-, Umsetzungs- und Kontrollinformationen für das Management beziehungsweise für den entsprechenden Planungsprozess dringend erforderlich (siehe Abbildung 5.1). Dabei dienen als Ausgangspunkt die Entscheidungsinformationen oder aber auch Analyseinformationen, denn diese verkörpern das Fundament der strategischen Planung. Sie machen auf zukunftsgerichtete Unternehmenschancen, potenziell drohende Gefährdungen aber auch auf Missstände bezüglich einer effektiven und effizienten Unternehmenssteuerung aufmerksam. Demzufolge liegen die Aufgabenschwerpunkte des strategischen Controllers in der strategischen Analyse, in der externen sowie internen Informationsgewinnung und -aufbereitung. Weiterhin sind Stärken und Schwächen sowie Chancen und Risiken aufzuzeigen, interne Prozessstrukturen zu untersuchen und ein strategisches Frühwarninformationssystem zu entwickeln[166]. Da die Informationstechnologie in diesem Buch primär als Dienstleister mit Non-Profit-Charakter für die entsprechenden Geschäftsfelder angesehen wird, hat sich diese an den Strategien derselben zu orientieren. Sie sorgt unter anderem dafür, dass die entsprechenden Konzepte auch operativ umgesetzt werden können. Daher ist es erforderlich, die Stärken und Schwächen des gesamten Unternehmens bezogen auf dessen originären Unternehmenszweck als strategische Planungsgrundlagen zu ermitteln. Gleichzeitig sind die sich in Zukunft ergebenden Chancen- und Risiken für die entsprechenden Geschäftsfelder zu durchleuchten, um durch die Stärken des Unternehmens die sich ergebenden Chancen zu ergreifen, aber gleichzeitig auch die Risiken nicht durch Unternehmensschwächen weiter zu vergrößern.

Soft-Analyse

Hierzu bietet sich die *Soft-Analyse* an, die sich genau dieser Thematik widmet. Soft steht dabei für

- **S**trengths (Stärken)
- **O**pportunities (Chancen)

---

[166] In Anlehnung an Horváth, P. / Reichmann, T.: Schlagwort: Strategische Controllingaufgaben, Sp. 598

5.2 Ausgewählte Instrumente des strategischen IT-Controllings

- **F**ailures   (Schwächen)
- **T**hreats   (Gefahren)

Um den aktuellen Unternehmenszustand zu erhalten und um auf eventuelle unternehmensinterne Missstände aufmerksam zu machen, ist die Stärken-Schwächen-Analyse heranzuziehen, wohingegen die Zukunftsperspektive des Unternehmens durch die Chancen-Risiken/Gefahren-Analyse in Bezug auf mögliche Umweltentwicklungen dient[167]. Die Ergebnisse der Stärken-Schwächen-Analyse lassen sich unter anderem in einer unternehmensindividuellen Reifegradskala und mittels eines Stärken-Schwächen-Profils darstellen. Im Folgenden wird ein Beispiel für eine Stärken-Schwächen-Analyse im E-Business-Umfeld eines Unternehmens wiedergegeben. In dieser durch die Informationstechnologie sehr stark geprägten Unternehmsausrichtung bieten sich die nachfolgenden fünf Dimensionen als Strukturierungsinstrument an[168]:

➢ Strategie und Unternehmensführung

➢ Umsetzung und Organisation

➢ Kompetenz und Know-how

➢ Technologie und Projektmanagement

➢ Ergebnisorientierung in geld- und mengenwerter sowie in qualitativer Hinsicht

Für jede dieser Dimensionen ist durch gezielte Fragestellungen der individuelle Unternehmenspunktwert zu ermitteln. Dieser gibt darüber Auskunft, wie stark das jeweilige Unternehmen in der entsprechenden Dimension ist. Dabei ist jede Dimension durch eine gleiche Anzahl von Fragestellungen zu untersuchen. Diese sind mit Punktwerten von 1 bis 5 zu bewerten. Die Zahl 5 repräsentiert als Antwort auf die Frage den Aspekt „trifft vollkommen zu" (sehr guter Abdeckungsgrad); die Zahl 1 hingegen steht für „trifft überhaupt nicht zu" (kein Abdeckungsgrad durch das Unternehmen). Für das folgende Beispiel ergibt sich damit

---

[167] Vgl. Horváth und Partner: Das Controllingkonzept – 2. Auflage, Seiten 169-170

[168] Erweiterung der Stärken-Schwächen Dimensionen von Müller, A. / von Thienen, L.: e-Profit: Controlling-Instrumente für erfolgreiches e-Business, Seite 102

für jede Dimension eine Maximalpunktzahl von 50[169]. Gleiches lässt sich für potenzielle Wettbewerber aufstellen. Dabei bedient man sich dann entsprechender veröffentlichter Benchmark-Ergebnisse oder beantwortet die Fragen aus der eigenen Sicht über den Wettbewerber heraus[170]. Der nachfolgende Fragebogen lehnt sich an den von Müller und von Thienen zu E-Business Projekten vorgestellten an, kann aber zugleich auch für jedes andere IT-Projekt herangezogen werden[171]. Es wird die Dimension Ergebnisorientierung aufgenommen, da diese gerade in den heutigen wirtschaftlichen Zeiten auch bei E-Business-Projekten nicht zu vernachlässigen ist.

Strategie und Führung	Eigenes Unternehmen					Wettbewerber				
	1	2	3	4	5	1	2	3	4	5
Unternehmensstrategie beinhaltet mit den Geschäftsfeldern abgestimmte detaillierte E-Business-Strategie	X					X				
Regelmäßige Verfolgung der E-Business-Aktivitäten potenzieller Wettbewerber		X				X				
Systematische Kontrollmethoden zur Erfolgsmessung der E-Business-Projekte	X						X			
E-Business-Projekte werden mit allen notwendigen Mitteln ausgestattet				X		X				
Klarer Katalog für die nächsten 15 Monate an E-Business-Aufgaben				X		X				
Die meisten Neuprojekte sind E-Business orientiert				X			X			
Intensive Kommunikation der E-Business-Vision in der ganzen Unternehmensgruppe	X								X	

---

[169] 10 Fragen á 5 Punkte

[170] Letzterer Aspekt kann natürlich nicht durch die Selbstbeurteilung das tatsächliche Stärken-/Schwächenprofil des Wettbewerbers charakterisieren. Er hilft jedoch dabei, das eigene Unternehmensprofil gegenüber der Konkurrenz näherungsweise zu beurteilen.

[171] Siehe Müller, A. / von Thienen, L.: e-Profit: Controlling-Instrumente für erfolgreiches e-Business, Seiten 101-108

5.2 Ausgewählte Instrumente des strategischen IT-Controllings

Fortsetzung Strategie und Führung	1	2	3	4	5	1	2	3	4	5
Auf allen Unternehmensstufen sehr aufgeschlossene Haltung gegenüber E-Business-Aktivitäten			X						X	
E-Business-Aktivitäten konzentrieren sich auf strategische Wertsteigerungen	X						X			
Topmanagement entwickelt und unterstützt eine umfassende E-Business-Strategie				X				X		
			30					21		
Umsetzung und Organisation	1	2	3	4	5	1	2	3	4	5
Standards zur Umsetzung von E-Business-Projekten sind unternehmensintern vorhanden	X					X				
E-Business-Initiativen und –Projekte haben klare Zuständigkeiten, Entscheidungswege und Kontrollmöglichkeiten	X							X		
E-Business-Ansätze lassen sich leicht an die Wünsche der Geschäftsfelder anpassen (Ad hoc Veränderungsmöglichkeiten)			X			X				
E-Business-/IT-Abteilungen sind anerkannte Partner innerhalb des Unternehmens für die einzelnen Geschäftsfelder	X								X	
Topmanagement ist intensiv in die Umsetzung von E-Business-Projekten eingebunden (Lenkungsausschüsse)			X			X				
Integrierte E-Business-Aktivitäten decken die gesamte Wertschöpfungskette des Unternehmens ab, wobei Kunden, Lieferanten und Kooperationspartner im Speziellen betrachtet werden				X				X		
E-Business-Initiativen werben und halten wertvolle Mitarbeiter				X			X			
Das Unternehmen zeichnet sich durch flache Hierarchien, Prozessorientierung und schnelle Entscheidungswege aus (schnelle und effiziente Reaktionsmöglichkeiten auf Änderungen im E-Business-Umfeld)			X				X			

Fortsetzung Umsetzung u. Organisation	1	2	3	4	5	1	2	3	4	5
Mitarbeiter erhalten Anreize zur Entwicklung neuer E-Business-Ideen/E-Business-Projekte (Zielvereinbarungen, Entgeltsysteme, etc.)	X								X	
Mitarbeiter, Kunden und Lieferanten haben einen direkten Zugang zu wichtigen E-Business-Informationen des Unternehmens als Basis für die tägliche Kommunikation		X								X
			26					24		

Kompetenzen und Know-how	1	2	3	4	5	1	2	3	4	5
Geschäftsleitung versteht die Thematik des E-Business und die IT-Abteilung hat Verständnis für die Unternehmensziele	X						X			
Mitarbeiter zeigen ein hohes Maß an Veränderungsbereitschaft und Veränderungsfähigkeiten für die Erfordernisse des E-Business				X		X				
Ein umfangreiches Netzwerk mit anderen E-Business-Dienstleistern ist vorhanden (Kompetenznutzung ist möglich)		X						X		
E-Business-Kompetenzen lassen sich auf andere Partner übertragen		X					X			
Das E-Business-Know-how hat sich in den letzten 12 Monaten wesentlich erweitert		X						X		
Jede Abteilung kann von den Fortschritten bei den E-Business-Projekten lernen		X				X				
IT-Kenntnisse der IT-Abteilung sind auf dem neuesten Stand			X							X
Eigene E-Business-Mitarbeiter werden von anderen (intern sowie extern) gern als Ratgeber und Partner herangezogen			X					X		
E-Business-Initiativen werden schneller als von der Konkurrenz entwickelt				X		X				
Interdisziplinäre Teams aus IT- und Geschäftsfeld-Mitarbeitern entwickeln E-Business-Aktivitäten und setzen diese entsprechend um	X								X	
			25					23		

5.2 Ausgewählte Instrumente des strategischen IT-Controllings

Technologie und Projektmanagement	1	2	3	4	5	1	2	3	4	5
Die komplette Wertschöpfungskette lässt sich durch den neuesten Stand der E-Technologien abdecken und in das Unternehmen integrieren (Voraussetzung ist eine gute technologische Ausstattung)	X						X			
Innerhalb der unternehmensbezogenen Branche ist man in Bezug auf die E-Technologien führend				X		X				
Ein großer Teil der Investitionsanträge hat einen E-Business-Bezug		X						X		
Das Projektcontrolling gewährleistet eine ziel- und strategieadäquate Durchführung der E-Business-Projekte		X						X		
Ausreichende Mittel sind vorhanden, um an der Spitze der IT-Technologieentwicklung zu bleiben			X							X
Projektmanagement erfüllt im E-Business-Bereich stets seine vereinbarten Ziele (Kosten, Zeit, Qualität, etc.)				X		X				
Die geschaffenen E-Business-Lösungen gewährleisten eine flexible Anpassung an geänderte Marktbedingungen	X						X			
Das E-Business-Projektmanagement ist an den Kundenwünschen ebenso wie an den Kosten- und Ertragszielen orientiert				X				X		
Andere Unternehmensabteilungen werden durch die IT-Abteilung aktiv und offensiv unterstützt	X									X
Die Mitarbeit im Management von E-Business-Projekten wird sehr stark gefördert		X				X				
			24					27		

Ergebnisorientierung	1	2	3	4	5	1	2	3	4	5
Durch E-Business-Aktivitäten lassen sich Schulungsmaßnahmen überwiegend unternehmensintern durchführen	X						X			

5 IT-Controlling in der Strategiephase

Fortsetzung Ergebnisorientierung	1	2	3	4	5	1	2	3	4	5
Die E-Business-Initiativen fördern und erhöhen die Schulungsbereitschaften der Mitarbeiter			X					X		
E-Business erhöht den Mengenabsatz des Geschäftsfeldes	X								X	
E-Business-Aktivitäten tragen zu effizienten Beschaffungsprozessen bei				X					X	
Pre- und After-Sales-Maßnahmen lassen sich durch die Mitarbeiter besser auf die Kundenwünsche individualisieren	X									X
Informationen lassen sich schneller in das strategische und operative Unternehmensgeschehen integrieren			X						X	
Unternehmensinterne Prozesse lassen sich verschlanken und können effizienter abgewickelt werden	X					X				
Eine größere Kundengruppe lässt sich ansprechen					X		X			
Die Globalität der Unternehmensausrichtung wird ermöglicht beziehungsweise weiter ausgebaut					X		X			
Die Kommunikationsprozesse lassen sich wesentlich verbessern im Sinne einer schnelleren und unabhängigeren, restriktionslosen Kommunikation	X								X	
					29					29

Reifegraddarstellung Durch die Gegenüberstellung der eigenen Stärken und Schwächen mit denen potenzieller Konkurrenten lassen sich durch die Profildarstellungen direkte Verbesserungsmöglichkeiten ableiten, aber auch existente Stärken weiter fokussieren, um die Marktgegebenheiten effizienter für das eigene Unternehmen zu nutzen. Deutlicher sind die aus der Stärken-Schwächen-Analyse gewonnenen Ergebnisse mittels einer **Reifegraddarstellung** aufzeigbar. Diese spiegelt dem Management den aktuellen, komprimierten Stand des Unternehmens in Bezug auf die untersuchte Fragestellung wieder. Durch einen Vergleich mit dem Reifegrad des untersuchten Konkurrenzunternehmens bekommt man hier eine

5.2 Ausgewählte Instrumente des strategischen IT-Controllings

direkten Marktlage des eigenen Unternehmens in Bezug auf die Fragestellungen und kann seine Unternehmensstrategien entsprechend danach ausrichten. Zur Ermittlung des **Reifegrades** werden die Punktwerte der einzelnen Antworten addiert und in eine zuvor definierte Reifegradskala übernommen. Unterschieden werden dabei fünf Reifegradstufen[172]:

E-Business-Interessierte

Liegen lediglich selektive Basisinformationen über die E-Business orientierten Gesichtspunkte vor, so spricht man von der Gruppe der **E-Business-Interessierten**. Hier sind zunächst grundlegende Basiskonzepte im Rahmen eines Projektes zu implementieren und ein allgemeines Verständnis über die zukünftige E-Business Geschäftsphilosophie aufzubauen.

E-Business-Einsteiger

Die nächste Stufe repräsentiert die **Einsteiger**. Diese haben bereits erste isolierte E-Business-Erfahrungen gesammelt, kennen also die sich ergebenden Herausforderungen dieser elektronisierten Geschäftswelt. Unter anderem nennen diese Webseiten als Marketinginstrument ihr Eigen, die lediglich der Information aber weniger der geschäftlichen Transaktionen diesen. Auch hier ist es sehr schwer, ohne weitere Vorarbeiten E-Business-Projekte erfolgreich umzusetzen, da wichtige Infrastrukturkomponenten fehlen.

E-Business-Fortgeschrittene

Fortgeschrittene haben bereits mehrjährige Erfahrungen mit einfachen E-Business-Systemen und verfügen über die notwendigen Infrastrukturanwendungen sowie –systeme. So werden unter anderem bereits einfache E-Shops betrieben, die losgelöst von den weiteren IT-Systemen implementiert worden sind. Auf dieser Reifegradstufe lassen sich sehr gut weitere E-Business-Projekte anstoßen, die zu einer Integration der E-Business-Systeme in die existente IT-Unternehmenslandschaft führen. Auch befindet man sich an der Schwelle zur vollständigen Integration der E-Business Philosophie in die Unternehmensausrichtung, so dass hier vorrangig daran zu arbeiten ist. Zu beachten gilt dabei aber, dass dieser Prozess sehr kostenintensiv und zeitaufwendig ist.

E-Business-Spezialisten

Die Gruppe der **E-Business-Spezialisten** verfügt bereits über ein sehr hohes E-Business Know-how, so dass in der Regel sehr viele Geschäftsvorgänge E-Business orientiert ausgerichtet sind. Gleichermaßen wird diese neue Unternehmensausrichtung von

---

[172] In Anlehnung an Müller, A. / von Thienen, L.: e-Profit: Controlling-Instrumente für erfolgreiches e-Business, Seiten 108-111

dem Management selbst vorangetrieben. Die Implementierung neuer E-Business Vorhaben stellt keine große Herausforderung mehr dar und durch Wirtschaftlichkeitsanalysen ist zu verifizieren, ob weitere kostenintensive Projektvorhaben die Unternehmung weiter voranbringen. Dabei spielt der Business-Case eine wesentliche Rolle, da dieser die Kosten-/Nutzen-Relation des Vorhabens verkörpert und über die Amortisationsdauer Auskunft darüber gibt, wie schnell gebundenes Projektkapital dem Wertschöpfungsprozess als Ertrag zugeführt werden kann.

E-Business-Stars Von **E-Business-Stars** spricht man dann, wenn die E-Business-Implementierung schließlich so weit fortgeschritten ist, so dass alle Geschäftsprozesse unter E-Business-Gesichtspunkten realisiert werden.

Reifegradskala

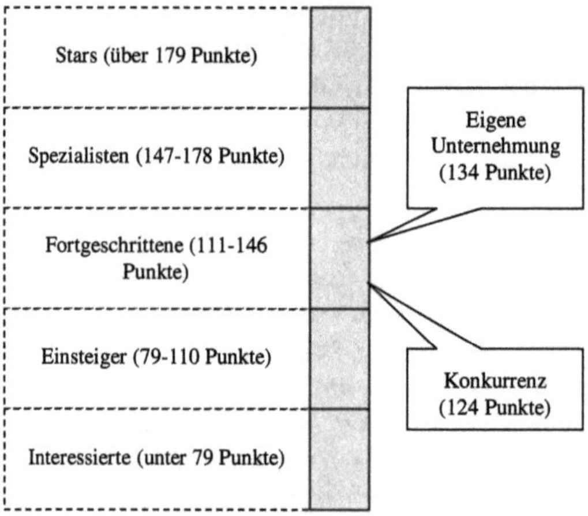

Dimensionen	Eigene Unternehmung	Konkurrenz
Strategie und Führung	30	21
Umsetzung und Organisation	26	24
Kompetenzen und Know-how	25	23
Technologie und Projektmanagement	24	27
Ergebnisorientierung	29	29
Summe	**134**	**124**

Stars (über 179 Punkte)
Spezialisten (147-178 Punkte)
Fortgeschrittene (111-146 Punkte)
Einsteiger (79-110 Punkte)
Interessierte (unter 79 Punkte)

Eigene Unternehmung (134 Punkte)
Konkurrenz (124 Punkte)

Abb. 5.5: Die Reifegradskala für eine Stärken-Schwächen-Analyse

Bei der punktmäßigen Spanne der entsprechenden Gruppen ist davon ausgegangen worden, dass bei Erreichung der halben Maximalpunktzahl bereits ausreichende E-Business Kenntnisse sowie Erfahrungen vorliegen. Darunter sind zunächst E-Business-Basiskonzeptionen weiter voranzutreiben, um ein Verständnis für diese Unternehmensphilosophie zu schaffen. Es ist zu prüfen, ob E-Business das Unternehmen wertorientiert weiter voranbringt oder ob in diesem Sinne auf weitere E-Business-Konzeptionen zu verzichten ist (in Abhängigkeit von den Konkurrenzunter-

5.2 Ausgewählte Instrumente des strategischen IT-Controllings

nehmen). Liegt die Punktzahl über diesem Mittelwert, so sind die Unternehmen bereits E-Business orientiert ausgerichtet und benötigen je nach Wettbewerbsumfeld gezielte E-Business Konzeptionen, um die Markführerschaft auszubauen oder um zur Konkurrenz aufzuschließen. Die in Abbildung 5.5 dargestellte Reifegraddarstellung zeigt für die obige beispielhaft durchgeführte Stärken-Schwächen-Analyse, dass das eigene Unternehmen besser als die untersuchten Konkurrenzunternehmen aufgestellt ist. Es lassen sich jedoch noch Verbesserungsmöglichkeiten durch Veränderungen der strategischen Konzepte ergreifen.

Portfolioanalyse   Strategische Entscheidungen sind infolge ihres langfristigen Charakters nicht ohne weiteres zu ändern. Daher ist stets die **Attraktivität** einer anstehenden Unternehmensentscheidung zu untersuchen. Verkörpert wird dieser Sachverhalt durch die Chancen-Risiken-Analysen, die die Wettbewerbsfähigkeiten der jeweiligen Geschäftsfelder ermitteln. Dies hat dann wiederum Einfluss auf die strategische Ausrichtung des IT-Bereiches. Hier gilt es dann im Speziellen anhand der gewonnenen Erkenntnisse der Geschäftsfelder aus deren Attraktivitätsanalyse ein Applikations- beziehungsweise Projektportfolio ebenfalls unter dem Gesichtspunkt der Attraktivität zu durchleuchten[173]. Sehr effektiv lässt sich diese Attraktivitätsanalyse mittels der **Portfolioanalyse** vornehmen. Ausgehend von einer zwei- oder mehrdimensionalen Darstellung kritischer Erfolgsfaktoren lässt sich sowohl der aktuelle Ist-Zustand dokumentieren, als auch die erwarteten, zukünftigen Entwicklungen schematisch aufzeigen. Der Vorteil der Portfolioanalyse liegt in der sehr einfachen Darstellungs- und Interpretationsmöglichkeiten der gegenwärtigen und zukünftigen Situationen resultierend aus verschiedenen Beurteilungskriterien[174]. Jedoch werden viele strategische Einflussfaktoren bezüglich einer Entscheidung auf nur zwei Betrachtungsgrößen reduziert, was die betriebswirtschaftliche Realität vielfach nicht ganzheitlich abdeckt. Monetäre Ziele werden in der Regel durch die Portfolioanalyse nicht näher untersucht, so dass diese mittels dieses Instrumentariums auch nicht planbar werden. Dies ist aber auch nicht die originäre Aufgabe der Portfolioanalyse. Vielmehr

---

[173] In Anlehnung an Gysler, T. P.: Informatik-Controlling im Bankbetrieb, Seite 129

[174] Siehe Horváth, P. / Reichmann, T.: Schlagwort: Portfolioanalysen, Sp. 494

unterstützt sie gerade das Management innerhalb des strategischen Führungsprozesses, indem sie[175]

- einen **Maßstab** definiert, der einen Vergleich von verschiedenen Betrachtungsausprägungen erlaubt,

- eine **generalisierte Beschreibung** der strategischen Situation anbietet, in der sich die Betrachtungsausprägungen zusammenfassen lassen, und

- eine **eindeutige Strategieempfehlung** für jeden Portfoliobereich gibt.

Durch geeignete Scoring- oder Punktbewertungsmodelle lassen sich entsprechende Klassifizierungsmerkmale für einen Untersuchungsbereich vornehmen, deren Ergebnisse in ein Portfolio-Modell übertragen werden können. Hier gibt es die unterschiedlichsten Ausprägungen. Das bekannteste ist das Marktanteils-/Marktwachstums-Portfolio[176] der Boston-Consulting-Group. Aber auch Technologie-Portfolios[177], Applikationsportfolios[178], Wertschöpfungs-Interaktionsmehrwert-Portfolios[179] im E-Business-Umfeld oder auch Akquisations-/Rationalisierungs-Portfolios[180] lassen sich aufstellen. Jeder Bereich der aufgestellten Portfolios bedingt diverse Handlungsempfehlungen, die von einer Abratung der Umsetzung von Betrachtungsausprägungen bis hin zu einer Weiterentwicklung reichen. Eines haben jedoch alle Portfolio-Analysen gemeinsam:

> Sie betrachten die Chancen und Risiken der gewählten Untersuchungsausprägungen und versuchen daraus die entsprechenden Handlungsempfehlungen abzuleiten.

---

[175] Siehe explizit Pfeiffer, W., et al.: Technologie-Portfolio zum Management strategischer Geschäftsfelder, Seite 79 ff.

[176] Siehe detailliert Horváth, P. / Reichmann, T.: Schlagwort: Portfolioanalysen, Sp. 494

[177] Pfeiffer, W., et al.: Technologie-Portfolio zum Management strategischer Geschäftsfelder

[178] Gysler, T. P.: Informatik-Controlling im Bankbetrieb, Seite 132

[179] Siehe Jost, C.: Strategische Optionen für den E-Business-Einstieg, Seite 451

[180] Jost, C. / Warschburger, V.: E-Marketing, Seite 176

5.2 Ausgewählte Instrumente des strategischen IT-Controllings

Chancen-Risiken-Bilanz

Erstellt man aus Chancen und Risiken eine Chancen-Risiken-Bilanz, so lässt sich durch Subtraktion der gewichteten Untersuchungskriterien sowohl auf der Chancen- als auch auf die Risiken-Seite die Attraktivität der Betrachtungsausprägungen ermitteln. Sie ist ein Indikator für die Dringlichkeit der Umsetzung der entsprechenden Handlungsempfehlungen. Eine hohe Attraktivität impliziert eine schnelle Umsetzung der strategischen Optionen, wohingegen eine niedrige Attraktivität im Sinne einer Umsetzungspriorisierung eher am Ende der To-Do-Liste anzusiedeln ist.

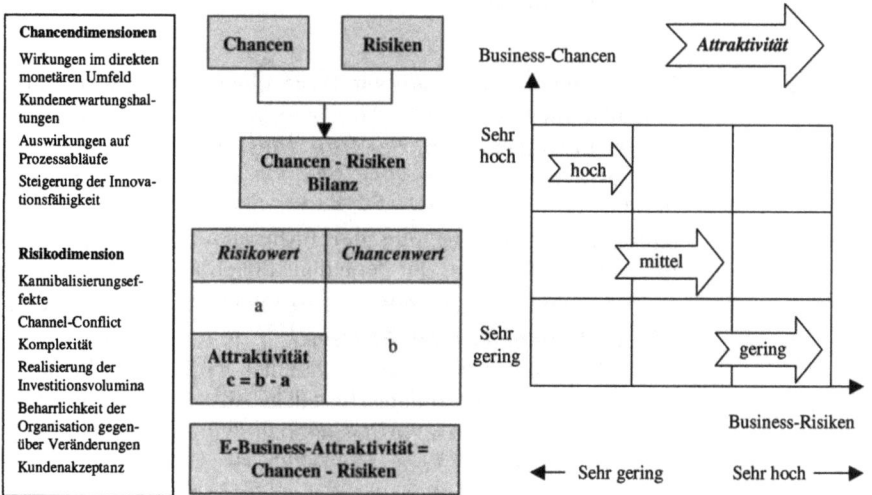

Abb. 5.6: Die E-Business-Attraktivität[181]

In Abbildung 5.6 werden beispielhaft für den E-Business-Bereich zum einen eine Chancen-Risiken-Bilanz und zum anderen die Ermittlung der E-Business-Attraktivität dargestellt.

- Ist dabei der gewichtete Risikowert höher als der entsprechende Chancenwert, so ist das Untersuchungsobjekt unter strategischen Gesichtspunkten nicht tragbar (☞ negative Attraktivität).

- Ist der Attraktivitätswert kleiner als der Risikowert, so ist die operative Umsetzung des untersuchten strategischen Objektes noch einmal zu überdenken beziehungsweise zu

---

[181] Vgl. Müller, A. / von Thienen, L.: e-Profit: Controlling-Instrumente für erfolgreiches e-Business, Seite 89

überarbeiten, da die Risiken eine größere Dimension als die erwarteten Chancen einnehmen.

📖 Übersteigt jedoch der Attraktivitätswert den Risikowert, so ist das Untersuchungsobjekt für eine operative Umsetzung prädestiniert, da hier eine hohe Attraktivität des geplanten Vorhabens mittels der Chancen-Risiken-Analyse ermittelt worden ist. Je höher dabei die Differenz zwischen Chancen- und Risikenwert ist, desto größer ist auch die entsprechende Attraktivität des Vorhabens und damit auch die Dringlichkeit im Hinblick auf die Umsetzung.

Gap-Analyse

Um auf einer relativ groben Basis einen strategischen an der Vergangenheit ausgerichteten Planungsprozess zu unterstützen, ist das Instrumentarium der **Gap-Analyse** heranzuziehen. Hierbei werden die gesetzten Ziele einer in der Vergangenheit durchgeführten Planung (Prognose) der tatsächlichen Zielerreichung unter Beibehaltung der bisherigen Maßnahmen gegenübergestellt. Weichen die geplanten Zielgrößen und die erwartete Entwicklung voneinander ab, so bildet sich hieraus die sogenannte **strategische Lücke (Gap)**[182]. Je besser das bereits vorhandene strategische Potenzial genutzt wird, umso kleiner fällt im Allgemeinen die strategische Lücke aus. Bei einer großen Lücke sind dringende Handlungsmaßnahmen erforderlich, um eine Unternehmensgefährdung frühzeitig zu vermeiden. Für den Software-Lebenszyklus kann eine Gap-Analyse für Ablösungsüberlegungen der entsprechenden Software herangezogen werden. Unter anderem kann man über die Zugriffszahlen auf das Software-Produkt dessen Akzeptanz innerhalb des Unternehmens feststellen. Sofern es sich um kein Batchprogramm mit genau definierten Laufzeiten und festgelegten Laufrhythmiken handelt, zeigen geringe Zugriffszahlen auf ein Software-Programm an, dass dieses abgelöst werden kann. Um frühzeitig diese Ablösungstendenzen erkennen zu können, lässt sich mit Hilfe der Gap-Analyse die Ziellücke zwischen den geplanten und den prognostizierten Zugriffszahlen darstellen. So können bei großen Differenzen Überarbeitungen der Software erfolgen, um die Nutzungszahlen wieder zu erhöhen oder aber auch um Ablösungsmaßnahmen einzuleiten. Es ist jedoch unbedingt darauf zu achten, die Gap-Analyse nicht als alleiniges strategisches Entschei-

---

[182] Vgl. Horváth und Partner: Das Controllingkonzept – 2. Auflage, Seiten 170-172

5.2 Ausgewählte Instrumente des strategischen IT-Controllings

dungsinstrumentarium heranzuziehen, da diese lediglich die strategischen Stoßrichtungen eindimensional und unvollständig wiedergeben kann[183]. Des Weiteren erfolgt durch sie lediglich eine reine Extrapolation der gegenwärtigen Zustände in die Zukunft, was in Zeiten sich rasch ändernder Unternehmensbedingungen grundsätzlich als problematisch angesehen werden kann[184]. In der Regel wird eine Gap-Analyse zusammen mit einer Stärken-Schwächen- beziehungsweise Chancen-Risiken-Analyse vorgenommen, so dass sich vielfach die prognostizierte Zielerreichung nur anhand der dort ermittelten Kriterien ableiten lässt. In Abbildung 5.7 ist das Konzept der Gap-Analyse grafisch dargestellt.

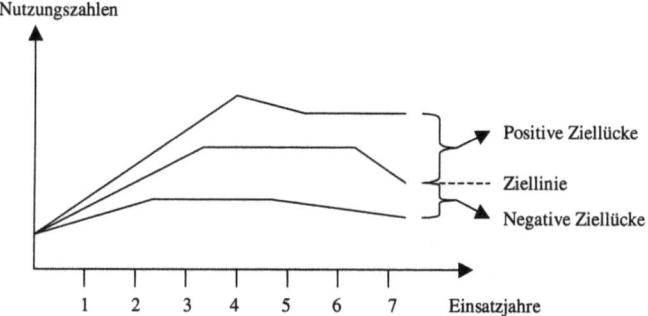

Abb. 5.7: Das Konzept der Gap-Analyse

Die positive Ziellücke ergibt sich aus verbesserten Chancen und/oder Risiken für das betrachtete Untersuchungsobjekt. So können sich zum Beispiel während des Software-Lebenszyklusses die geplanten Software-Zugriffszahlen erhöhen, da die Marktbedingungen dies erforderlich machen (Beispiel: Börsensoftware). Hier ist dann aus strategischen Gesichtspunkten zu ermitteln, ob die entwickelte Software diesem erhöhten Nutzungsbedarf Rechnung tragen kann oder entsprechende Anpas-

---

[183] Im obigen Beispiel der Zugriffszahlen werden unter anderem die Kosten für den Einsatz, die Weiterentwicklung oder aber auch die Ablösung der Software nicht beachtet, so dass eine strategische Entscheidung nach ganzheitlichen Betrachtungsgesichtspunkten nicht gewährleistet werden kann.

[184] Siehe Horváth, P. / Reichmann, T.: Schlagwort: Gap-Analyse, Sp. 263

sungen vorzunehmen sind. Gerade im Finanzsektor sind Software-Ausfälle mit sehr hohen Kosten verbunden, so dass hier die Auslastungsquote respektive die Zugriffszahlen auf eine Software stets mit dem Plan zu vergleichen sind, um eine Überfrequentierung und damit die Gefahr des Ausfalls des Software-Produktes zu vermeiden. Nehmen hingegen die Gefahren und/oder Schwächen für das betrachtete Untersuchungsobjekt zu, so resultiert hieraus eine negative Ziellücke im Vergleich zu den gesetzten Zielen. In obigem Beispiel verhalten sich die Zugriffszahlen auf die entsprechende Software nicht so, wie ursprünglich gewünscht, so dass hier in der Frühphase des Software-Lebenszyklusses Weiter- oder Überarbeitungsentwicklungen vorzunehmen sind, um die eigentlichen Plan-Zugriffszahlen zu erreichen. Gegen Ende des Lebenszyklusses ist bei einer negativen Ziellücke eine frühzeitige Ablösung der entsprechenden Software ins Auge zu fassen.

Wertorientierte Unternehmensführung

Zunehmend verbreitet sich das Konzept der **wertorientierten Unternehmensführung**. Für das Controlling resultiert hieraus als zentrale Aufgabe, Entscheidungen und Handlungen wertorientiert auszurichten. Das Ziel der gesamten Aktivitäten ist die Erreichung einer möglichst hohen Wertsteigerung über das vorhandene Eigenkapital beziehungsweise Nettovermögen des Unternehmens hinaus. Demzufolge wird die Erwirtschaftung eines maximalen Netto-Kapitalwertes angestrebt[185]. Die in Abbildung 5.8[186] dargestellten finanziellen Zielgrößen nehmen in diesem Zusammenhang eine zentrale Rolle bei der Betrachtung und Steuerung eines Unternehmens nach wertorientierten Führungsgrößen ein. Deren explizite Darstellung würde den Rahmen dieses Buches sprengen, so dass an dieser Stelle lediglich auf die einschlägige Literatur zu dieser Thematik verwiesen wird[187]. Gerade für Unternehmen oder aber auch Unternehmensbereiche,

---

[185] Vgl. Hahn, D.: Kardinale Führungsgrößen des wertorientierten Controlling in Industrieunternehmungen, Seite 129

[186] In Anlehnung an Hahn, D.: Kardinale Führungsgrößen des wertorientierten Controlling in Industrieunternehmungen, Seite 129

[187] Bötzel, St. / Schwilling, A.: Erfolgsfaktor Wertmanagement. Unternehmen wert- und wachstumsorientiert steuern; Daum, H. D.: Intangible Assets oder die Kunst Mehrwert zu schaffen; Günther, T.: Unternehmenswertorientiertes Controlling; Hahn, D. / Hungenberg, H.: PuK – Wertorientierte Controllingkonzepte; Lewis, T.G.: Steigerung des Unternehmenswertes – Total Value Management

5.2 Ausgewählte Instrumente des strategischen IT-Controllings

deren Geschäftstätigkeiten sich auf wissensbasierten Produkten, wie zum Beispiel der Erstellung von Software, gründet, ist diese angesprochene Wertsteigerung nur durch die explizite Betrachtung sogenannter Intangible Assets[188] möglich.

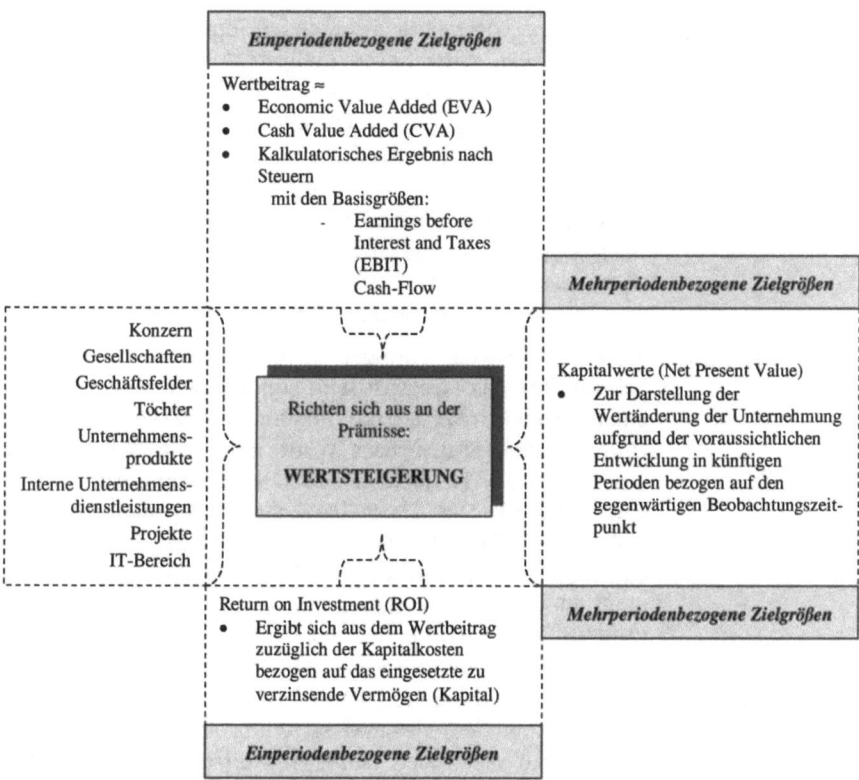

Abb. 5.8: Zentrale wertorientierte Führungsgrößen

---

[188] Nicht greifbares Vermögen

5 IT-Controlling in der Strategiephase

Nicht mehr nur Finanzkapital, sondern Größen wie Humankapital und Wissen, Beziehungen zu Geschäftspartnern sowie die Innovationsfähigkeit von Unternehmen sind die „neuen" Werttreiber[189]. Daher gilt es als die wichtigste Herausforderung für Unternehmen, deren Wertschöpfung zunehmend auf diesen Intangible Assets basiert, die Fähigkeiten innerhalb des Managements zu entwickeln, eben dieses Intellectual Capital wertsteigernd einzusetzen und auszubauen. Innerhalb der Strategieplanung ist in diesem Zusammenhang aufzuzeigen, mit welchen Assets und in welcher Kombination das Unternehmen Wert für seine Stakeholder schaffen kann[190]. Für den IT-Bereich bedeutet dies, seine Produkte entweder dem Management unter Wertsteigerungsgesichtspunkten zu präsentieren *(Sekundäraufgabe)* oder aber auch seine Produkte an den Wertsteigerungskonzeptionen der Geschäftsfelder auszurichten *(Primäraufgabe)*.

Werttreiberbäume   Software-Produkte erbringen nicht mehr nur eine entsprechende Leistung für das Geschäftsfeld, sondern liefern gleichzeitig auch einen gezielten Wertbeitrag im Sinne des Economic Value Added (EVA). Dieser Sachverhalt wurde gerade in der Vergangenheit innerhalb des IT-Bereiches als Dienstleistungssektor sehr stark vernachlässigt. Der Time-To-Market Faktor nahm eine größere Stellung als die eigentliche Rentabilität des Software-Produktes ein, was zu der Denkweise führte, dass im IT-Bereich Kosten von untergeordneter Bedeutung sind. Für eine wertorientierte Unternehmensführung sind jedoch bereits in der Strategiephase die einzelnen Wertbeiträge der Unternehmensprodukte, auch wenn diese nur für den internen Gebrauch dienen, zu berücksichtigen, um dem Gesamtziel „Wertsteigerung" gerecht zu werden. Hierzu bietet sich dann die Aufstellung von **Werttreiberbäumen** zur Darstellung der Wertschaffung – des Total Shareholder Return – an[191]. Anhand dieser Werttreiberbäume lassen sich dann mit Methoden wie der Prozesskostenrechnung oder auch des Target Costing gezielt die Wertsteigerungseffekte der jeweiligen Produkte bereits während der Strategiephase aufzeigen.

---

[189] Vgl. Daum, J. H.: Werttreiber Intangible Assets: Brauchen wir ein neues Rechnungswesen und Controlling?, Seite 16

[190] Vgl. Daum, J. H.: Werttreiber Intangible Assets: Brauchen wir ein neues Rechnungswesen und Controlling?, Seite 20

[191] Vgl. Rapp, M. J.: Werttreiberanalyse im Großanlagenbau, Seite 33

5.2 Ausgewählte Instrumente des strategischen IT-Controllings

Szenariotechnik Mittels der **Szenariotechnik** als Bestandteil der unternehmerischen wie auch der wirtschaftspolitischen Langfristplanung lassen sich solche Intangible Assets sehr gut zukunftsorientiert darstellen, da diese Technik denkbare, jeweils in sich schlüssige Zukunftsbilder des Untersuchungsobjektes darstellen kann. Markante Eigenschaft eines Szenarios ist die Beschreibung einer komplexen möglichen Zukunftssituation unter Berücksichtigung der Interdependenzen zwischen allen ihren Elementen[192]. Für die Wiedergabe der Zukunftsbilder werden die gedachten Wege in die Zukunft durch aufeinander folgende Einzelereignisse beschrieben, wobei vor allem die Wegverzweigungen als Entscheidungsdeterminanten ausfindig zu machen sind. In der Regel bedient sich die Szenariotechnik der nachfolgenden vier Phasen[193]:

(a) Analyse und Strukturierung aktueller und potenzieller Geschäftsfelder

Fortschreibung der Gegenwartstendenzen unter alternativen Umweltannahmen sowie Prüfung der Konsistenz und Plausibilität der getroffenen Annahmen

(b) Prognose

Definition des Betrachtungsrahmens für die ermittelten Tendenzen (Aufstellung von zwei bis drei Szenarios)

(c) Detailanalyse

Zerlegung des Gesamtszenarios in untergeordnete Analysefelder

(d) Synthesephase

Zusammenfassung der Detailanalysen und Gesamtergebnisdarstellung

In Abbildung 5.9 wird ein solcher unter Wertsteigerungsgesichtspunkten ablaufender strategischer Managementprozess beispielhaft dargestellt, der mittels der Szenariotechnik die strategische Planung begleitet. Dieser Managementprozess zeigt exemplarisch, dass das Aufstellen von strategischen Komponenten für eine nachgelagerte operative Umsetzung ein Teil der strategischen Phase des Lebenszykluskonzeptes eines Produktes ist. Die ermit-

---

[192] Siehe Horváth, P. / Reichmann, T.: Schlagwort: Szenario, Sp. 624

[193] Siehe Horváth, P. / Reichmann, T.: Schlagwort: Szenariotechnik, Sp. 624-625

telten Strategien gilt es, für die operativen Einheiten transparent zu machen, so dass diese auch entsprechend umgesetzt werden können. Gleichzeitig sind diese so zu präsentieren, dass deren Erfolg oder aber auch Misserfolg nachhaltig festzustellen ist, so dass Gegensteuerungsaktivitäten ergriffen werden können. Hierzu prädestiniert ist die Balanced Scorecard, die im folgenden Kapitel vorgestellt wird.

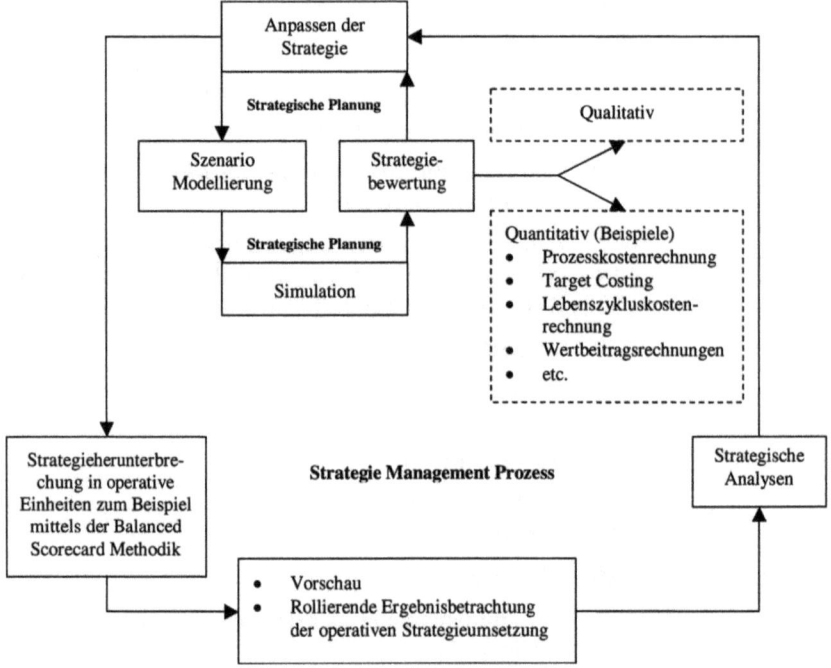

Abb. 5.9: Der Strategie Management Prozess unter Simulationsgesichtspunkten[194]

---

[194] Abänderung des integrierten Strategie- und Performance-Managementprozesses nach Daum, J. H.: Wertreiber Intangible Assets: Brauchen wir ein neues Rechnungswesen und Controlling?, Seite 20

5.3 IT-Strategieumsetzung mittels der Balanced Scorecard

Strategische Überlegungen und Planungsprozesse führen vielfach zu globalen Unternehmensvisionen, die in ihrer „Rohform" im operativen Tagesgeschäft nicht umsetzbar sind. Es mangelt ihnen häufig an klaren und zielgerichteten „Regieanweisungen" für die Einheiten[195], die die Strategie im Sinne der Wertsteigerung mit ihren Tagesarbeiten umsetzen. Eine Strategie an sich bedeutet noch nicht, profitabel arbeiten zu können. Vielmehr ist es erforderlich, konkrete Zielsetzungen dem Management nachgelagerten Einheiten aufzuzeigen, an denen diese ihre To Do's ausrichten können. Nur so kann gewährleistet werden, dass sie eigenverantwortlich die gesetzten Ziele erreichen können.

BSC-Methode

Aus diesem Grunde ist die **Balanced Scorecard Methode (BSC-Methode)** entwickelt worden, da die Strategieumsetzung neben der reinen Ergebnisorientierung einen erweiterten Blickwinkel auf Messgrößen unterschiedlicher Dimensionen erfordert. Nur so lassen sich operativ umsetzbare erfolgsorientierte Zielsetzungen für die einzelnen Einheiten / für die einzelnen Geschäftsfelder schaffen. Vergleichbar ist dieser Prozess in etwa mit der Steuerung eines Frachters auf hoher See. Sicherlich könnte der Kapitän sein Augenmerk einzig und allein darauf richten, dass der „strategisch" vorgegebene Kurs eingehalten wird. Doch reicht dieses Steuerungsinstrumentarium mit Sicherheit nicht für eine erfolgreiche Seefahrt aus. Die Mannschaft, Wetterlage, Technik und noch viele Einflussfaktoren mehr tragen ebenfalls maßgebend zu dem Gelingen der Seefahrt bei, so dass diese ebenfalls in den Blickwinkel des Kapitäns zu rücken sind. Ein weiterer Grund für die Entwicklung der Balanced Scorecard in den 90er Jahren durch Kaplan und Norton lag in der dort vorherrschenden Steuerung von Unternehmen nach vergangenheitsorientierten Kennzahlen. Bedingt durch die heute existenten Umweltbedingungen reichen diese ergebnisorientierten und vergangenheitsbezogenen Kennzahlensysteme nicht mehr aus, um ein Unternehmen erfolgsorientiert steuern zu können. Vielmehr erwartet man von Führungsinstrumenten, dass aus diesen

- vergangenheits- und zukunftsorientierte Steuerungsinformationen für alle Leistungsebenen,

- kurz- und langfristige Verbesserungsmöglichkeiten für alle Leistungsebenen sowie

---

[195] Wie Geschäftsfelder, Stäbe, Abteilungen, etc.

📖 monetäre Kennzahlen,

> ➢ die um Einflussgrößen der langfristigen finanziellen Leistungsfähigkeit eines Unternehmens zu ergänzen sind,
>
> ➢ sowohl qualitative als auch quantitative Informationen beinhalten und
>
> ➢ neben strategischen auch operative Kennzahlen enthalten,

ableitbar sind[196].

BSC-Handlungs-ableitungen

Im Mittelpunkt der Balanced Scorecard steht daher die Übersetzung von Unternehmensleitbild und Unternehmensstrategie in ein übersichtliches System zur Handlungsableitung für die operativen Einheiten sowie zur Leistungsmessung[197]. Nur wenn die entsprechenden durchgeführten Handlungen zur strategischen Zielerreichung sich messen lassen, kann eine erfolgreiche Strategieumsetzung festgestellt werden. Dabei ist es von untergeordneter Bedeutung, ob dieser Messvorgang unter quantitativen oder qualitativen Gesichtspunkten erfolgt, denn durch diese Leistungsmessgrößen ist eine Leistungstransparenz und letztendlich auch eine Leistungsverbesserung zu erreichen, nicht jedoch ein rein zahlenorientierter Soll-Ist-Vergleich vorzunehmen. Des Weiteren werden durch die Darstellungen der Handlungsableitungen die Strategien stärker operationalisiert. Gleichzeitig erfolgt eine Verbesserung der Kommunikation und Motivation der Mitarbeiter, da die transparente Strategieoffenlegung[198] mit einer „Wegbeschreibung" gleichzusetzen ist. Es sind klare für jeden einzelnen ableitbare unternehmensorientierte Ziele existent, die es zu erreichen gilt. Wird diese Zielerreichung mit einem entgeltbasierenden Bonussystem verbunden, so steigt automatisch der Mitarbeiter-Motivationsfaktor. Ebenso lassen „Wegbeschreibungen" auch mehrere Möglichkeiten zur Zielerreichung zu. Um den effektivsten und effizientesten Weg zu wählen, ist es erforderlich, Informationen einzuholen, was zu der erwähnten höheren Kommunikation führt; zumal jedem dann bekannt ist, über was

---

[196] Vgl. Horváth, P. / Arnaout, A. / Seidenschwarz, W. / Stoi, R.: Neue Instrumente in der deutschen Unternehmenspraxis, Seite 304 ff.

[197] Vgl. Jäger-Goy, H.: Innovative Führungsinstrumente für die Informationsverarbeitung (IV), Seite 493

[198] Vgl. Tewald, C.: Die Balanced Scorecard für die IV, Seite 623

5.3 IT-Strategieumsetzung mittels der Balanced Scorecard

zu sprechen ist. Sind Ziele hingegen nicht eindeutig formuliert, so führt dies in der Regel zu Fehlinterpretationen. Gerade in der IT ist dieses Phänomen häufig zu beobachten. Ein Geschäftsfeld gibt ein gewisses Schlagwort der IT vor, welches in groben Zügen die Strategie des Geschäftsfeldes umreißt. Die IT denkt sich hierzu die passenden IT-Produkte aus, ohne genauer die Geschäftsfeldstrategie zu hinterfragen. Dass diese Arbeitsweise vielfach zu misslungenen Arbeitsergebnissen führt, bedarf an dieser Stelle keiner weiteren Erläuterung.

Perspektiven der Balanced Scorecard

Um den oben angesprochenen Aufgaben als innovatives Führungsinstrument innerhalb des Managementprozesses gerecht zu werden, besteht die Grundidee der Balanced Scorecard darin, dass die finanziellen Zielsetzungen eines Unternehmens mit den Leistungsperspektiven bezüglich der Kunden, der internen Prozesse sowie des Lernens strategie- und leitbildfokussiert verbunden werden[199].

Finanzperspektive

Dabei zeigt die **finanzielle Perspektive** an, ob die Implementierung der Unternehmensstrategie zur Ergebnisverbesserung beiträgt (zum Beispiel: Eigenkapitalrendite). Somit ist die finanzielle Perspektive und die in ihr definierten Kennzahlen ebenfalls das Endziel für die anderen festgelegten Betrachtungsperspektiven. Letztendlich wird der Erfolg eines Unternehmens in geldwerten Einheiten gemessen, so dass die Kennzahlen der Kunden-, der internen Prozess- sowie der Lern- und Entwicklungsperspektive stets über sogenannte **Ursache-Wirkungs-Beziehungen** mit den finanziellen Zielen verbunden sind. Gleichzeitig gibt die finanzielle Perspektive jedoch auch die finanzielle Leistung als Steuerungsgröße vor, die durch die operative Umsetzung der Strategie erwartet wird[200]. Diese Vorgaben gilt es unter anderem durch die Mithilfe der anderen Perspektiven zu erreichen, da sie für die geldwerten Wertsteigerungen verantwortlich sind. Auch der IT-Bereich als Dienstleister trägt als Cost-Center dieser geldwerten Wertsteigerung Rechnung. Hier gilt es Kennziffern festzulegen, die Einsparungspotenziale durch die IT und mit der IT offen legen, das heißt es sind Kennzahlen zu definieren, die über die Höhe der IT-Kosten und über die Wirtschaftlichkeit der IT an

---

[199] Siehe Horváth, P. / Kaufmann, L.: Balanced Scorecard – ein Werkzeug zur Umsetzung von Strategien, Seite 41

[200] Vgl. Weber, J. / Schäffer, U.: Balanced Scorecard & Controlling – 3. Auflage, Seiten 3-4

sich Auskunft geben (zum Beispiel: Gesamtkosten IT vom Unternehmensgesamtumsatz, Planzielkosten für die Software-Entwicklung des Geschäftsjahres xxxx).

Kundenperspektive

Die **Kundenperspektive** nennt die strategischen Ziele des Unternehmens in Bezug auf die Kunden- respektive Marktsegmente[201]. Für die IT als internen Dienstleister stehen in der Regel auch nur interne Kunden als Marktpartner zur Verfügung. Dennoch steht auch der Dienstleister IT im Wettbewerb mit marktorientierten IT-Unternehmen, denn die Geschäftsfelder haben durchaus die Möglichkeit, externe Gewerknehmer mit Software-Projekten zu beauftragen oder zumindest diese in Teilen hinzuzuziehen. Dies ist jedoch häufig nicht im Sinne des Gesamtunternehmens. Zusätzlicher Einkauf von externem Know-how verursacht doppelte Kostenblöcke. Interne IT-Personalkosten können nicht auf die Schnelle abgebaut werden, so dass die Beauftragung externer Gewerknehmer generell zu reglementieren ist (bei ausreichendem internen Know-how). Die Kundenperspektive hat diese Aspekte zu berücksichtigen, denn unter anderem sind von dieser Kenngrößen über die Service- und Produkteigenschaften bezüglich der Qualität, der Kosten und des Zeitbedarfs der IT bereitzustellen[202]. Sie dient hier als Messgröße für die IT. Durch die externe Marktsicht wird eine Monokultur der internen IT-Dienstleistungen vermieden, so dass auch die IT zu einem konkurrenzorientierten Output-Unternehmensbereich entwickelt werden kann.

Interne Prozessperspektive

Um die Ziele der finanziellen Perspektive und der Kundenperspektive erreichen zu können, sind im Rahmen der **internen Prozessperspektive** die hierfür erforderlichen Prozesse abzubilden. In der Regel handelt es sich hierbei um die kritischen Unternehmensprozesse, die die entsprechenden Zielgrößen der beiden anderen Perspektiven entscheidend gefährden können[203]. Wird eine eigenerstellte Software durch eine Standardsoftware abgelöst, so lässt sich dieses in der Regel nicht durch ein symbo-

---

[201] Vgl. Weber, J. / Schäffer, U.: Balanced Scorecard & Controlling – 3. Auflage, Seite 4

[202] Vgl. Jäger-Goy, H.: Innovative Führungsinstrumente für die Informationsverarbeitung (IV), Seite 494

[203] In Anlehnung an Weber, J. / Schäffer, U.: Balanced Scorecard & Controlling – 3. Auflage, Seite 4 und Jäger-Goy, H.: Innovative Führungsinstrumente für die Informationsverarbeitung (IV), Seite 494

lisches „Umlegen eines Schalters" vollziehen. Vielfältige Schnittstellenfragen, organisatorische Ablaufvorgänge, Datenmigrationen und Benutzerschulungen sind erforderlich, um den Ablösungsprozess erfolgreich gestalten zu können. Solche kritischen Prozesse sind einer besonderen Aufmerksamkeit durch das Management zu unterziehen und sind daher Bestandteil der Balanced Scorecard, um diese zum einen transparent zu machen und zum anderen diese auch nach strategischen Gesichtspunkten auszurichten (zu steuern). Ist die Standardsoftware zwar erfolgreich in Einsatz genommen worden, jedoch die Datenmigration fehlgeschlagen, so kann dies zu empfindlichen Umsatzeinbußen für die Geschäftsfelder infolge nicht ausführbarer Kundentransaktionen führen. Qualitative Prozessleistungsindikatoren sind daher stets Bestandteil der internen Prozessperspektive, wie zum Beispiel die Zeitspanne von Problemmeldungen bis zum Serviceeinsatz oder aber auch die Wiederherstellungszeit bei einem Systemausfall.

Lern- und Entwicklungsperspektive

Gerade im IT-Bereich stellt der Mensch den Hauptfaktor zur Beeinflussung des Unternehmensziels der Wertsteigerung dar. Ohne dessen Kompetenz und Wissen lässt sich keine Software entwickeln, warten oder weiterentwickeln. Um diesem Aspekt gerecht zu werden, sind die Kennzahlen der **Lern- und Entwicklungsperspektive** heranzuziehen, die die Infrastruktur zum Erreichen der drei bereits genannten Perspektiven beschreiben[204]. Hierzu gehören unter anderem die Qualifizierung, die Motivation und Zielausrichtung der Mitarbeiter (zum Beispiel: Fluktuations- und Abwesenheitsrate, Weiterbildungstage, Anzahl Verbesserungsvorschläge, etc.) aber auch die Leistungsfähigkeiten der Informationssysteme und die strategischen Potenziale des Unternehmens[205].

Projektperspektive

Die genannten vier Perspektiven der Balanced Scorecard repräsentieren die traditionellen Sichtweisen nach Norton und Kaplan. Diese können um weitere Perspektiven mit eigenständigen Kennziffern ergänzt werden. Jedoch ist es nicht ratsam, wenn sich diese Ergänzungen häufen, da diese in der Regel durch die vier Grundprinzipien abgedeckt werden können. Lediglich wenn

---

[204] Vgl. Weber, J. / Schäffer, U.: Balanced Scorecard & Controlling – 3. Auflage, Seite 4

[205] Vgl. Jäger-Goy, H.: Innovative Führungsinstrumente für die Informationsverarbeitung (IV), Seite 494

einer Betrachtungsausprägung eine besondere Bedeutung zuzumessen ist, ist eine zusätzliche Perspektive in Erwägung zu ziehen. Für den IT-Bereich mit dem Fokus des Software-Produktes bietet sich zu den vier Grundperspektiven noch die **Projektperspektive** an, da Projekte diverse Besonderheiten aufweisen[206]. Zudem wird in diesem Bereich nahezu jede Tätigkeit in Projektform abgewickelt, so dass eine eigenständige Perspektive gerechtfertigt scheint. Bestandteil einer solchen Perspektive sind sowohl strategische als auch zeitkritische IT-Projekte, wie zum Beispiel die unternehmensweite Einführung einer Enterprise-Resource-Planning Software. Die Kennziffern dieser Ausprägung orientieren sich an dem magischen Projektdreieck und berücksichtigen die Faktoren Zeit, Budget und Qualität. Demzufolge lassen sich Fragestellungen nach der Anzahl von Terminüberschreitungen, der Höhe und Häufigkeit von Budgetüberschreitungen, der Anzahl von Milestones, dem gewählten Software-Entwicklungsmodell, der Projektorganisation, etc. in dieser Perspektive ableiten und nachhalten.

Warum ist nun die Balanced Scorecard prädestiniert für eine transparente Darstellung der Strategie einhergebend mit einer entsprechenden Begleitung der operativen Strategieumsetzung?

Eine **Strategie** ist ein Bündel von Hypothesen über Ursachen und Wirkungen verschiedener Denk- oder Szenarioausprägungen[207]. Diese sind in einen Bezug zu bringen, so dass eine ganzheitliche und sich nicht gegenseitig blockierende Unternehmensausrichtung erfolgen kann. Da jede der Perspektiven der Balanced Scorecard mit den anderen in einer Ursache-Wirkungsbeziehung (Ursache-Wirkungs-Ketten) steht, trägt dieses Führungsinstrumentarium dazu bei, dass ein ganzheitlicher Strategieumsetzungsprozess erfolgen kann.

Beispiel

Das Fachwissen der IT-Mitarbeiter (Lern- und Entwicklungsperspektive) führt zu einer qualitativ hochwertigen codebasierenden

---

[206] Siehe hierzu ausführlich Kapitel 3

[207] Siehe Kaplan, R. S. / Norton, D. P.: Balanced Scorecard – Strategien erfolgreich umsetzen, Seite 28

5.3 IT-Strategieumsetzung mittels der Balanced Scorecard

Umsetzung der Wünsche des Geschäftsfeldes (Interne Prozessperspektive). Gleichzeitig wird durch die richtigen Steuerungsmechanismen innerhalb des Softwareprojektes eine zeit- und budgetkonforme Fertigstellung des Software-Produktes gewährleistet (Projektperspektive). Diese Tatsachen führen zur Zufriedenheit des Auftraggebers und zu geringen Ausfallzeiten während des laufenden Betriebes (Kundenperspektive). Der rechtzeitige Einsatz des Software-Produktes trägt anschliessend im operativen Geschäft zur Umsatzgenerierung bei (Finanzielle Perspektive). Geringe Fehleranfälligkeiten führen zu geringen laufenden Kosten, so dass der Cash-Flow des Geschäftsfeldes nicht nachteilig durch die IT beeinflusst wird (Finanzielle Perspektive).

Dimensionen Ursache-Wirkungsketten

Die Ursache-Wirkungsketten nehmen für die Umsetzung einer Strategie aber auch für die strategische Kontrolle durch die Balanced Scorecard eine bedeutende Rolle ein. In dem Beispiel werden jedoch nur die **sachlich-inhaltlichen** Dimensionen dieser Ursache-Wirkungszusammenhänge aufgezeigt, welche die einzelnen Perspektiven untereinander verbinden. Daneben unterscheidet man noch nach den **institutionalen** Dimensionen solcher Ursache-Wirkungsketten. Jede Balanced Scorecard kann bereichsspezifisch weiter heruntergebrochen werden, um bereichsspezifische Ziele im Sinne der Gesamtstrategie transparent zu machen. Diese bereichsspezifischen Balanced Scorecards sind wieder zu einer übergeordneten Balanced Scorecard zu verbinden, welches mit den institutionalen Ursache-Wirkungs-Ketten vonstatten geht. Für die operative Umsetzung der Zielvorgaben ist der Mitarbeiter verantwortlich. Um die Verknüpfung der Unternehmensziele mit den individuellen Interessen der Handlungsträger zu erreichen, bedient man sich der **personalen** Dimension der Ursache-Wirkungsketten. Ziele, resultierend aus der Balanced Scorecard, werden direkt personifiziert und mit einem finanziellen Anreizsystem versehen. So wird jeder Mitarbeiter bestärkt, seine ihm zugeordneten Ziele im gewünschten Umfang zu erreichen[208].

---

[208] Ursache-Wirkungsbeziehungen für die Balanced Scorecard siehe detailliert in Wall, F.: Ursache-Wirkungsbeziehungen als ein zentraler Bestandteil der Balanced Scorecard, Seiten 65-74

Aufgaben der IT Balanced Scorecard

Für den IT-Bereich als interner Dienstleister ist die Balanced Scorecard als Ableitung aus der gesamten Unternehmens-Balanced-Scorecard anzusehen. Dabei sind selbstverständlich auch die Balanced Scorecards der jeweiligen Geschäftsfelder über die entsprechenden institutionalen Ursache-Wirkungszusammenhänge zu berücksichtigen.

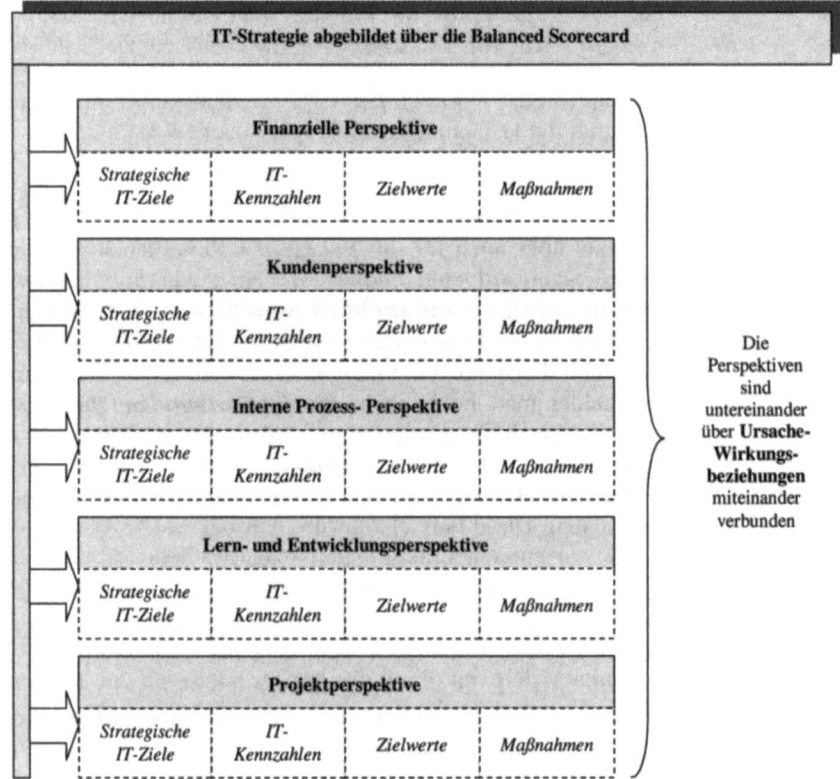

Abb. 5.10: Die Balanced Scorecard für den IT-Bereich

Die IT-seitige Balanced Scorecard dient dabei hauptsächlich den nachfolgenden vier Zwecken[209]:

- Lenkung des IT-Bereiches anhand der strategischen IT-Ziele;

---

[209] Erweiterung von Fisch, J. D. / Schäfer, C.: Ganzheitliche Unternehmenssteuerung mit der Balanced Scorecard, Seite 309

5.3 IT-Strategieumsetzung mittels der Balanced Scorecard

- Formulierung der abgeleiteten Zielvorgaben für den IT-Bereich mit anschließender Kommunikation innerhalb des IT-Bereiches;

- Umsetzung der strategischen IT-Ziele in operative Handlungsblöcke mit entsprechendem Budget;

- Leistungsmeldung an die Unternehmensleitung zur Abstimmung der Zielerreichung im Hinblick auf die gesamthafte Balanced Scorecard und Einleitung von Lernprozessen.

In Abbildung 5.10 wird beispielhaft eine Balanced Scorecard für den IT-Bereich dargestellt, wobei neben den traditionellen Perspektiven eine weitere aufgenommen worden ist. Es handelt sich hierbei um die angesprochene Projektperspektive. Anschliessend werden einige strategische Ziele des IT-Bereiches dargestellt, die mit Kennzahlen aus messbaren Steuerungsgesichtspunkten versehen werden. Unternehmensindividuell sind für die entsprechenden Kennzahlen Planvorgaben, abgeleitet aus den gesamthaften Unternehmenszielen zu setzen, gegen die im Verlauf des Geschäftsjahres gesteuert wird. Des Weiteren sind Maßnahmen zur Zielerreichung zu definieren, die die globalen strategischen Ziele für die operative Umsetzung aufbereiten.

Nachfolgende Kennzahlen zu den einzelnen Perspektiven wurden aus verschiedenen Literaturquellen entnommen und durch eigene Definitionen sowie Beispiele ergänzt[210].

BSC-Beispiele Finanzielle Perspektive

Strategische IT-Ziele	IT-Kennzahlen	Vorgaben / Zielwerte	Maßnahmen
IT-Kosten im Gesamtunternehmensfokus senken	IT-Gesamtkosten / Unternehmensumsatz IT-Gesamtkosten / Anzahl Geschäftsfelder IT-Gesamtkosten / Anzahl Nutzer der IT	Individuelle Festlegung	• Nutzungsgrad der Software-Produkte erhöhen • Produktanalyse mit den Geschäftsfeldern, um „überflüssige" Software-Produkte zu ermitteln

---

[210] Baumöl, U. / Reichmann, T.: Kennzahlengestütztes IV-Controlling, Seiten 205-208; Horváth, P. / Reichmann, T.: Schlagwort: DV-Kennzahlen/-systeme, Sp. 179; Hossenfelder, W. / Schreyer, F.: DV-Controlling bei Finanzdienstleistern, Seiten 281-283; Jaeger, F. K.: Prozessorientiertes Controlling in der Informationsverarbeitung, S. 368; Jäger-Goy, H.: Innovative Führungsinstrumente für die Informationsverarbeitung (IV), S. 494; Kargl, H.: Kennzahlen zur Datenverarbeitung, Sp. 241-244; Tewald, C.: Die Balanced Scorecard für die IV, S. 630-634

5 IT-Controlling in der Strategiephase

Fortsetzung BSC-Beispiele Finanzielle Perspektive

Strategische IT-Ziele	IT-Kennzahlen	Vorgaben / Zielwerte	Maßnahmen
IT-Sachkosten senken	IT-Sachkosten je Mitarbeiter = IT-Sachkosten / Personenanzahl Hardwarekosten je Mitarbeiter = Hardwarekosten / Personenanzahl Raumkosten je Mitarbeiter = Raumkosten / Personenanzahl Reisekosten je Mitarbeiter = Reisekosten IT-Bereich / Personenanzahl	Individuelle Festlegung	Im Rahmen der Sachkostenplanung ist das entsprechende Budget für den IT-Bereich festzulegen • Anmietung statt Schaffung von Büroraum • Telekonferenzen • Anmietung oder Leasing von Hardware • Finanzierungskonzepte
IT-Bereichskosten senken	Ist-Plan-Verhältnis = (Ist-IT-Gesamtkosten / Plan-IT-Gesamtkosten) * 100 Wartungskosten / Betriebskosten Testkosten IT-Entwicklung je produktivem Personentag = Testkosten / Produktive Personentage IT-Entwicklungskosten je produktivem Personentag = IT-Entwicklungskosten / Produktive Personentage Personalkosten IT-Entwicklung je produktivem Personentag = Personalkosten IT-Entwicklung / Produktive Personentage	Individuelle Festlegung	• Einführung neuer Entwicklungskonzepte und Entwicklungsmethodiken • IT-Planung ist durch individuelle Zielvereinbarungen zu personifizieren • Outsourcing-Überlegungen zur Senkung der Personalkosten

BSC-Beispiele Kundenperspektive

Strategische IT-Ziele	IT-Kennzahlen	Vorgaben / Zielwerte	Maßnahmen
Kundenzufriedenheit steigern	Verfügbarkeit der IT-Systeme = (Effektive Verfügbarkeit / Technisch mögliche Verfügbarkeit) * 100	95 %	Software-Programme sind auf Stabilität hin zu überarbeiten
	Anzahl der Betriebsunterbrechungen pro Periode	Max. 1 Stunde pro Arbeitswoche	Testroutinen für Software-Programme sind zu überarbeiten
	Mittlere Dauer einer Betriebsunterbrechung = Betriebsunterbrechungsgesamtzeit / Anzahl der Betriebsunterbrechungen	25 Minuten	Modularität der Software-Programme fokussieren, um gesamthafte Betriebsunterbrechungen zu reduzieren
	Zufriedenheitsgrad der Nutzer mit den Anwendungen	80 %	Schulungen in den Software-Programmen sind zu intensivieren
Servicebereitschaft steigern	Nutzungsgrad des Helpdesks	70 %	Erreichbarkeit des Helpdesks ist zu verbessern
	Nutzungsgrad der FAQ-Foren des Intranets	60 %	Überarbeitung des Intranet-Auftritts
	Anzahl der Online-Helpmedien pro Software-Produkt	Mindestens 1 Medium	Fokussierung der Qualitätsmanagement-Abteilung
	Anzahl der Beschwerden pro Tag	≤ 2	Kompetenz der Helpdesk-Mitarbeiter ausbauen

5.3 IT-Strategieumsetzung mittels der Balanced Scorecard

Fortsetzung BSC-Beispiele Kundenperspektive

Strategische IT-Ziele	IT-Kennzahlen	Vorgaben / Zielwerte	Maßnahmen
Effektivität aus Kundensicht verbessern	Nutzungsgrad pro Software-Produkt = (Verwendungshäufigkeit eines Software-Produktes / Originäre angenommene Verwendungshäufigkeit) * 100	95 %	Benutzerinterfaces bedienerfreundlicher gestalten
	Anzahl produktbezogener Schnittstellen	≥ 2	Modularität der Programme gewährleisten, Etablierung von Architekturüberprüfungen zur Vermeidung von Synergieprogrammen

BSC-Beispiele Interne Prozessperspektive

Strategische IT-Ziele	IT-Kennzahlen	Vorgaben / Zielwerte	Maßnahmen
Prozess-Effizienz verbessern	Half-Live Kennzahl (zum Beispiel die Zeit zur Verbesserung der Prozessleistung der Hotline um 50 %)	$\leq 2,5$ Monate	Projektteams zur Prozessverbesserung aus Managementsicht auch nach außen hin unterstützen; Projektteam mit Vorstandsbeteiligung
	Systembetreuungsgrad = (Systembetreuungszeit / Neuentwicklungszeit) * 100	≤ 80 %	Zielgerichtete Wartung beziehungsweise Weiterentwicklung des Software-Produktes mit dem Ziel eines geringen Betreuungsaufwandes; ansonsten Neuentwicklung
Infrastruktur-Qualität erhöhen	Infrastruktur-Verfügbarkeit = (Effektive Verfügbarkeit / Technisch mögliche Verfügbarkeit) * 100	≥ 80 %	Infrastrukturprojekte im Rahmen der Budgetierung mit einem größeren Budget zu Lasten der Geschäftsfelder ausstatten
	Ausfallquote der IT = (Reparaturbedingte Down-Time / Geplante Verfügbarkeit) * 100	≤ 20 %	Backup-Systeme vorsehen; flexible Arbeitszeiten, so dass Wartungsarbeiten nicht während den Geschäftszeiten durchgeführt werden müssen
	Systemverfügbarkeit = ((Sollstunden – Ausfallstunden) / Sollstunden) * 100	≥ 80 %	
	Transaktionsrate = Zahl der Transaktionen / Laufzeit	Eine Transaktion sollte im Maximum 5 Minuten in Anspruch nehmen	Software-Programme auf Zeit programmieren – maschinennahe Programmierung im Sinne der Weiterentwicklung des Software-Produktes
Applikationsqualität steigern	Applikationsspezifischer Leistungsgrad = (Applikationsnutzen / Applikationskosten) * 100	≥ 100 %	Business-Case Verifikation; Anpassung des Kosten-Nutzen-Verhältnisses
	Applikationsverfügbarkeit	≥ 90 %	Wartung und Weiterentwicklung der Applikation, um einen größeren Verfügbarkeitsradius zu ermöglichen beziehungsweise Applikation zentral allen Mitarbeitern zur Verfügung stellen
	Betreuungsquote = (Systembetreuungskosten je Applikation / Ursprüngliche Entwicklungskosten) * 100	≤ 100 %	Neuentwicklung der Applikation

5 IT-Controlling in der Strategiephase

Fortsetzung BSC-Beispiele Interne Prozessperspektive

Strategische IT-Ziele	IT-Kennzahlen	Vorgaben / Zielwerte	Maßnahmen
Prozess-Kosten senken	Wartungskostenanteil = (Wartungskosten / IT-Gesamtkosten) * 100	≤ 50 %	Ablösung nicht mehr benötigter Software entweder durch wartungsfreundlichere Neuentwicklung oder durch Nicht-Kompensation
	Applikationskosten-Anteil = (Applikationskosten / IT-Gesamtkosten) * 100	≤ 70 %	Verifikation der Auslastungsquoten von Produktionskomponenten, um Überlastungen respektive Ausfälle zu vermeiden
	Durchschnittskosten je IT-Produkt = IT-Gesamtkosten / Anzahl der IT-Produkte	≤ 2 Mio. Euro	Kostentreiber pro IT-Produkt ermitteln und sukzessive kostengünstiger gestalten
Problemlösungszyklus verringern	Zeitspanne von der Problemmeldung bis zum Serviceeinsatz	Max. 30 Minuten	Problemlösungsteams pro Geschäftsfeld mit Spezialistenfunktion
	Wiederherstellungszeit bei einem Systemausfall	≤ 1 h	Dezentrale Software-Techniker, die an der Quelle des Systemausfalls direkt tätig werden können; Backupsysteme

BSC-Beispiele Lern- und Entwicklungsperspektive

Strategische IT-Ziele	IT-Kennzahlen	Vorgaben / Zielwerte	Maßnahmen
Personaltreue steigern	Fluktuationsrate	≤ 10 %	Mitarbeiterförderungsprogramme auflegen (zum Beispiel Job-Ticket und dergleichen mehr); Arbeitsplatzbedingungen prüfen
Mitarbeiterzufriedenheit erhöhen	Fehlzeitquote = (Fehlzeiten / Soll-Anwesenheitszeiten) * 100	≤ 3 %	Mitarbeiterförderungsprogramme auflegen (zum Beispiel Job-Ticket und dergleichen mehr)
Weiterbildung vorantreiben	Anzahl Weiterbildungstage pro Jahr	≥ 5 pro Jahr und pro Mitarbeiter	Internes Schulungsprogramm mitarbeitergerecht ausbauen beziehungsweise Einrichtung einer Schulungsabteilung auch zur Betreuung externer Schulungen
	Schulungskosten je Mitarbeiter	≤ 2.500 Euro	Schulungskostencontrolling etablieren
	Durchschnittlicher IT-Ausbildungsaufwand = IT-Ausbildungsaufwand / IT-Mitarbeiterzahl	≥ 1.500 Euro	Schulungskostencontrolling etablieren
	Anteil Weiterbildungskosten = (Weiterbildungskosten / IT-Gesamtkosten) * 100	≥ 1 %	Schulungen mit Vorstandsbeteilungen marketingtechnisch den Mitarbeitern nahe legen
Mitarbeiter-Produktivität verbessern	IT-Mitarbeiterleistung = IT-Leistung / Anzahl IT-Mitarbeiter	≥ 20.000 Euro pro Mitarbeiter und Monat	Mitarbeiterprozesse wertmäßig untersuchen; Anzahl Mitarbeiter reduzieren; Leistungserstellung durch elektronische Hilfsmittel unterstützen

BSC-Beispiele Projektperspektive

Strategische IT-Ziele	IT-Kennzahlen	Vorgaben / Zielwerte	Maßnahmen
Methoden und Verfahren	Anzahl Meilensteine	≥ 2	Aufsetzen eines speziellen Projektgenehmigungsverfahrens
	Laufzeit des Projektes	≤ 15 Monate	
	Anzahl Projektmitarbeiter	≥ 4	
	Intern / Extern Verhältnis	Max. 1 : 1	

5.3 IT-Strategieumsetzung mittels der Balanced Scorecard

Fortsetzung BSC-Beispiele Projektperspektive

Strategische IT-Ziele	IT-Kennzahlen	Vorgaben / Zielwerte	Maßnahmen
Softwareentwicklungs-Qualität	Qualitätsgrad der Softwareentwicklung = (Anzahl der Qualitätsanforderungen erfüllter Entwicklungen / Anzahl der Anforderungen der Gesamtentwicklung) * 100	≥ 80 %	QM-Abteilung ist stärker in den Softwareentwicklungsprozess einzubinden; Votum der QM-Abteilung bei Meilensteinen berücksichtigen; Etablierung eines administrativen Qualitätsmanagements (Schlagworte: Konfigurationsmanagement, Bugs- und Feature Tracing)
	Programmierungsintensität = (Programmierstunden / Gesamtentwicklungsstunden) * 100	≤ 65 %	Vor- und nachgelagerte Entwicklungsaktivitäten sind zu fokussieren; Ad hoc Programmierarbeiten ohne Konzept sind zu vermeiden
Faktoren des magischen Dreiecks	Termintreue = (Anzahl termingerechter Entwicklungsaufträge / Anzahl zu erfüllender Gesamtaufträge) * 100	≥ 90 %	Einrichtung von Projektlenkungsausschüssen beziehungsweise Verbundausschüssen zwischen IT und projektbeauftragenden Geschäftsfeldern; Einführung einer Strafkultur (gefährlich!)
	Budgettreue = (Anzahl budgetgerechter Entwicklungsaufträge / Anzahl zu erfüllender Gesamtaufträge) * 100	≥ 90 %	
	Unterjähriger Budgetausschöpfungsgrad = (Ist-IT-Projektbudget / Plan-IT-Projektbudget) * 100	≤ 80 %	Noch nicht gestartete Projekte sind in das nächste Geschäftsjahr zu verlegen
	Projektgefährdungsquote = (Anzahl roter Projekte nach der Ampelklassifikation / Anzahl laufender IT-Projekte) * 100	≤ 15 %	Projekte unter direkte Managementbeobachtung stellen bzw. frühzeitig stoppen und eventuell nach aktuellen Erkenntnissen neu strukturieren

Fazit IT-Balanced Scorecard

Die Balanced Scorecard repräsentiert eine strukturierte Methode, die sowohl zur Unterstützung im Strategieentwicklungsprozess als auch zur Umsetzung bereits vorliegender Unternehmens- und IT-Strategien in operative Ziele, Leistungsindikatoren und Maßnahmen eingesetzt werden kann. Der Fokus liegt dabei nicht nur auf den finanziellen Kennzahlen, sondern durch die Ursache-Wirkungs-Beziehungen werden auch Perspektiven einer genauen Betrachtung unterzogen, die auf den finanziellen Erfolg einen nicht zu vernachlässigenden Einfluss haben[211]. Des Weiteren wird durch die Erarbeitung der Kennzahlen aus der Unternehmensstrategie der Kommunikationsprozess innerhalb der IT angestoßen, was vielfach dazu führt, dass sich die Mitarbeiter mit der IT-Strategie identifizieren. Daneben wird durch die Konzentration auf wenige Kennzahlen erreicht, dass die bereichsbezogenen Aktionen auf die wichtigsten strategischen Zielsetzungen fo-

---

[211] Vgl. Jäger-Goy, H.: Innovative Führungsinstrumente für die Informationsverarbeitung (IV), Seite 496

kussiert werden[212]. Als Nachteil der Balanced Scorecard ist zu erwähnen, dass eine Messbarkeit der Strategieerreichung durch die enthaltenen Kennzahlen fehlt. Auch die unteren Führungsebenen werden nur unzureichend in die Balanced Scorecard Ausprägung eingebunden, da diese in der Regel nur auf das Top-Management ausgerichtet wird[213]. Dennoch empfiehlt es sich, diese Methode zur Umsetzung der strategischen IT-Aspekte heranzuziehen.

---

[212] Vgl. Tewald, C.: Die Balanced Scorecard für die IV, Seite 637

[213] Siehe Horstmann, W.: Der Balanced-Scorecard-Ansatz als Instrument der Umsetzung von Unternehmensstrategien, Seite 194

6 IT-Controlling in der operativen Phase

Nach Definition der Unternehmensstrategie und der daraus abgeleiteten Strategie für den IT-Bereich tritt die nächste Phase innerhalb des Software-Produktlebenszyklusses in Kraft. Strategien sind lediglich Handlungsprämissen, die ohne weitere Aktivitäten nicht umsetzbar sind. Durch die Verwendung der Balanced Scorecard Methode sind diese zwar teilweise zu konkreten Handlungsempfehlungen ausgebaut worden, doch stehen vielfach noch konkrete Maßnahmen zu deren Umsetzung aus. So ist es nicht ratsam, ein Strategiegedanke ohne jegliche Wirtschaftlichkeitsbetrachtungen beziehungsweise Detailanalysen bezüglich dessen Praxistauglichkeit in die Realität umzusetzen. Des Weiteren sind auch entsprechende geldwerte Mittel für den Umsetzungsprozess bereitzustellen, die in jedem Unternehmen als knappes Gut angesehen werden. Es gilt diese geldwerten Mittel unter dem Primat der unternehmensbezogenen Wertsteigerung zielgerichtet zu verteilen. Hierzu ist die Aufstellung eines Budgetplans erforderlich, der die erwarteten Ausgaben und/oder Einnahmen auf der Grundlage der genauesten verfügbaren Informationen bestimmter Kosten- und Einnahmearten für eine definierte Zeit enthält[214]. All diese Aktivitäten sind Bestandteil des ***langfristig operativen Projektcontrollings***. Der Schwerpunkt liegt hier auf dem Gebiet der Planung und der Methodenfestlegung, wohingegen die begleitende Projektsteuerung aber auch Projektkontrolle Teil des ***kurzfristig operativen Controllings*** ist. Die Hauptaufgabe der langfristig operativen Planung ist, alle konkreten Maßnahmen und Entscheidungsparameter zur Realisierung der in der strategischen Planung festgelegten Planstrategien festzulegen[215]. Gemäß dieses Schwerpunktes nimmt das langfristig operative Projektcontrolling eine Vermittlerrolle zwischen Strategiefindung und deren operativen Umsetzung wahr. Es kommt diesem dabei eine zentrale Rolle zu, da es zum einen die aufgestellte Strategie unter ökonomischen Gesichtspunkten

---

[214] Vgl. Secrett, M.: Budgets planen wie ein Profi in 7 Tagen, Seite 8
[215] Vgl. Hans, L. / Warschburger, V. : Controlling, Seite 104

durchleuchtet und zum anderen die nötigen Mittel für deren Umsetzung nach eingehender Planung und Prüfung bereitstellt beziehungsweise den Bereitstellungsprozess begleitet (siehe Abbildung 6.1). Gleichzeitig ist es für einen IT-Bereich erforderlich, neben den durchzuführenden Projekten auch den laufenden Betrieb zu planen und zu steuern. Nach dem Start des Projektes nimmt das Controlling mehr eine steuernde als eine planende Rolle ein. Dennoch sind auch kurzfristige Planungsaktivitäten erforderlich, die im Wesentlichen als Gegensteuerungsmaßnahmen zu werten sind, um die Betrachtungspunkte des magischen Dreiecks – Zeit, Budget und Qualität – nicht zu gefährden.

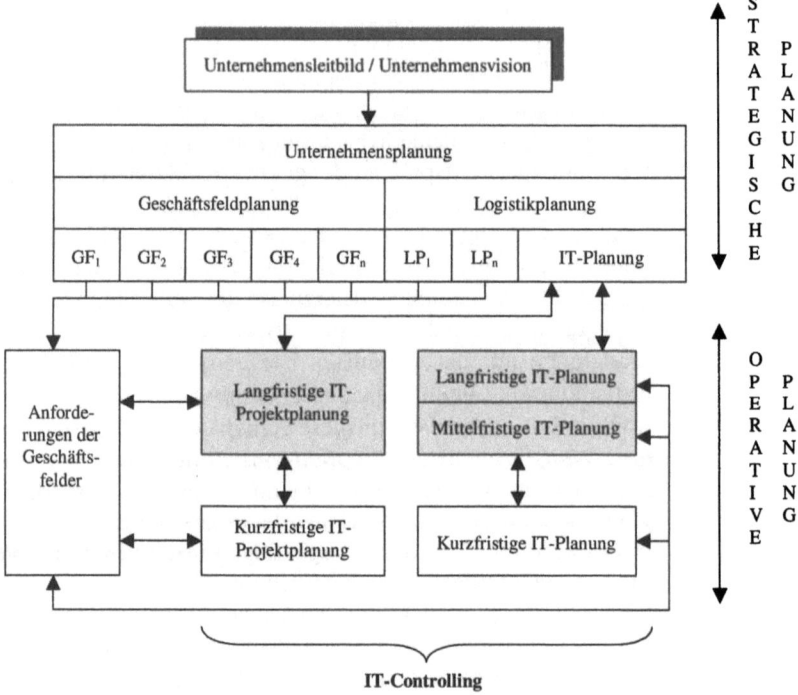

Abb. 6.1: Ausprägungen von IT-Projektplanungen[216]

---

[216] Modifiziertes Informatik-Planungssystem nach Gysler, T. P.: Informatik-Controlling im Bankbetrieb, Seite 115

6.1 Hauptaufgaben des operativen Projektcontrollings

Ein Software-Projekt zeichnet sich infolge seiner Komplexität dadurch aus, dass im Verlauf seiner operativen Abwicklung Abweichungen von dem ursprünglichen Plan erforderlich werden. Dies kann zum einen aus Anforderungsänderungen der Geschäftsfelder resultieren oder aber auch durch Ressourcenengpässe hervorgerufen werden. Als Hauptaufgabe des langfristig operativen Projektcontrollings ist die Bereitstellung von Informationen für die Bewertung von Projektvorschlägen anzusehen. Damit wird der Entscheidungsprozess des Managements über die Auswahl, den Freigabezeitpunkt und unter Umständen auch den Abbruch von Projekten unterstützt[217]. Vor dem eigentlichen Beginn eines Projektes ist es von Vorteil, eine **Vorstudie** durchzuführen, die vage Anforderungen des Auftraggebers näher untersucht, erste Wirtschaftlichkeitsberechnungen vornimmt und organisatorische Aspekte, von der Beauftragung von externen Gewerknehmern bis hin zur benötigten Kapazitäten, voranalysiert. Gerade diese Voranalysephase innerhalb des Software-Produktlebenszyklusses wird in der Praxis gerne vergessen. Die eigentliche Projektrealisierung hat schnellstmöglich zu beginnen, um rasch die geforderten Ergebnisse zu liefern. In den USA wird dieses Phänomen als das sogenannte Whisky-Syndrom bezeichnet – Why isn't Sam coding yet?[218]. Bedenkt man jedoch die Tatsache, dass im jetzigen Stadium des Software-Lebenszyklusses bisher lediglich eine vage Strategie mit groben Handlungsempfehlungen durch die Balanced Scorecard vorliegt, so ist es wichtig, dass seitens des Controllings darauf geachtet wird, für jedes Projekt eine entsprechende Voranalyse/Vorstudie zur näheren Klassifikation der Anforderungen des Auftraggebers zu fordern. Vielfach lassen sich auch erst durch Vorstudien Wirtschaftlichkeitsbetrachtungen vornehmen, anhand derer letztendlich das Management geeignete Projekte zur Umsetzung der definierten Strategien auswählen kann.

Budgetierungsprozess

Bevor jedoch Projekte durchgeführt werden können, ist es erforderlich, alle unternehmerischen Aktivitäten auf die wertmäßigen Unternehmensziele auszurichten. Dies geschieht im Rahmen des Budgetierungsprozesses. Hierbei werden in einer effektiven Erfolgsplanung konsequent für alle Unternehmensteile die von ih-

---

[217] Siehe Fiedler, R.: Controlling von Projekten, Seite 23

[218] Vgl. Schelle, H.: Projekte zum Erfolg führen – 3. Auflage, Seite 77

nen zu erbringenden Erfolgsbeiträge mit entsprechenden geldwerten Einsatzfaktoren festgelegt. Im Gesamtsystem der Planung ist die Budgetierung folglich auf die Formalziele, die in Geldgrößen ausgedrückten Zielsetzungen des Unternehmens, ausgerichtet[219]. Für den IT-Bereich als interner Dienstleister bedeutet dies, dass dessen Aufgabenpotenziale aus der Budgetplanung der einzelnen Geschäftsfelder resultieren. Je nach erwarteter Ertragslage der Geschäftsfelder stellen diese ein für ihren Bereich maßgebliches IT-Budget zur Verfügung. Dieses wird dem IT-Bereich innerhalb des Budgetierungsprozesses übertragen und ist anschließend in Zusammenarbeit mit den Geschäftsfeldern mit konkreten Projekten zu füllen. Hierzu ist es erforderlich erste Kostenschätzungen der IT für die Anforderungen der Geschäftsfelder vorzunehmen und sicherzustellen, dass für die Umsetzung der Projektwünsche der Geschäftsfelder ausreichend Kapazitäten vorhanden sind. Andernfalls oder bei nicht ausreichendem Budget sind Projektpriorisierungen vorzunehmen. Infolge der in dieser Phase vorzunehmenden Analysevorgänge während einer Vorstudie und den Planungsaktivitäten innerhalb des Projekt-Budgetierungsprozesses kann man auch anstelle von einem langfristigen operativen Projektcontrolling von einem **IT-Analyse- und Planungscontrolling** sprechen.

Controlling-Verfahren und -Methoden

Daneben gilt es aber auch zu diesem Zeitpunkt Verfahren und Methoden für eine effektive und effiziente Projektabwicklung festzuschreiben. Hierunter fällt auch die Verabschiedung eines einheitlichen Berichtswesens, durch das das Management umfassende Projektinformationen erhält. In Kapitel 6.5 wird explizit auf ein IT-projektspezifisches Genehmigungsverfahren eingegangenen, welches sich unter anderem durch eine periodisierte Projektfreigabe und Projekterfolgskontrolle auszeichnet. So lassen sich bereits vor dem eigentlichen Projektstart mit klar definierten Regeln zur Projektabwicklung aus Controllingsicht einige Projektgefährdungspotenziale ausschließen. Des Weiteren wird durch den Periodenbezug mit expliziter Genehmigung der Folgeperiode ein Projektfrühwarninstrumentarium geschaffen, welches dem Management erlaubt, bereits zu frühen Projektabwicklungszeitpunkten steuernd einzugreifen. Durch die Verabschiedung eines einheitlichen Projektberichtswesens schafft das Controlling Synergieeffekte sowohl auf Projekt- als auch auf Mana-

---

[219] Siehe Horváth und Partner: Das Controllingkonzept – 2. Auflage, Seite 125

gementseite. Zum einen können sich die Projektverantwortlichen auf die ihnen bekannten Berichte zu definierten Zeitpunkten einstellen und müssen sich nicht ständig in neue Berichtsformate einarbeiten. Zum anderen kann sich das Management infolge des stets gleich bleibenden Aufbaus der Berichte ein schnelles Bild über die Projektlandschaft machen. Somit ist der Definition von Verfahren und Methoden im Rahmen des langfristig operativen IT-Projektcontrollings eine besondere Aufmerksamkeit zu schenken.

Projektsteuerung und Projektkontrolle

Die Arbeit des Projektcontrollings ist für viele Bereiche unterstützend, jedoch sollte es auch mit der Kompetenz ausgestattet sein, kritische, das Unternehmen gefährdende Sachverhalte deutlich zu machen. Auch wenn es direkt keine Entscheidungsbefugnis besitzt, kann es doch auf dem Wege der Eskalation dem Management seine Bedenken mitteilen, welches letztendlich dann die notwendigen Entscheidungen zu treffen hat. Der Projektleiter hat das wirtschaftliche Projektergebnis, die Leistung und die Einhaltung der Projekttermine zu verantworten, der Projektcontroller hat für die notwendige Transparenz zu sorgen[220]. Im Vorfeld votiert er zunächst die Projektinitiierung und verdeutlicht dem Management die Wirtschaftlichkeit des Projektes. **Die eigentliche Projektsteuerung und Projektkontrolle folgt dann in der Phase des kurzfristig operativen Projektcontrollings**. Hier gilt es, die Projekt-Istdaten zu ermitteln, diese den entsprechenden Plandaten gegenüberzustellen, anschließend die aufgetretenen Abweichungen mit dem Ziel der Ursachenfindung zu untersuchen, um letztendlich durch Planung und Einleitung von Gegenmaßnahmen steuernd auf die Projektabwicklung einzuwirken. Orientiert wird sich dabei an den Eckpunkten des magischen Dreiecks, die in Form eines standardisierten Berichtswesens die Projektkontrolle ermöglichen. Dabei ist darauf zu achten, dass alle drei Eckpunkte – Leistungen, Termine und das wirtschaftliche Ergebnis – gesamthaft betrachtet werden. Liegt zum Beispiel eine Kostenüberschreitung vor, so kann dies unter Umständen ein Resultat von unwirtschaftlichem Handeln sein. Gleichzeitig kann diese Kostenüberschreitung auch durch eine Terminüberschreitung hervorgerufen worden sein. Abbildung 6.2 zeigt die angesprochenen Schritte der Projektkontrolle, die in Form eines Berichtswesens analysiert, dokumentiert und zur Ent-

---

[220] Siehe Fiedler, R.: Controlling von Projekten, Seiten 102-104

scheidung gestellt werden[221]. Besonderheit dieser Kontrollform ist, dass die entsprechenden Betrachtungsobjekte durch das zugrunde liegende *periodenorientierte Genehmigungsverfahren* zu definierten Zeitpunkten einer entsprechenden Analyse unterzogen werden.

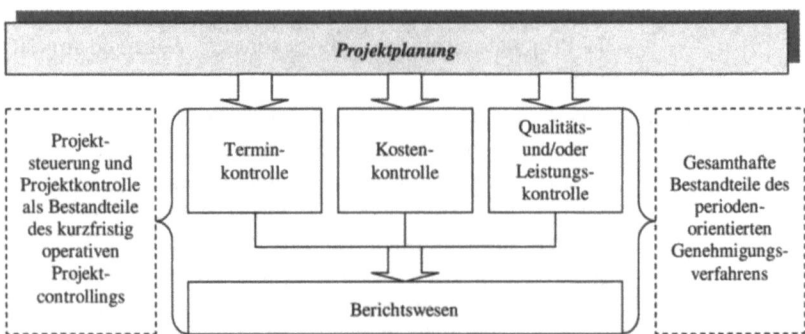

Abb. 6.2: Die Schritte der Projektkontrolle unter dem Fokus eines periodenorientierten Genehmigungsverfahrens

Projekt-Berichtswesen

Aufgabe des **Berichtswesens** ist es, Informationen über den Vergleich der Ist-Situation mit der Plan-Situation zusammenzustellen und die gewonnenen Erkenntnisse in geeigneter und schnell interpretierbarer Form an den Budgetverantwortlichen / an das Management weiterzugeben. Die Berichte verdeutlichen, in welchem Umfang in den einzelnen Betrachtungsobjekten[222] die angestrebten Ziele erreicht wurden und wo zusätzliche Maßnahmen zu ergreifen sind; daraus folgen Reaktionen und Aktionen. Die Verantwortung des Controllings im Rahmen des Berichtswesens erstreckt sich auf die Gestaltung, die Koordination der Berichtserstellung und die Kommunikation der Erkenntnisse aus den Berichten. In diesem Zusammenhang hat der Controller dafür Sorge zu tragen, dass

- richtige Informationen,
- in der richtigen Verdichtung für den jeweiligen Empfängerkreis,

---

[221] Siehe auch Fiedler, R.: Controlling von Projekten, Seiten 13-15

[222] Neben Unternehmensbereichen können dies auch bestimmte Produkte aber auch Projekte und dergleichen mehr sein.

6.1 Hauptaufgaben des operativen Projektcontrollings

- zum richtigen Zeitpunkt,
- am richtigen Ort und
- in der richtigen Form

vorliegen[223].

Die nachfolgenden Kapitel stellen ausgewählte Aufgabenschwerpunkte des langfristig und kurzfristig operativen Projektcontrollings dar. Dabei wird zunächst auf die Wirtschaftlichkeitsbeurteilung von IT-Projekten eingegangen, die Function-Point-Methode erläutert, anschließend die Projektplanung und Budgetierung sowie ein periodisiertes IT-Projektgenehmigungsverfahren zur Steuerung von IT-Projekten vorgestellt. Alle genannten Themenbereiche des operativen Projektcontrollings tragen dazu bei, die definierten Strategien für die operative Umsetzung aufzubereiten. Dabei wird vorausgesetzt, dass das jeweilige Geschäftsfeld bereits die Produkteigenschaften klassifizieren kann, so dass die IT hierauf aufbauend die Wirtschaftlichkeitsbetrachtungen auf Aufwandsseite unterstützen kann. Durch den Budgetierungsprozess werden geldwerte Mittel für die anstehende Umsetzung der Strategie bereitgestellt. Das Genehmigungsverfahren sorgt dafür, dass ein Projekt strukturiert aufgesetzt und auch entsprechend durch bestimmte Ausschüsse mit Managementbeteiligung genehmigt wird. Im Rahmen einer durchzuführenden Vorstudie werden die vagen Handlungsempfehlungen resultierend aus den strategischen Überlegungen soweit detailliert, dass anhand der Vorstudienergebnisse direkte operative Tätigkeiten initiiert werden können (siehe auch Kapitel 6.5). Die Projektsteuerung und Projektkontrolle aus Controllinggesichtspunkten wird Bestandteil des Kapitels 6.6 sein. Dabei wird exemplarisch dieser Prozess durch das Berichtswesen des periodenorientierten Genehmigungsverfahrens dargestellt. Abschließend wird in diesem Kapitel die Integration der Qualitätssicherung in den Betrachtungsfokus des IT-Controllings vorgenommen. Dies ist umso wichtiger, da gerade Software-Projekte den Aspekt der Qualität häufig vernachlässigen. Die späteren Nutzer des Projektergebnisses werden so mit nicht ausgereiften Software-Produkten beliefert. Durch umfangreiche Wartungs- und Fehlerbehebungsprojekte werden Nachbearbeitungen vorgenommen, die den Wertschöpfungsprozess des Software-Produktes maßgebend negativ beeinflussen. Solche

---

[223] Siehe Horváth und Partner: Das Controllingkonzept – 2. Auflage, Seiten 199-200

Qualitätsmängel lassen sich durch Etablierung von Qualitätsmanagementgesichtspunkten in der operativen Phase vermeiden, so dass die Qualitätssicherung an sich in ein nachhaltiges IT-Controlling zu integrieren ist.

6.2 Projekt-Wirtschaftlichkeitsverfahren

Die Wirtschaftlichkeitsbeurteilung von unternehmensbasierenden Vorhaben ist eine zentrale Aufgabe des Controllings. Wirtschaften als ökonomisches Handeln bedeutet eine Disposition über knappe Ressourcen, wobei hierbei eine Ausrichtung am Wirtschaftlichkeitsprinzip, vielfach auch als ökonomisches Prinzip bezeichnet, erfolgt. Unterschieden wird ein Vorgehen nach dem Minimal- und dem Maximalprinzip. Das Minimalprinzip fordert ein bestimmtes definiertes Ergebnis mit dem geringstmöglichen Mitteleinsatz ein, wohingegen das Maximalprinzip von einem gegebenen Mitteleinsatz ausgeht, mit dem das größtmögliche Ergebnis zu erreichen ist[224].

Minimalprinzip
Maximalprinzip

Beide Wirtschaftlichkeitsprinzipien kommen im IT-Bereich zur Anwendung. Dabei wird für die noch vorzustellende Projektbudgetierung häufig das Maximalprinzip angewendet. Innerhalb des jährlichen Projektplanungsprozesses werden Projekte mit einem gewissen Budget unterlegt. Nach Verabschiedung ist das „genehmigte" Budget zu Steuerungszwecken in der operativen Projektabwicklung heranzuziehen. Die Projektbeteiligten haben mit einer definierten geldwerten Inputgröße ein maximales, den Anforderungen des Geschäftsfeldes entsprechendes Projektergebnis zu produzieren. Das Minimalprinzip wird häufig bei unterjährigen Projekten (zum Beispiel durch nicht planbare Gesetzesänderungen) angewendet. Da diese in der Regel nicht Bestandteil der jahresbezogenen Projektplanung und damit auch der entsprechenden Budgetierung gewesen sind, werden sie mit geldwerten Mitteln ausgestattet, die wiederum bereits geplanten, aber noch nicht gestarteten Projekten entzogen werden. Jedes Geschäftsfeld bekommt in der Regel in Abhängigkeit des zu erwartenden Geschäftsfeldergebnisses ein Jahresbudget für diverse Aktivitätenblöcke zugeteilt. Hier wird auch ein entsprechendes - in den meisten Fällen fixes - geschäftsfeldbezogenes IT-Projektbudget

---

[224] Siehe Horváth, P. / Reichmann, T.: Schlagwort: Wirtschaftlichkeitsbeurteilung, Sp. 669

definiert, das durch die IT-Projektplanung mit entsprechenden Projekten unterlegt wird. Demzufolge steht unterjährigen Projekten eigentlich kein Budget zur Verfügung. Zur Verwirklichung dieser werden in der Regel Budgetumschichtungen vorgenommen. Eher selten ist, dass vom Unternehmensmanagement die geschäftsfeldorientierten Budgetmittel erhöht werden, um neue, nicht in der Projektplanung enthaltenen Projekte zu budgetieren (On-Top-Budget). Durch die Budgetumschichtungen können häufig die neuen Projekte nicht mit den geldwerten Mitteln ausgestattet werden, die sie eigentlich zur Umsetzung der Anforderungen benötigen. Das Minimalprinzip impliziert jedoch, dass diese definierten Anforderungen mit dem geringstmöglichen Mitteleinsatz ergebnisorientiert umgesetzt werden. So einfach wie das Prinzip der Wirtschaftlichkeit klingt, wird es zumindest im IT-Bereich leider nicht angewendet. Eine gezielte IT-Wirtschaftlichkeitsanalyse stellt noch immer eines der vielen Probleme im IT-Controlling dar. Zwar nimmt der Bedarf an Wirtschaftlichkeitsanalysen und -beurteilungen für IT-Projekte nach den Erfahrungen der E-Business-Hochzeit und dem anschließenden tiefen Fall der dort engagierten Unternehmen zu, doch ist man häufig nicht in der Lage, den Wirtschaftlichkeitsnachweis exakt quantitativ zu führen. Hintergrund ist die Tatsache, dass eine Trennung von quantifizierbarem und nicht quantifizierbarem Nutzen von IT-Projekten immer noch nicht exakt vollzogen werden kann[225]. Die Inputseite bezüglich eines IT-Produktes lässt sich relativ genau bestimmen und abschätzen. Jedoch ist eine geldwerte Bewertung der Outputseite, also des Ergebnisbeitrages des IT-Produktes zur Unternehmensbilanz, nur sehr schwer oder nahezu überhaupt nicht möglich. Es bereitet größte Schwierigkeiten, die entsprechenden Daten zu beschaffen, da infolge der vielfältigen Verzweigungen eines IT-Produktes in mehrere Unternehmensprodukte eine eindeutige Nutzenbestimmung nicht möglich ist. Für die Wirtschaftlichkeitsbeurteilungen wird vielfach geschätztes Datenmaterial herangezogen, aufgrund dessen die Wirtschaftlichkeit des Vorhabens ermittelt wird. Diese Größe kann somit nicht als alleiniges Kriterium für den Entscheidungsprozess, ob ein Projekt aus wirtschaftlichen Gesichtspunkten durchzuführen oder nicht durchzuführen ist, herangezogen werden. Vielmehr sind auch die eher klassifizierbaren qualitativen Gesichtspunkte eines Anliegens in den Entscheidungsprozess zur

---

[225] Siehe Horváth, P. / Reichmann, T.: Schlagwort: DV-Wirtschaftlichkeitsanalyse, Sp. 183

6 IT-Controlling in der operativen Phase

Wirtschaftlichkeitsbestimmung einzubeziehen, welches unter anderem im Rahmen einer Kosten-/Nutzen-Analyse geschieht.

Klassische Investitionsrechnung

Zur Bestimmung des quantitativen Ergebnisbeitrages bedient man sich den Verfahren der klassischen Investitionsrechnung. Da durch IT-Projekte Zahlungsmittel in Sachvermögen respektive immaterielle Wirtschaftsgüter umgewandelt werden, ist die Durchführung von diesen Projekten als Investition aufzufassen[226].

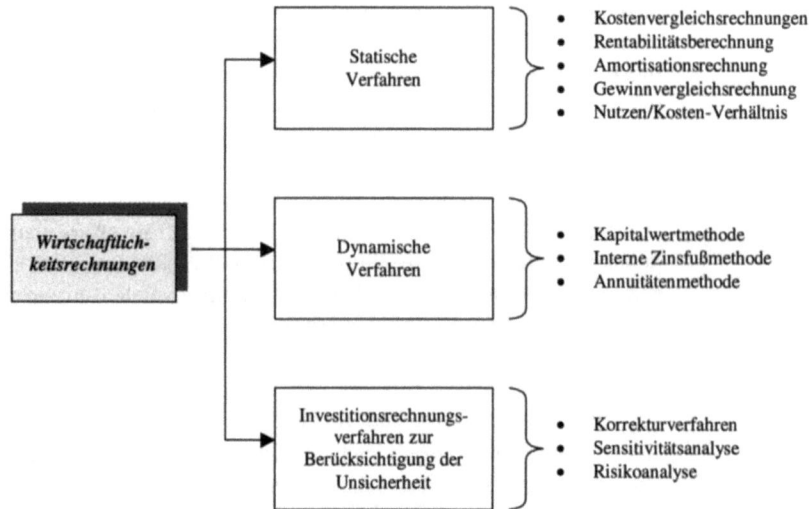

Abb. 6.3: Wirtschaftlichkeitsverfahren für die Projektauswahl[227]

Somit ist es naheliegend, zur Beurteilung der quantitativen Wirtschaftlichkeit von IT-Projekten sich den traditionellen Verfahren für Sachinvestitionen zu bedienen. In Abbildung 6.3 werden diese Methoden der investitionsorientierten Wirtschaftlichkeitsbestimmung dargestellt. Die aufgeführten Verfahren unterscheiden sich in der Betrachtung der zeitlichen Zahlungsflüsse beziehungsweise durch die Implikation der Eintrittswahrscheinlichkei-

---

[226] Vgl. Perridon, L., Steiner, M.: Finanzwirtschaft der Unternehmen – 6. Auflage, Seite 25

[227] In Anlehnung an Fiedler, R.: Controlling von Projekten, Seite 32 und Hossenfelder, W. / Schreyer, F.: DV-Controlling bei Finanzdienstleistern, Seite 134 ff.

ten der errechneten Wirtschaftlichkeiten. Bei den statischen Verfahren werden die zeitlichen Unterschiede der einzelnen Zahlungen nicht beachtet[228], wohingegen sich die dynamischen Verfahren der Investitionsrechnung durch eine Kalkulation über den gesamten Lebenszyklus des Investitionsgutes auszeichnen. Da es sich gerade im IT-Sektor bei dem verwendeten Zahlenmaterial um Planungsgrößen handelt, die stark mit Unsicherheiten behaftet sind, ist auch dieser Umstand bei den entsprechenden Investitionsentscheidungen zu berücksichtigen[229]. Demzufolge ist die Durchführung von Sensitivitäts- oder Risikoanalysen bei den jeweiligen statischen sowie dynamischen Verfahren als begleitende Maßnahme zu empfehlen. Für eine ausführliche Darstellung der jeweiligen Investitionsrechnungsverfahren wird an dieser Stelle auf die einschlägige Literatur zu dieser Thematik verwiesen. Hier wird auch explizit auf deren Vor- und Nachteile eingegangen[230]. Exemplarisch für die in Abbildung 6.3 dargestellten Investitionsrechnungsverfahren wird im Folgenden der Kapitalwert mit einhergehender Risikobetrachtung dargestellt.

Kapitalwertmethode

Bei der **Kapitalwertmethode** werden alle zukünftigen Einzahlungsüberschüsse auf einen Zeitpunkt hin mit einem festzulegenden Mindestzinssatz abgezinst. Ein positiver Kapitalwert ver-

---

[228] Die statischen Verfahren gehen von starken Vereinfachungen der Umweltbedingungen aus. So wird unter anderem bei der Kostenvergleichsrechnung durch die einperiodische Betrachtungsweise die zukünftige Kostenentwicklung höchstens in einem Durchschnittswert berücksichtigt; unterschiedlich lange Nutzungsdauern und Qualitätsunterschiede finden hingegen keine Berücksichtigung.

Vgl. Hossenfelder, W. / Schreyer, F.: DV-Controlling bei Finanzdienstleistern, Seite 135

[229] Eine ausführliche Behandlung der Thematik „Investitionsentscheidungen in der Informatik" siehe in Hossenfelder, W. / Schreyer, F.: DV-Controlling bei Finanzdienstleistern, Seiten 119-169

[230] U.a. Perridon, L., Steiner, M.: Finanzwirtschaft der Unternehmen – 6. Auflage; Busse von Colbe, W. / Laßmann, G.: Investitionstheorie; Schmidt, R. H.: Grundzüge der Investitions- und Finanzierungstheorie; Schneider, D.: Investition, Finanzierung und Besteuerung – 7. Auflage; Olfert, K.: Investition – 5. Auflage

körpert somit nichts anderes als eine Vermögensmehrung im Zeitpunkt des Investitionsbeginns[231].

$$Kapitalwert = \sum_{t=1}^{n} (E_t - A_t) * \frac{1}{(1+i)^t}$$

Legende:

E_t = Einzahlung im Jahre t
A_t = Auszahlung im Jahre t
i = Kapitalisierungszinsfuß
n = Erwartete Nutzungsjahre

Risikobetrachtung Der ermittelte Kapitalwert repräsentiert den Barwert der Investition, also den Wert, den eine Zahlung während der Betrachtungsperiode zu Beginn hatte. Nur unter Berücksichtigung des Kapitalwertes ist ein Projekt dann lohnend, wenn dieser größer Null ist. Um dem Unsicherheitsfaktor der in die Berechnung eingehenden Daten gerecht zu werden, wird im Rahmen einer **Sensitivitätsanalyse** die Kapitalwertberechnung für verschiedene Planungssituationen errechnet. Hier bietet es sich unter anderem an, Schwellenwerte zu berücksichtigen, ab deren Über- oder Unterschreitung die Investition ihre Vorteilhaftigkeit verliert (kritische Werte)[232]. Diese Kapitalwerte werden mit Eintrittswahrscheinlichkeiten versehen. Durch Kumulation der Wahrscheinlichkeiten wird eine diskrete Verteilungsfunktion der einzelnen Kapitalwerte ermittelt. Wird diese negiert, so erhält man das Risikoprofil der kumulierten Kapitalwerte, welches besagt, dass eine gewünschte Zielgröße c_o einen vorgegebenen Kapitalwert mindestens erreicht. Durch die Festlegung von Eintrittswahrscheinlichkeiten unterschiedlicher Kapitalwertszenarien kann zwar die Unsicherheit des vorgesehenen Input-Datenmaterials für die Wirtschaftlichkeitsberechnungen minimiert werden, dennoch liefert die Risikoanalyse auch weiterhin nur Nährungswerte. Eine alleinige Betrachtung dieser Wirtschaftlichkeitswerte ist auch bei einer Entscheidung über die Durchführung oder Nicht-Durchführung eines Projektes nicht zu empfehlen. In Abbildung 6.4 wird die Erstellung eines Risikoprofils über eine diskrete Verteilungsfunktion von kumulierten Kapitalwerten dargestellt.

---

[231] Siehe Fiedler, R.: Controlling von Projekten, Seite 38
[232] Siehe Hans, L. / Warschburger, V. : Controlling, Seite 43

6.2 Projekt-Wirtschaftlichkeitsverfahren

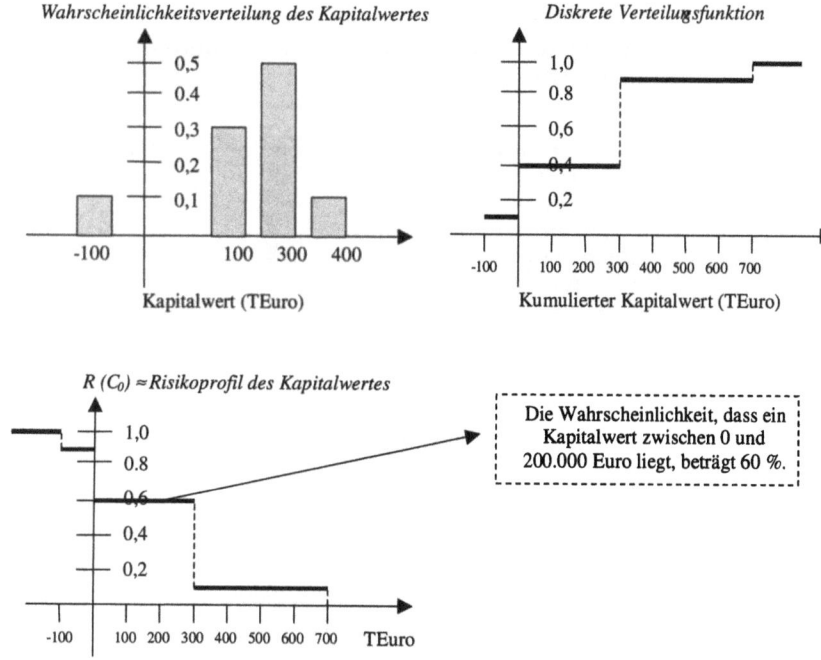

Abb. 6.4: Risikoprofil von Kapitalwerten[233]

Bei einem IT-Projekt sind für dessen Wirtschaftlichkeitsbeurteilung nachfolgende Einzahlungen respektive Auszahlungen zu berücksichtigen, die jedoch keinen Anspruch auf Vollständigkeit erheben. Jedes Unternehmen definiert die den Projekten zurechenbaren Kosten anders. Dies hängt unter anderem auch mit den Verrechnungsmethoden desselben zusammen. Basiert die Projektkalkulation auf Vollkostenbasis, so werden auch anteilige Kosten, wie zum Beispiel die Raumkosten, auf das Projekt verrechnet. Bei dem Teilkostenprinzip hingegen werden vielfach pauschalisierte Ansätze verfolgt. So sind in der Regel die anteiligen Sachkosten innerhalb des Personentagespreises für IT-Leistungen enthalten. Die folgende Aufstellung zur Kapitalwertberechnung eines Projektes beruht auf dem Teilkostenprinzip.

---

[233] Vgl. Hossenfelder, W. / Schreyer, F.: DV-Controlling bei Finanzdienstleistern, Seiten 142-146

6 IT-Controlling in der operativen Phase

Als Auszahlungen eines Projektes werden dabei die Projektaufwendungen angesehen; als Einzahlungen die erwarteten Ergebnisbeiträge aus der Nutzung des entsprechenden Projektergebnisses herangezogen.

Inputfaktoren zur Berechnung des Kapitalwertes von IT-Projekten

Auszahlungen	Einzahlungen
Projektbedingte Hard- und/oder Softwareinvestitionen	
Projektbedingte Hard- und/oder Softwarekosten[234]	
Gewerkkosten und/oder Gewerkinvestitionen[235]	
IT-Personentage bewertet mit einem kalkulatorischen Personentagespreis[236]	Einsparungspotenziale des Geschäftsfeldes durch die Nutzung der Software (zum Beispiel: Mitarbeitereinsparungen)
Geschäftsfeld-Personentage bei der Entwicklung (zum Beispiel zu Testzwecken) bewertet mit einem kalkulatorischen Personentagespreis	
Projektberatungskosten	
Projektspezifische Reisekosten	
Projektspezifische Schulungskosten sowohl der IT- als auch der Geschäftsfeldmitarbeiter	
Sonstige direkt dem Projekt zurechenbare Kosten	

---

[234] Für geringwertige Wirtschaftsgüter/IT-Güter, wie zum Beispiel Tastaturen, Desktop-Festplatten aber auch für nicht direkt dem Sachvermögen oder den immateriellen Wirtschaftsgütern zurechenbaren Kosten, wie Leasinggebühren, Lizenzgebühren und dergleichen mehr.

[235] Zahlungen für die Beauftragung unternehmensexterner Projektmitarbeiter; je nachdem, ob die Rechte der erstellten Arbeiten in das Eigentum des beauftragenden Unternehmens übergehen, kann man zwischen Kosten (Rechte an den erstellten Arbeiten verbleiben bei den Gewerknehmern) und Investitionen (Rechte gehen von den Gewerknehmern an das beauftragende Unternehmen) unterscheiden. Projektberatungskosten werden separat berücksichtigt.

[236] In dem kalkulatorischen Personentagespreis sind die Sachaufwendungen des IT-Bereiches enthalten, die nicht direkt einem IT-Projekt zurechenbar sind, wie zum Beispiel Raumkosten, Arbeitsplatzkosten, Versicherungen, etc..

Auszahlungen	*Einzahlungen*
Wartungskosten	Umsatzpotenzial durch den Einsatz des Software-Produktes zur Erstellung respektive Vermarktung des Unternehmensproduktes
Weiterentwicklungskosten	
Einsatzkosten[237]	
Ablösungskosten	

Neben dem mit Unsicherheiten behafteten Input-Datenmaterial für die Kapitalwertberechnung ist deren Anwendung an drei Voraussetzungen gekoppelt[238]:

(a) **Vorherrschende Marktvollkommenheit**, das heißt benötigte Finanzmittel können unbeschränkt am Kapitalmarkt aufgenommen und angelegt werden;

(b) **Isolierbarkeit**, so dass Zahlungen bis zum Planungshorizont sowohl in ihrer Höhe als auch ihrer zeitlichen Verteilung isoliert prognostiziert werden können;

(c) **Gleicher Anlagenzeitraum**, welches eine identische Laufzeit beim Alternativenvergleich von diversen Investitionen impliziert.

Insbesondere die geforderte Marktvollkommenheit aber auch die isolierte Betrachtung von Zahlungen führt gerade bei Wirtschaftlichkeitsuntersuchungen von IT-Projekten nach der Kapitalwertmethode zu Schwierigkeiten. Vielfach reichen die erwünschten Wirkungen eines Projektergebnisses über die konkreten Projektzielsetzungen hinaus und lassen sich so nur im Verbund mit anderen Vorhaben quantifizieren oder bewerten[239]. Das Prinzip der Marktvollkommenheit setzt die generelle Ausführung jedes wirtschaftlichen Vorhabens voraus. Es ist jedoch in der Praxis üblich, dass die zur Verfügung stehenden geldwerten Mittel nicht für alle als wirtschaftlich eingestuften Projekte ausreichen. Priorisierungen im Sinne durchzuführender Projekte sind vorzunehmen, so dass alle Vorhaben, die mit den vorhandenen Kapazitäten –

---

[237] Hier sind sowohl die Aufwendungen des Geschäftsfeldes für die Nutzung des Software-Produktes (zum Beispiel Kosten der Bedienung durch einen Mitarbeiter) als auch die laufenden IT-Kosten, hervorgerufen durch den Einsatz des Software-Produktes (Transaktionskosten, etc.), aufzuführen.

[238] Vgl. von Dobschütz, L.: IV-Wirtschaftlichkeit, Seite 437

[239] Vgl. Huber H.: Die Bewertung des Nutzens von IV-Anwendungen, Seite 107 ff.

geldwerter und personeller Struktur – gerade noch realisiert werden können, auch umgesetzt werden. Dabei ist darauf zu achten, dass die gewählten Vorhaben aus dem Gesamtportfolio heraus die höchste Rendite erwirtschaften[240]. Somit kann das Prinzip der Marktvollkommenheit in der Regel nicht erfüllt werden. Auch diese Tatsache ist ein Grund dafür, dass eine Wirtschaftlichkeitsbetrachtung nie isoliert über ein IT-Projekt „urteilen" darf. Des Weiteren dürfen Kapazitätsgesichtspunkte nicht vernachlässigt werden, denn der IT-Bereich verkörpert in der Regel keinen vollkommenen Markt mit unbegrenzten Ressourcen. Ergänzend zur monetären Bewertungskomponenten von IT-Projekten kommen verwendungsorientierte, nicht-monetäre Bewertungskonzepte wie Erfolgs- und Risikofaktoren oder Machbarkeits- und Wirkungskriterien zu einer gesamthaften Projektbeurteilung hinzu[241]. Dies erfordert mehrdimensionale Analyseverfahren, die häufig von nichtmonetärer Natur sind[242]. Durch diese werden die in Abbildung 6.3 vorgestellten eindimensionalen monetären Analyseverfahren ergänzt, wobei der Fokus hier auf der Beachtung mehrerer Ziel- und Nutzenkriterien für ein IT-Projekt liegt. Beispielhafte mehrdimensionale Analyseverfahren zur Wirtschaftlichkeitsmessung sind:

➢ Argumentenbilanz

➢ Multifaktoren-Methode/Nutzwertanalyse

➢ Rangordnungs-Methodiken

➢ Projekt-Portfolios

Nutzwertanalyse   Das Verfahren der **Nutzwertanalyse** wird im Folgenden als qualitatives Analyseinstrumentarium kurz vorgestellt. Die Nutzwertanalyse ist eine analytische Bewertungstechnik von Objekten aufgrund von subjektiven Nutzwerten des jeweiligen Betrachtungsobjektes. Sie wird auch als Punktwertverfahren oder Multifaktorentechnik bezeichnet und findet ihre Anwendung, wenn nicht nur eine Alternative für eine Entscheidung vorhanden ist. Durch sie lassen sich auch quantifizierbare Ziele in das Entschei-

---

[240] Siehe von Dobschütz, L.: IV-Wirtschaftlichkeit, Seiten 437-438

[241] Vgl. Parker, M. / Benson, R.: Information Economics, Seite 144 ff.

[242] In Anlehnung an von Dobschütz, L.: IV-Wirtschaftlichkeit, Seite 437

dungssystem einbeziehen[243]. Im Rahmen der Nutzwertanalyse[244] wird ein Punktwert für alle in Frage kommenden Projekte ermittelt. Dieser Wert ist ein Indikator für die Erfüllung der Unternehmensziele und damit auch für den Nutzen des Projektes. Für die Durchführung der Nutzwertanalyse sind fünf Schritte erforderlich:

(a) Ziele bestimmen und gewichten
(b) Punkte für die Projekte vergeben
(c) Gewichte mit den zugehörigen Punkten multiplizieren
(d) Gewichtete Gesamtsumme der Punkte ermitteln
(e) Sensitivität des Ergebnisses ermitteln

Die Aussagekraft einer Nutzwertanalyse steht und fällt mit einer sorgfältigen Zielbestimmung und Zielgewichtung. Für ein IT-Projekt sind die zu untersuchenden Ziele in einen Zusammenhang mit den „Eckpunkten" des magischen Dreiecks – Termin, Kosten sowie Qualität/Leistung – zu bringen. Um die Gewichtung der Ziele zu vereinfachen, bietet es sich an, eine Unterscheidung der definierten Ziele nach Kann- und Muss-Ausprägungen vorzunehmen. Muss-Ziele sind automatisch mit einer höheren Gewichtung zu versehen als Kann-Ziele. In Summe sollten die Muss-Ziele bereits eine Gewichtung von 75 % ausmachen. Liegt das bepunktete Ergebnis der Nutzwertanalyse vor, so ist durch Änderung der Ausgangsdaten festzustellen, wie stabil das ermittelte Ergebnis ist (Sensitivitätsanalyse). Ändert sich trotz einer anderen Zielgewichtung oder geänderter Punkte für die Zielerfüllung das Ergebnis für die untersuchten Projekte nicht wesentlich, so kann der durchgeführten Nutzwertanalyse eine hohe Zuverlässigkeit impliziert werden. Aber auch bei der Nutzwertanalyse muss dem Anwender bewusst sein, dass durch die Gewichtung der Ziele und Zielerfüllungsgrade nur ein subjektives Ergebnis für eine Projekt-Wirtschaftlichkeitsaussage vorliegt. In Kombination mit den monetären Wirtschaftlichkeitsverfahren lassen sich jedoch so Erkenntnisse ermitteln, die den Entscheidungsprozess für oder gegen die Durchführung von IT-Projekten unterstützen können.

---

[243] Vgl. Litke, H.D.: Projektmanagement – 2. Auflage, Seite 144
[244] Zum Verfahren der Nutzwertanalyse vergleiche Fiedler, R.: Controlling von Projekten, Seiten 40-45

6 IT-Controlling in der operativen Phase

Grundsätzlich bleibt festzuhalten, dass jedes durchzuführende Projekt für das Unternehmen einen Nutzen zu erbringen hat, unabhängig ob dieser von quantitativer oder qualitativer Natur ist. Dieser ist mit dem Unternehmensziel der Wertsteigerung in Einklang zu bringen. Aufgabe des langfristig operativen IT-Projektcontrollings ist es, durch Analysen diesen Zielerreichungsgrad für jedes in Angriff zu nehmende Projekt zu beurteilen, um dem Management eine Empfehlung zur Durch- oder Nicht-Durchführbarkeit des entsprechenden Projektes zu geben. Welche Methode hierzu angewendet wird, ist von untergeordneter Bedeutung. Jedoch hat die Aussage des Controllings ausreichend fundiert zu sein, um Fehlentscheidungen durch wirtschaftlich nicht tragbare Projekte zu vermeiden.

6.3 Function Point-Methode

Das Projektcontrolling nutzt vorwiegend Informationen aus dem Rechnungswesen. Es handelt sich (fast) ausschließlich um Kosteninformationen, die durch Zeitinformationen (Start- / Endtermine) angereichert werden, wenn die IT-Abteilung ein interner Dienstleister innerhalb eines Unternehmens ist. Diese Art der im Zentrum des Projektcontrollings stehenden Informationen fördert die Fokussierung der Wahrnehmung der IT-Abteilung als Kostenverursacher, was noch durch ein entsprechendes Berichtswesen verstärkt wird. Und wie sieht es mit der erbrachten Leistung der IT-Abteilung aus? Wie können Ergebnisse festgestellt werden, die aus mehr als nur Budget- und Termineinhaltung bestehen? Termine und Budget können nur dann überschritten werden, wenn auch bestimmte Ergebnisse mit diesen verbunden sind. Wenn kein feststellbares Kriterium mit dem Termin verknüpft ist, kann immer behauptet werden, dass der Termin eingehalten ist. Kann die Leistung nur durch das nutzende Geschäftsfeld in Form von Kosteneinsparungen beziehungsweise zusätzlichen Erträgen festgestellt werden? Dann ist ein operatives Projektcontrolling, welches sich rein auf den Leistungserstellungsprozess innerhalb der IT-Abteilung beschränkt, nicht möglich. Zusätzliche Erträge beziehungsweise Kosteneinsparungen werden durch das Geschäftsfeld generiert und nicht durch die IT-Abteilung. Die erbrachte Leistung der IT-Abteilung ist das erstellte Software-Produkt.

Messen

Als Aufgabe des operativen IT-Controllings fungiert die Begleitung der Wertschöpfungskette im Hinblick auf die Erstellung des

6.3 Function Point-Methode

Softwareproduktes. Das magische Quadrat des Projektmanagements[245] beziehungsweise -controllings (siehe Abbildung 6.5) verdeutlicht die zu betrachtenden Steuerungsgrößen (Kosten / Budget, Termine, Qualität, Funktionalität).

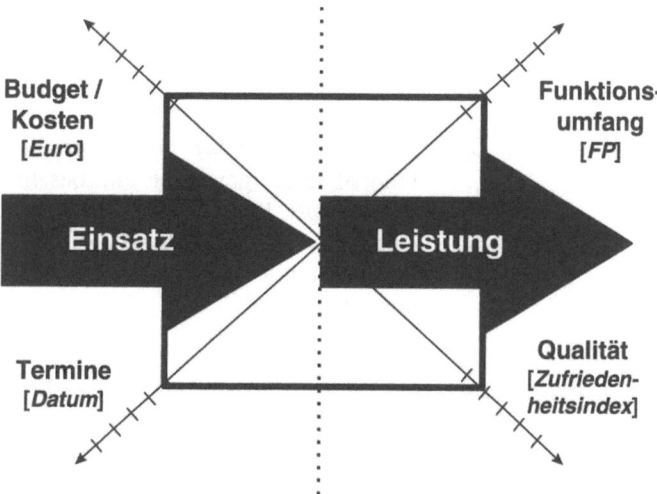

Abb. 6.5: Magisches Quadrat des Projektcontrollings

Die Bestimmung dieser Größen geschieht durch **Messen**. Erfolgen die Messungen zu mehreren Zeitpunkten während des IT-Projektes, geben sie Auskunft über die Entwicklung des Projektes. Aufgabe des Controllers ist, diese Messungen durchzuführen, die Messergebnisse zu interpretieren und zu einer Bewertung zu kommen[246].

---

[245] Bisher wurde lediglich von dem magischen Projektdreieck gesprochen. Dieses repräsentiert eine komprimierte Darstellung des hier erwähnten magischen Projektvierecks, da die Faktoren Qualität und Funktionalität unter dem Betrachtungspunkt Leistung zusammengefasst worden sind. Für die Function Point-Methode ist es jedoch ratsam, die Aspekte Funktion und Qualität gesondert so betrachten, so dass an dieser Stelle das magische Projektviereck zum Tragen kommt.

[246] Vgl. Büren, G. / Hopf, H.-G.: Softwaremetriken als notwendige Voraussetzung für Projektcontrolling in der Softwareentwicklung, Seite 56

- **Kosten/Budget** werden/wird i.d.R. mit Hilfe von Rechnungsweseninformationen bestimmt.
- **Termine** werden mit Kalender und Uhr gemessen.
- Daten zur **Qualität** werden vom Qualitätsmanagement geliefert. Die Qualität beschreibt WIE zum einen die Leistung erstellt wird, das heißt unter welchen Rahmenbedingungen (Prozessqualität), und WIE zum anderen die Beschaffenheit der Leistung selber ist, das heißt des IT-Produktes (Produktqualität).
- Die **Funktionalität** wird vor allem mit der Function Point-Methode gemessen und beschreibt **WAS** als Leistung erstellt wird. Es ist ratsam, dass die Messung der Funktionalität aus Sicht des Nutzers erfolgt, weil nur das, was für ihn als Funktionalität erkennbar ist, auch einen Wert für ihn haben kann.

Definition Function Points

Function Points sind ein Maß für den Umfang (engl. Size) - aus der Sicht des Nutzers - eines IT-Produktes und des Projektes, welches es entwickelt. Sie sind unabhängig von der Programmiersprache, der Entwicklungsmethode, der Technologie oder der Fähigkeit des Projektteams, welches das IT-Produkt entwickelt.

Die genauere Betrachtung der Function Point-Methode als Mess-Methode wird zeigen, dass das Maß, die Function Points, den Umfang der Funktionalität misst. Beinhalten tut die Funktionalität Datenbestände und damit verbundene Funktionen (Dateneingaben, -ausgaben und –abfragen). Function Points beschreiben sowohl das IT-Produkt als Ergebnis des IT-Projektes, als auch das IT-Projekt selbst bezogen auf die Steuerungsgröße Funktionalität. Im Fall der Neuentwicklung gilt:

> **Function Points IT-Produkt = Function Points IT-Projekt**

Dieser einfache Fall wird gerade durch den mit der objektorientierten Entwicklungsmethode verfolgten Ansatz der Wiederverwendbarkeit schon existierender Softwarekomponenten immer seltener vorkommen. Dass dies aber kein grundsätzliches Problem für die Anwendung der Function Point-Methode darstellt, wird noch deutlich werden. Function Points als Maß für den Umfang wurden aus der Erkenntnis heraus entwickelt, dass der zu entwickelnde Umfang der größte Einflussfaktor auf den zu erwartenden Projektaufwand ist. Die Messung des Umfangs liefert die notwendigen Daten zu einer Aufwandsschätzung für ein Projektvorhaben. Wegen häufig anzutreffenden Fehlinterpretationen des Aussagegehalts von Function Points sei hier darauf hingewiesen, was sie nicht messen. Function Points messen den Funktionsumfang. Der Funktionsumfang ist eine wichtige Einflussgröße für den Entwicklungsaufwand eines IT-Produktes und stellt daher eine Basisgröße für deren Schätzung dar. Aber sie ist nur eine, wenn auch die wichtigste, Einflussgröße für den geschätzten Entwicklungsaufwand. Daher ist eine direkte Ableitung des Entwicklungsaufwandes aus der Anzahl der Function Points nur in Teilen möglich. Zur Erläuterung ein analoges Beispiel aus der Bauwirtschaft:

Beispiel

Die Kosten für den Bau eines Hauses steigen mit der Anzahl der Quadratmeter, das heißt ein 400 qm Haus wird in der Regel teurer als ein 100 qm Haus sein. Die tatsächlichen Kosten hängen aber von weiteren Faktoren, wie verwendete Materialien, Art der Räume, etc. ab.

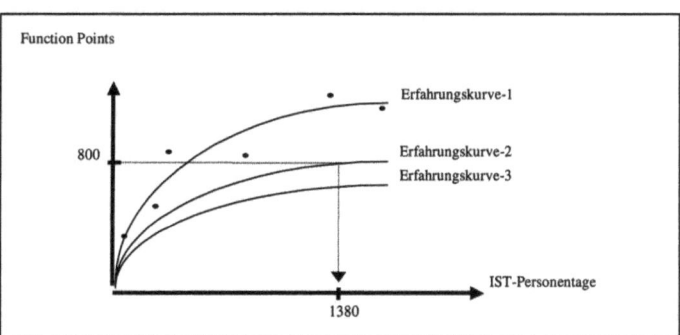

Abb. 6.6: Erfahrungskurve der Function Point-Methode

Sinngemäß bedeutet dies für die Function Point-Methode, dass die Entwicklung einer Anwendung von 400 Function Points in der Regel aufwendiger als die Entwicklung einer mit 100 Function Points sein wird. Der tatsächliche Aufwand hängt auch hier von weiteren Faktoren - wie Know-how der Entwickler, zu entwickelnde Qualität, Programmiersprache, etc. - ab. Der Zusammenhang zwischen den Function Points und dem Entwicklungsaufwand wird graphisch mittels einer Erfahrungskurve veranschaulicht (siehe Abbildung 6.6).

6.3.1 Sicht der Benutzer

Als Benutzer fasst man ein oder mehrere Personengruppen beziehungsweise Organisationseinheiten auf, die eine Anwendung nutzen oder nutzen werden. An deren logischen Sicht orientiert sich die Function Point-Methode und nicht an einer technisch ausgeprägten. Gerade diese Sichtweise, die sich primär am Benutzer orientiert, zeichnet die Methode aus. Somit kann die Function Point-Methode nicht für rein technische Projekte eingesetzt werden, wie zum Beispiel die Migration einer Anwendung auf eine andere technische Plattform. Es geht in diesem Fall nicht um fachliche Funktionalität, sondern um die Veränderung ihrer technischen Umsetzung. Die Art und Weise der technischen Umsetzung verändert die Messgröße „Function Point" nicht.

Lines of Code

Naheliegenderweise könnte man den Umfang des IT-Produktes auch ohne umfangreiche Methode, analog der Umfangmessung dieses Buches mit der Seiten- oder Zeilenanzahl, durch einfache Zählung der Zeilen des Quellcodes, den sogenannten **Lines of Code (LoC)**, messen. Diese stellen schließlich den von den Anwendungsentwicklern erstellten Kern des IT-Produktes dar. Kritisch an dem Maß „Lines of Code" ist allerdings, dass deren Anzahl für die vom Kunden gewünschte Funktionalität von der verwendeten Programmiersprache abhängt. Ein IT-Produkt zur Archivierung des CD-Bestandes bedarf in MS Access weniger Lines of Code als in Assembler, obwohl dem Nutzer die gleiche Funktionalität zur Verfügung gestellt wird. Für den Nutzer sind die Anzahl der Lines of Code in der Regel irrelevant. Er nimmt die Funktionalität in Form der für ihn sichtbaren Masken und Berichten war. Daher sind Lines of Code nicht als Maß zur Kommunikation von Leistungen der IT-Abteilung an Kunden und Nutzer geeignet. Gegen die Verwendung des Maßes „Lines of Code" spricht zusätzlich die Problematik, dass innerhalb eines IT-Produktes mehrere verschiedene Programmiersprachen zur Anwendung kommen können, sowie die fehlende Standarddefinition für ein Line of Code.

6.3.2 Verwendung der Function Points

Entwicklungs- und Wartungsaufwand schätzen

Aufwände für IT-Projekte wurden und werden in der Praxis meistens mittels einer sogenannten Expertenschätzung ermittelt. Die Expertenschätzung beruht auf dem impliziten Erfahrungswissen des Projektleiters, welches er zur Ermittlung eines Schätzergebnisses nutzt. Aus Controlling-Sicht ist hier zu

6.3 Function Point-Methode

gebnisses nutzt. Aus Controlling-Sicht ist hier zu bemängeln, dass der Weg zu diesem Ergebnis in der Regel intransparent und kaum nachvollziehbar aber die Grundlage für weitere Entscheidungen sowie Planungen ist. Der Wunsch nach einer akkuraten Schätzung von dem zu erwartenden Entwicklungsaufwand war der Anlass zur Entwicklung der Function Point-Methode. Die Ergebnisse der Anwendung sind logisch nachvollziehbar und damit kommunizierbar. Auftraggeber und Auftragnehmer können in einen konstruktiven Dialog miteinander treten, um den Aufwand durch Beeinflussung des geforderten Funktionsumfanges zu justieren. Neben einer klaren Schätzmethode bedarf es allerdings auch guter Erfahrungswerte für eine zuverlässige Schätzung. Der geschätzte Aufwand stellt eine unabdingbare Eingangsgröße für die Kosten-Nutzen-Betrachtung eines IT-Projektvorhabens dar. Somit ist die Schätzung kritisch für die Durchführungsentscheidung eines Projektes. Weiterhin wird die Schätzung des Aufwandes für die Ressourcenplanung benötigt. In gleichem Maße ist auch der Umfang eines IT-Produktes ein Indikator für das Ausmaß des zu erwartenden Wartungsaufwandes des Produktes im laufenden Betrieb und beeinflusst demzufolge dessen Wertschöpfungsprozess.

Projektfortschritt verfolgen

Erstmalig ermittelte Messgrößen werden im Projektverlauf aktualisiert; nur dann lässt sich der Projektfortschritt nachhalten und Risiken für den Projekterfolg erkennen. Ein effektiveres Projektcontrolling, welches Risiken frühzeitiger erkennt, ist gegeben, wenn schon die Auslöser für Budget- und Terminüberschreitungen identifiziert werden. Budget- und Terminüberschreitungen werden in der Praxis häufig erst festgestellt, wenn es kaum noch Steuerungsmöglichkeiten gibt, weil das Projekt dann schon weit fortgeschritten ist. Wie zum Beispiel die wiederholte Messung von Function Points wichtiger Bestandteil des Frühwarnsystem für IT-Projekte werden kann, wird im Folgenden erläutert. Mit der Ermittlung der Function Points ist frühzeitig zu beginnen, damit Veränderungen im Projektverlauf möglichst zeitig erkannt werden. Der Vergleich der Zählungen zu verschiedenen Zeitpunkten macht Anforderungsveränderungen transparent. Eine einfache Anforderungsveränderung liegt beispielsweise in einer schleichenden Umfangsvermehrung (engl. scope creep) begründet. Erkannte Veränderungen sind zu interpretieren und daraufhin zu bewerten, welchen Einfluss sie auf den Projektverlauf haben. Eine Umfangsvermehrung wird tendenziell zu einer Erhöhung des Projektaufwandes führen und gegebenenfalls den geplanten Endtermin gefährden. Die Anforderungsänderungen sind auch vor dem Hintergrund des Zeitpunktes im Projektverlauf zu bewerten. Je später Anforderungen geändert oder hinzugefügt werden, umso aufwendiger wird deren Berücksichtigung. Daher sind Anforderungsänderungen immer zeitpunktbezogen zu betrachten. Dies wird häufig übersehen. Ebenso wird übersehen, dass Funktionalität, die in einer frühen Phase des Projektes gefordert wurde und nach einer Anforderungsänderung nicht mehr benötigt wird, bis dahin schon Aufwand verursacht hat. Eine einfache Verringerung der Function Points bedingt durch den Wegfall der Funktion wird dieser Tatsache nicht gerecht.

Produktivität messen

Die Produktivität beschreibt das Verhältnis zwischen der Leistung und des dafür benötigten Aufwandes. Der Aufwand in einem IT-Projekt wird in Personenstunden, -tagen, -monaten oder -jahren gemessen. Das Ergebnis (IT-Produkt) lässt sich mit der Eigenschaft Produktumfang in Function Points (FP) beschreiben. Somit ergibt sich die Kennzahl für die Produktivität eines IT-Projektes wie folgt:

Produktivität = Produktumfang / Aufwand

Diese Kennzahl ist auf die gesamte IT-Abteilung ausdehnbar. Für einen bestimmten Zeitraum – zum Beispiel ein Jahr - lässt sich die Produktivität der gesamten IT-Abteilung angeben. Die produzierten Function Points für den bestimmten Zeitraum werden mit allen geleisteten Personentagen der Mitarbeiter der IT-Abteilung ins Verhältnis gesetzt. Wenn diese Messung mehrfach vorgenommen wird, lassen sich zeitliche Veränderungen der Produktivität feststellen. Es ist allerdings nur dann sinnvoll, die Produktivität für die IT-Abteilung auf diese Weise zu messen, wenn entwickelte Softwareprodukte das primäre Produkt der IT-Abteilung sind. Rechenzentrumsleistungen lassen sich so nicht vollständig erfassen. Ein wichtiger Aspekt in diesem Zusammenhang ist die Verhaltenskomponente. Zum einen beeinflusst das Wissen um die Messung bestimmter Größen das Messergebnis. Wissen die Entwickler, dass der Produktumfang in Lines of Code gemessen wird, werden sie dazu neigen, Programmiersprachen zu verwenden, mit denen sie die meisten Lines of Code in einer Zeiteinheit schreiben können. Hier werden, entsprechende Erfahrung vorausgesetzt, einfach aufgebaute und weniger mächtige Programmiersprachen bevorzugt. Falls wiederverwendete Softwarekomponenten nicht in die Messung eingehen, besteht kein Anreiz, solche zu verwenden. Erfolgt die Messung in Function Points, ist zu bedenken, dass Entwickler dazu neigen könnten, schnell zu realisierende Zusatzfunktionalität mit zu entwickeln, um die Pro-

6.3 Function Point-Methode

duktivitätskennzahl zu verbessern. Hier liegt allerdings die Verantwortung beim Auftraggeber, den Produktumfang in Zusammenarbeit mit der IT-Abteilung zu spezifizieren. Dabei hat der Auftraggeber das Wertschöpfungspotenzial der Funktionalität des Softwareproduktes für das Unternehmen zu beurteilen. Zum anderen hat der Umgang mit den Messergebnissen starken Einfluss auf das Mitarbeiterverhalten. Die Entwickler können den Eindruck bekommen, dass sie über die Kennzahlenmessung kontrolliert oder sogar überwacht werden[247].

IT-Portfolio bezogene Geschäftsentscheidungen steuern

Selbst für den strategischen Bereich ist die Verwendung von Function Points in Erwägung zu ziehen, da das IT-Portfolio durch den Produktumfang besser spezifiziert und klassifiziert werden kann. Die quantitative Beschreibung des Produktumfanges erleichtert das Bestimmen von Handlungsschwerpunkten. Handlungsschwerpunkte können sich durch den Vergleich der Struktur des IT-Portfolios mit der Ertragsstruktur der Unternehmensprodukte ergeben. Kommt es hier zu starken Abweichungen, können die Function Points Hinweise auf mögliche Ineffizienzen liefern. Hier ist der Zusammenhang zwischen Unternehmensprodukt und IT-Produkt zu beachten. Das IT-Produkt unterstützt beziehungsweise ermöglicht die Wertschöpfung durch das Unternehmensprodukt, welches am Markt zu Erlösen führen soll. Auf der anderen Seite verursacht das im Betrieb befindliche IT-Produkt Kosten für den laufenden Betrieb. Nicht zu vernachlässigen ist bei einem großen Portfolio der Aufwand zur Ermittlung der Function Points. Dazu bedarf es der direkten Beauftragung durch das Management, um einen solchen Aufwand betreiben zu können.

Weitere Maße normalisieren

Function Points sind Vergleichsgrößen für andere Maße, um diese sinnvoll interpretieren zu können. Beispielsweise ist die Messung von 100 auftretenden Fehlern im ersten Monat der Nutzung für ein 100 Function Point großes IT-Produkt eine schlechte Nachricht. Die gleiche Nachricht für ein 10.000 Function Point großes System klingt schon wesentlich positiver. Nachfolgende Beispiele für Basisgrößen von Softwareprojekten haben sich in der Praxis etabliert:

- Geschwindigkeit = Produktumfang / Zeitraum

---

[247] Vgl. Büren, G. / Hopf, H.-G.: Softwaremetriken als notwendige Voraussetzung für Projektcontrolling in der Softwareentwicklung, Seite 55

6 IT-Controlling in der operativen Phase

- Technische Qualität („Defect density") = Anzahl Fehler / Produktumfang
- Staffing/Stress Index = func[248] (Mittlere Teamgröße / Produktumfang[249])
- Function-delivery Index = func (Produktgröße / (Mittlere Teamgröße * Projektdauer^2)

Untersuchungen von gemessenen Projektdaten haben ergeben, dass die technische Qualität bei höherem Function-delivery Index besser wird; die Ursache hierfür ist noch nicht geklärt. Ein in negativer Hinsicht zu erwartender Zusammenhang von Zeitdruck im Projekt, gemessen durch den Staffing/Stress Index, und der technischen Qualität konnte nicht nachgewiesen werden[250].

6.3.3 Function Point Standards und verwandte Methoden

Durch die Function Point-Methode wird der Prozess zur Ermittlung der Function Points beschrieben. Sie wird regelmäßig an neue Erfordernisse angepasst. Um eine Vergleichbarkeit der ermittelten Function Points zu gewährleisten, gibt es einen Standard, der von der **International Function Point Users Group (IFPUG)** weiterentwickelt wird. Die aktuelle Version der Function Point-Methode ist das IFPUG Release 4.1. Um deren Schwächen im allgemeinen oder für spezielle Anwendungsfälle zu beheben, sind weitere verwandte Methoden definiert worden, die Grundideen der Function Point-Methode aufgreifen und diese modifizieren.

- ***Feature Points:*** Diese Methode wurde 1986 von Capers Jones entwickelt, um den Umfang von Systemsoftware besser messen zu können. Sie ist jedoch nicht standardisiert.
- ***3D Function Points:*** Die 3D Function Point-Methode ist von Boeing Computer Services entwickelt worden, um den Erfordernissen von wissenschaftlichen und Real-Time

---

[248] Func bezeichnet, dass es sich um eine Funktion handelt, in die noch weitere Justierungsfaktoren mit eingehen.

[249] Der Produktumfang wird in Function Points gemessen.

[250] Vgl. Poensgen, B.: Schneller, billiger – und besser, Seite 117 ff.

Systemen besser gerecht zu werden. Sie hat in der Unternehmenspraxis keine Verbreitung gefunden.

📖 ***Mark II Function Points:*** Die Mark II Function Point-Methode ist von Mark Symons 1988 in Großbritannien entwickelt worden und kommt dort überwiegend zur Anwendung. Sie setzt auf dem existierenden Standard auf und erweitert diesen um weitere technische Parameter sowie veränderte Berechnungsregeln, mit dem Ziel die Messung zu verbessern[251].

6.3.4 Praktische Durchführung der Function Point Ermittlung[252]

Primäres Ziel der Ermittlung von Projektaufwand mittels Function Points ist die Anwendung einer einheitlichen Methode zur Aufwandsschätzung von IT-Projekten. Die Zählung der Function Points hat möglichst früh im Projektverlauf zu erfolgen. Je früher der Projektumfang in Function Points ermittelt ist, umso früher steht er als Steuerungsgröße zur Verfügung und umso besser ist das Projekt unter Kontrolle. Bevor aber mit der Anwendung der Function Point Methode begonnen wird, ist zu prüfen, ob ihr Einsatz zur Aufwandsschätzung für das Projekt geeignet ist. Folgende Fragen helfen bei der Klärung.

Checkliste Anwendbarkeit der Function Point-Methode

	Ja	Nein
Handelt es sich um ein Entwicklungs- oder Weiterentwicklungsprojekt (Release) mit Schaffung fachlicher Funktionalität oder um die Function Point Zählung einer implementierten Anwendung?		
Ist der erwartete Projektaufwand größer als 50 Personentage?		
Ist ausreichende methodische Kenntnis von mindestens einem der an der Zählung beteiligten Mitarbeiter vorhanden?		

---

[251] Vgl. Bundschuh, M. / Fabry, A.: Aufwandschätzung von IT-Projekten, Seiten 212-214

[252] Die Darstellung der Function Point-Ermittlung orientiert sich an der für die Commerzbank AG entwickelten Vorgehensweise, die im Wesentlichen dem IFPUG Standard entspricht.

6 IT-Controlling in der operativen Phase

	Ja	Nein
Wird das Projekt über alle Phasen beziehungsweise die Anwendung als vollständiges System betrachtet?		
Ist klar, ob es sich um eine Function Point Zählung oder eine Function Point Schätzung handelt?		
Sind korrekte Erwartungen an das Ergebnis der Function Point Zählung vorhanden?		

Wenn nicht alle Fragen mit „Ja" beantwortet werden können, ist die Beratung durch einen Function Point Spezialisten zu empfehlen. Die Frage (d) ist zu stellen, weil die sinnvolle Anwendung der Function Point-Methode entweder ein vollständiges IT-Produkt oder ein vollständiges IT-Projekt von Spezifikation bis Installation voraussetzt. Eine sinnvolle Anwendung auf einzelne Programmmodule ist nicht gegeben. Von einem vollständigen Projekt spricht man dann, wenn dieses mindestens folgende Aktivitätenblöcke umfasst:

- Projektmanagement / -controlling
- Qualitätsmanagement
- Konfigurationsmanagement
- Dokumentation
- Software-Engineering mit Analyse, Spezifikation, Design, Realisierung, Integration, Tests, Installation und Einführung

Function Point Zählung

Je nach Verfügbarkeit der Informationen finden die Aufwände der Fachabteilung im Projekt Berücksichtigung. Deren Berücksichtigung ist aus Vergleichbarkeitsgründen einheitlich zu handhaben. Bei dem Vergleich mit Erfahrungswerten ist auf jeden Fall zu beachten, welche Aufwände dort aus vergangenen Zählungen enthalten sind. Als Näherungswert für den projektspezifischen Fachabteilungsaufwand kann man etwa 30% des Gesamtprojektaufwandes annehmen. Die Regeln der Function Point-Methode geben Auskunft darüber, welche Informationen zu ihrer Anwendung benötigt werden. Da der Funktionsumfang gemessen wird, müssen die Anforderungen an die Funktionalität bekannt sein. Dies wird in der Regel zum Zeitpunkt einer Machbarkeitsstudie oder zu Beginn des Projektes noch nicht der Fall sein. Eine erste sogenannte **Function Point Zählung** ist mit dem Ende der An-

6.3 Function Point-Methode

forderungsanalyse beziehungsweise Fachspezifikation möglich. Bei der AXA Services AG, dem deutschen IT-Dienstleister des AXA Konzerns, ist zum Beispiel zu diesem Zeitpunkt die Function Point Zählung verpflichtend, wie auch am Projektende. Es ist hilfreich die Function Point Zählung in der frühen Phase mit dem Auftraggeber gemeinsam durchzuführen. Dies fördert das gemeinsame Verständnis über die im Projekt zu entwickelnde Funktionalität.

Function Point Prognose

Zur Machbarkeitsstudie oder zu Beginn des Projektes kann eine sogenannte **Function Point Prognose** oder Schätzung erstellt werden. Hierzu wird ein vom geschätzten Umfang ähnliches Projekt herangezogen und dessen Function Point Wert auf der Basis bekannter Unterschiede im Vergleich zum neuen Projekt modifiziert. Die Regeln der Function Point-Methode dienen hier lediglich als Orientierungshilfe, was bei der Interpretation des Schätzergebnisses zu beachten ist. Das logische Datenmodell, auch ohne Attribute und erste Vorstellungen über Masken und Berichte des zu entwickelnden IT-Produktes, stellt eine gute Grundlage für eine erste Zählung dar. Zum Zählzeitpunkt fehlende Informationen werden durch dokumentierte Annahmen ersetzt. Wichtig ist, den Gesamtumfang greifen zu können. So können identifizierte Funktionen, deren Komplexität noch nicht ermittelbar ist, aus der Erfahrung heraus gut mit einer mittleren Komplexität angenommen werden. Spätestens mit dem Produktdesign ist eine exakte Zählung zu ermöglichen; ansonsten ist das Design unvollständig. Nach Projektende ist die letzte Function Point Zählung noch einmal zu überprüfen und gegebenenfalls zu aktualisieren. Bevor der konkrete Ablauf einer Function Point Zählung oder Schätzung behandelt wird, stellt sich die Frage, wer der Durchführende dieser Schätzung sein sollte. Dabei ist zu beachten, dass der Aufwand für die Durchführung minimal gehalten wird und gleichzeitig das Ergebnis für Zwecke des Projektcontrollings verwertbar ist. Prinzipiell ist die Function Point-Methode durch ein Regelwerk beschrieben. Bezogen auf den oben erwähnten Standard IFPUG Release 4.1 haben sich diese Regeln aus theoretischen Überlegungen, praktischen Erfahrungen und auch aus politischen Erwägungen der Teilnehmer von Standardisierungsgremien herausgebildet. Das Zählen von Function Points ist vergleichbar mit der Durchführung der Buchhaltung, die sich auch an einem Regelwerk orientiert. Es bedarf neben der Kenntnis des Regelwerks einiges an Erfahrung, um diese Regeln für konkrete Sachverhalte korrekt interpretieren und anwenden zu können.

Function Point Zähler

Die Erfahrung lehrt, dass eine ein- bis zweitägige Schulung plus Selbststudium der Zählregeln zum Erlernen der Grundkenntnisse der Methode und des Regelwerks ausreicht. In der Praxis kommen die Function Point Zähler meistens aus der IT-Abteilung. Dort sind sie häufig dem Qualitätsmanagement oder der Methodengruppe zugeordnet; in seltenen Fällen direkt dem IT-Controlling. Dies hat den Vorteil, dass sie in der Regel ein gutes technisches und methodisches Verständnis von IT-Projekten haben, was die Überleitung von vorliegenden Projekterkenntnissen in die Function Point Zählung erleichtert. Auf der anderen Seite ist auch ein Function Point Zähler von der Anwenderseite in Erwägung zu ziehen, denn die Function Point-Methode wird gemäß Regelwerk aus Benutzersicht angewendet. Wer könnte das besser als der Benutzer selbst? Es wird so auch wahrscheinlicher, dass die richtigen Funktionen im Projekt entwickelt werden. Die beauftragende Fachabteilung, vertreten durch einen Function Point zählenden Anwender, ist in diesem Fall direkt an der Dokumentation der Funktionen beteiligt. Unter Kosten- und Qualitätsgesichtspunkten stellt sich die Frage nach der Anzahl der benötigten Function Point Zähler für eine Organisation. Ein wichtiger Qualitätsgesichtspunkt ist die Sicherstellung der einheitlichen Anwendung der Methodik. Idealtypisch kommen 3 Varianten in Frage:

- Jeder Projektleiter beziehungsweise –mitarbeiter,
- eine kleine Gruppe oder
- eine Person zählt.

Die Schulung des Projektleiters beziehungsweise –mitarbeiters ist sehr aufwendig. Gegen den generellen Einsatz des Projektleiters als Function Point Zähler spricht die voraussichtlich geringe Anzahl an Zählungen, die er im Jahr durchführen wird. Dadurch wird es ihm kaum möglich sein, die notwendige Erfahrung zu gewinnen. Auf der anderen Seite ist der Projektleiter meist der Experte der Projektinhalte und könnte daher die Zählung alleine durchführen. Es bleibt aber weiterhin das Erfahrungsproblem bestehen, welches negativen Einfluss auf die Qualität der Zählergebnisse hat. Das Vorhandensein vieler Zähler gefährdet zudem die Vergleichbarkeit von Zählungen im Gegensatz zu einer kleineren Gruppe an Zählern. Voraussetzung für eine akkurate Zählung ist die stetige Anwendung der Methode. Daher bietet es sich an, einer dedizierten Gruppe diese Aufgabe zuzuordnen. Diese bekommt den Charakter einer Expertengruppe, die sich um das Thema „Function Point" und ähnliche Themen kümmert. Dort

6.3 Function Point-Methode

wird das Erfahrungswissen gesammelt. Eine einheitliche Vorgehensweise bei den Zählungen und ihrer Dokumentationen ist so eher sichergestellt als bei einer breiten Streuung der Zählaktivitäten. Die AXA Services AG setzt beispielsweise ein Team aus 3 Personen für circa 650 Anwendungsentwickler und 50 Projektleiter für die Function Point Thematik ein. Neben der Durchführung und Dokumentation von Zählungen sind diese auch für die Betreuung von Projektmanagementtools zuständig. Da Wissen, Erfahrung und die gewonnenen Daten an einer Stelle zentralisiert sind, können diese für Analysen und weitergehende Entwicklungen genutzt werden. So wurden unter anderem Metriken für die frühe Schätzung in Projekten entwickelt[253]. Eine einzige Person mit Function Point Zählungen zu beauftragen, hat Vor- und Nachteile. Vorteile sind der vergleichsweise geringe Ausbildungsaufwand, die stark gebündelte Erfahrung und eine einheitliche Methodenverwendung. Problematisch ist der Verlust des gesamten Know-hows bei Ausfall der Person. Unabhängig davon, welche Variante bevorzugt wird, ist der gelegentliche Einsatz von Beratern wertvoll, um neue Sichtweisen, die der Berater aus anderen Unternehmen mitbringt, zu gewinnen. Dies kann auch über den Austausch innerhalb einer Anwendergruppe aus verschiedenen Unternehmen, wie es für Deutschland die Deutschsprachige Anwendergruppe für Software-Metrik und Aufwandschätzung e.V. (DASMA[254]) ist, erfolgen.

Schritt 1: Analyse der Ausgangssituation

Sind die Voraussetzungen für die Function Point Zählung erfüllt, kann die eigentliche Zählung beginnen. Zunächst ist der ***Zähltyp*** zu bestimmen, der sich am Zählobjekt festmacht. Das Zählobjekt kann ein Neuentwicklungsprojekt, ein Erweiterungsprojekt oder ein implementiertes IT-Produkt sein. Grundsätzlich ist die Function Point-Methode zu jedem ***Zeitpunkt*** im Projektverlauf anwendbar; in frühen Phasen als Prognose später als Zählung. Die Prognose orientiert sich in Abhängigkeit vom vorliegenden Informationsstand mehr oder weniger an den genauen Zählregeln. Der zu bestimmende Funktionsumfang setzt sich aus Geschäftsfunktionstypen und Geschäftsentitäten zusammen. Dies sind Funktionen, die aus fachlich logischer Sicht von Relevanz

---

[253] Vgl. Bundschuh, M.: Function Point Prognosis approved, Seite 7

[254] http://www.dasma.de

sind, was durch den Wortbeginn „Geschäfts..." unterstrichen wird. ***Geschäftsfunktionstypen*** sind Teil eines Geschäftsprozesses, in dem ein oder mehrere IT-Produkte eingebunden sind. Ein Geschäftsfunktionstyp ist immer ein externer Geschäftsfunktionstyp, das heißt, er geht über die Grenzen des IT-Produktes hinweg. Entweder werden Daten verarbeitet, die vom Benutzer kommen beziehungsweise zum Benutzer gehen oder es werden Daten mit anderen IT-Produkten ausgetauscht. ***Geschäftsentitäten*** lassen sich dem Datenmodell entnehmen. Eine gute Grundlage zur Bestimmung der Funktionen stellt die Spezifikation dar. Eine klare ***Abgrenzung*** des Entwicklungsumfanges des IT-Projektes ist notwendig, um festzulegen, welche Funktionalität Bestandteil der Function Point Zählung ist. Hilfreich ist eine graphische Darstellung des IT-Produktes auf hohem Abstraktionsniveau. Zur Zählung der Function Points ist ein Software-Tool zu verwenden, welches die Funktionen graphisch abbildet und den Function Point Wert automatisch ermittelt. Weiterhin ist sicherzustellen, dass für die Anwendung der Function Point-Methode das notwendige Know-how verfügbar ist.

Schritt 2: Geschäftsfunktionstypen bestimmen

Die in diesem und in den folgenden Schritten beschriebene Anleitung gibt lediglich einen Überblick über die Function Point Methode. Eine detaillierte Darstellung des Regelwerks würde den Rahmen dieses Buches sprengen, so dass hierauf verzichtet wird[255]. Von Nutzen für diesen Schritt sind folgende Dokumentationen:

- 📖 Fachlicher Maskenentwurf,
- 📖 Fachliche Schnittstellenbeschreibung,
- 📖 Funktionskatalog und
- 📖 Datenkatalog.

Zur Strukturierung der Geschäftsfunktionstypen sind diese gemäß fachlicher Zweckmäßigkeit hierarchisch zu gliedern. Dies kann zum Beispiel durch eine schrittweise Zerlegung der Funktionalität bis hin zu Geschäftsfunktionstypen erfolgen (siehe bei-

---

[255] Detailinformationen siehe beispielsweise unter Dumke, R. / Bundschuh, M. (Hrsg.): Software-Metriken in der Praxis; Bundschuh, M. / Fabry, A.: Aufwandschätzung von IT-Projekten

spielsweise Abbildung 6.7). Es gibt drei verschiedene Geschäftsfunktionstypen:

- Externe Dateneingaben (EI)
- Externe Datenausgaben (EO)
- Externe Datenabfragen (EQ)

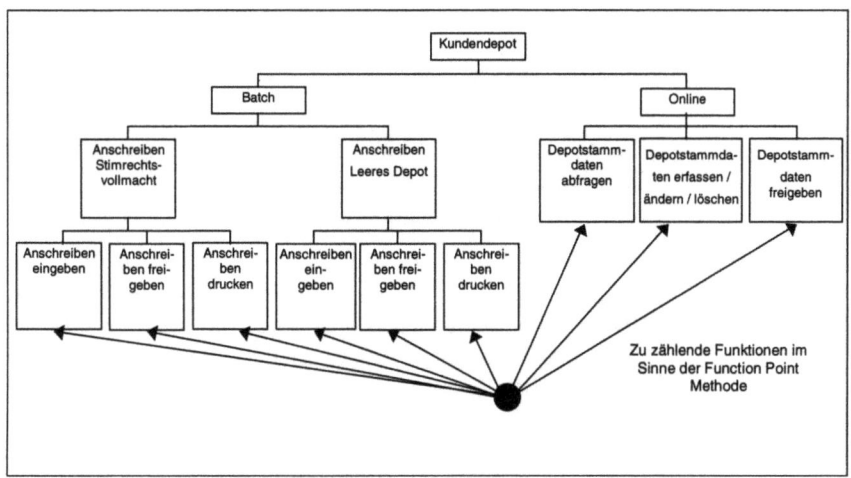

Abb. 6.7: Hierarchische Gliederung (Funktionsbaum) am Beispiel „Kundendepot"

Das Wort „extern" verdeutlicht, dass Daten über die Abgrenzung des IT-Produktes zu/von dem Benutzer oder anderen IT-Produkten transferiert werden. Für alle drei Geschäftsfunktionstypen gilt, dass sich entweder die Verarbeitungslogik von den anderen Funktionen unterscheidet oder die Datenelementtypen, die verarbeitet werden, verschieden sind. **Datenelementtypen** bezeichnen die Felder einer Geschäftsentität. Als letztes Kriterium ist zu vermerken, dass es sich um einen in sich abgeschlossenen Elementarprozess handelt. Ein **Elementarprozess** ist die kleinste Einzelfunktion, die aus Sicht des Benutzers fachlich zweckmäßig ist. Jeder einzelne identifizierte Geschäftsfunktionstyp wird mit Function Points bewertet. Die Bewertung kann auf einem durchschnittlichen Erfahrungswert oder auf der Ermittlung der exakten Komplexität, was aufwendiger ist, beruhen. Im nächsten Schritt sind die zugehörigen Geschäftsentitäten zu analysieren.

Beispiele für die drei Geschäftsfunktionstypen aus Abbildung 6.7:
- ➢ Externe Dateneingabe: Depotstammdaten erfassen
- ➢ Externe Datenausgabe: Anschreiben drucken
- ➢ Externe Datenabfrage: Depotstammdaten abfragen

Schritt 3: Geschäftsentitäten bestimmen

Die aus Benutzersicht logisch zusammengehörigen Geschäfts- oder Steuerdaten werden als Geschäftsentitäten bezeichnet. Als verwertbare Dokumentation ist das Datenmodell oder der Datenkatalog hilfreich. Es gibt 2 verschiedene Geschäftsentitäten:

- 📖 Interne Geschäftsentitäten (ILF),
- 📖 Externe Geschäftsentitäten (EIF).

Entscheidend ist, dass die Geschäftsentitäten auf Benutzeranforderungen beruhen und vom Benutzer als logisch zusammengehörige Datenmenge erkennbar sind. Die internen Geschäftsentitäten sind Bestandteil des zu analysierenden IT-Produktes, wohingegen die externen Geschäftsentitäten außerhalb des IT-Produktes liegen, aber von diesem referenziert werden. Eine Geschäftsentität ist im Rahmen der Analyse eines IT-Produktes entweder intern oder extern. Gemäß Abbildung 6.7 lassen sich zum Beispiel folgende Geschäftsentitäten identifizieren:

Interne Geschäftsentität	*Externe Geschäftsentität*
Depotstammdaten	Kundenadresse, die für das Anschreiben benötigt wird, aber im IT-Produkt „Kundenbasisdaten" gepflegt wird

Jede einzelne identifizierte Geschäftsentität wird mit Function Points bewertet. Dies kann mit einem durchschnittlichen Erfahrungswert oder durch die relativ aufwendige Bestimmung der Komplexität der Geschäftsentitäten in Schritt 4 geschehen.

Schritt 4: Komplexitätsgrade bestimmen

Die Bestimmung des Komplexitätsgrades erfolgt für jeden Geschäftsfunktionstyp und/oder Geschäftsentität nach individuellen Regeln. Allen gemeinsam ist, dass die Anzahl der aus logischer Sicht des Benutzers erkennbaren Felder (Datenelementtypen) zu zählen sind. Technisch bedingte Aufteilungen von logischen Feldern oder deren Wiederholungen sowie Bestätigungen erfolgreicher Verarbeitungen und Fehlermeldungen werden immer nur als ein Datenelementtyp gezählt. Konstante Felder oder systemgenerierte Einträge sind hingegen nicht zu zählen. Weiterhin entscheidend für die Komplexität sind bei Geschäftsfunktionstypen die benutzten Geschäftsentitäten, zum Beispiel eine Adressendatei, die gepflegt wird. Der Komplexitätsgrad - niedrig, mittel oder hoch - wird aus der Anzahl der Datenelementtypen und benutzten Geschäftsentitäten ermittelt. Die Addition der Function Points von allen identifizierten Geschäftsfunktionstypen und Geschäftsentitäten ergibt den unjustierten Function Point Wert.

Schritt 5 : Wertfaktor bestimmen

Ein unjustierter Function Point Wert betrachtet die Geschäftsfunktionstypen und –entitäten isoliert von der eigentlichen Anwendungsentwicklung. Diese wird geprägt von der Systemkomplexität, der Entwicklungsumgebung, der Kundenumgebung sowie von dem gewünschten Lebenszyklusmodell des einzusetzenden IT-Produktes. Des Weiteren gibt es applikationsspezifische Besonderheiten, die maßgebenden Einfluss auf den Funktionsumfang und damit auch den Projektaufwand nehmen. Diesen Aspekten wird der Wertfaktor gerecht, der eine Verdichtung der Einflussgrade von 14 allgemeinen Systemmerkmalen sowie 4 Umgebungsfaktoren repräsentiert[256], die für das gesamte IT-Produkt zu bestimmen beziehungsweise nach vorgegebenen Richtlinien mit Zahlen zu bewerten sind. Das summierte Gesamtergebnis der Wertfaktoren wird als *„degree of influence"* bezeichnet. Im Folgenden werden die 14 applikationsspezifischen Einflussfaktoren kurz vorgestellt[257].

Einflussfaktor	Bedeutung
Data Communications	Verwendete Daten- oder Kontrollinformationen werden über Kommunikationseinrichtungen gesendet oder empfangen
Distributed Functions	Verteilte Daten- oder Verarbeitungsfunktionen

---

[256] Die Einflussfaktoren lassen sich ohne weiteres ändern und damit unternehmensspezifisch anpassen.
[257] Vgl. Litke, H.D.: Projektmanagement – 2. Auflage, Seiten 126-127

Fortsetzung Einflussfaktor	Fortsetzung Bedeutung
Performance	Durch den Benutzer definierte Antwort- beziehungsweise Durchsatzzeiten; die Performance nimmt direkten Einfluss auf den Entwurf, die Entwicklung, In- stallation und Unterstützung
Heavily Used Configuration	Bedingt spezielle Entwurfsüberlegun- gen
Transaction Rate	Zwingend notwendige hohe Transakti- onsraten
Online Data Entry	Onlineorientierte Dateneingaben und Kontrollfunktionen
End User Efficiency	Online-Funktionen erfordern einen Entwurf für/über die Endbenutzereffi- zienz
Online Update	Für logische interne Dateien
Complex Processing	Hierunter fallen zum Beispiel aufwen- dige logische/mathematische Verarbei- tungen, mannigfaltige Ausnahmefallbe- handlungen, sensible Kontroll- und/oder Sicherheitsverarbeitungen, etc.
Reuseability	Codeentwurf, -entwicklung und –unter- stützung geeignet für eine Wiederver- wendbarkeit in anderen Applikationen
Installation Ease	Umstellungs- und Installationsplan und/oder Umstellungstools wurden vorgesehen sowie getestet
Operational Ease	Wirkungsvolle Startup-, Backup- und Recoveryprozeduren werden vorgese- hen und getestet, so dass unter ande- rem manuelle Aktivitäten wie zum Bei- spiel „Bänder aufspannen" minimiert werden
Multiple Sites	Anwendungsentwurf, -entwicklung und –unterstützung zum Einsatz an mehre- ren Standorten
Faciliate Change	Anwendungsentwurf, -entwicklung und –unterstützung optimiert auf leichte Änderbarkeit

Je nach Einflussgrad auf die Applikation werden die genannten Faktoren mit folgenden Skalenwerten bewertet:

0 ≈ Nicht vorhanden oder kein Einfluss

1 ≈ Unwesentlicher Einfluss

2 ≈ Gemäßigter Einfluss

3 ≈ Durchschnittlicher Einfluss

6.3 Function Point-Methode

4 ≈ Bedeutender Einfluss

5 ≈ Starker Einfluss

Jeder der vier Umgebungsfaktoren besteht aus Detailfaktoren, die mit den Skalenwerten 1 für niedrig, 4 für mittel und 7 für hoch bewertet werden. Der Mittelwert aus den umgebungsfaktorspezifischen Detailfaktoren ergibt den jeweiligen Skalenwert pro Umgebungsfaktor[258].

Umgebungsfaktor	Detailfaktor	Bewertung
Systemkomplexität	Kontrollstruktur	Niedrig oder Mittel oder Hoch
	Berechnung	Niedrig oder Mittel oder Hoch
	Funktionalität	Niedrig oder Mittel oder Hoch
	Geräteabhängigkeit	Niedrig oder Mittel oder Hoch
	Datenmanagement	Niedrig oder Mittel oder Hoch
Entwicklungsumgebung	Hardware	Niedrig oder Mittel oder Hoch
	Software	Niedrig oder Mittel oder Hoch
	Personal	Niedrig oder Mittel oder Hoch
	Sprache	Niedrig oder Mittel oder Hoch
Kundenumgebung	Applikationskenntnis	Niedrig oder Mittel oder Hoch
	Datenverarbeitungserfahrung	Niedrig oder Mittel oder Hoch
	Grundhaltung (aufgeschlossen, ablehnend)	Niedrig oder Mittel oder Hoch
	Arbeitsbeziehung (eng, feindlich)	Niedrig oder Mittel oder Hoch
Lebenszyklusmodell	Kein Lebenszyklusmodell vorhanden	Niedrig
	Ein Lebenszyklusmodell wird nominell verwendet, stichprobenartige Verifikationen des Lebenszyklusstandes finden statt	Mittel
	Ein Lifecyclemodell kommt nachhaltig zum Tragen (Kontrolle, Anpassung, Steuerung des Lebenszyklusses)	Hoch

---

[258] Vgl. Litke, H.D.: Projektmanagement – 2. Auflage, Seiten 127-128

Der sich aus den Bewertungen der 14 Systemmerkmale und 4 Umgebungsfaktoren ergebende Wertfaktor ist durch 100 zu dividieren und zu 0,65 oder 0,7 zu addieren. Dieser Wert geht in die nachfolgende Berechnung der justierten Function Points ein.

Beispiel Systemmerkmal 2 = Verteilte Verarbeitung

Verteilte Daten oder Verarbeitungsfunktionen sind charakteristisch für die Anwendung innerhalb der betrachteten Anwendungsgrenzen. Für dieses Systemmerkmal 2 lässt sich nachfolgende Bewertungstabelle festlegen:

Bewertung	Beschreibung für Einflussgrad
0	Keine verteilten Daten oder Funktionen vorhanden.
1	Die Anwendung bereitet Daten auf, welche ein Endbenutzer mit Tabellenkalkulationsprogrammen oder ähnlichen Programmen weiter verarbeiten kann.
2	Die Daten werden für den Transfer aufbereitet, transferiert und in einer anderen Komponente des Systems verarbeitet (nicht Endbenutzer-Verarbeitung)
3	Verteilte Verarbeitung beziehungsweise der Datentransfer ist interaktiv und nur in eine Richtung möglich.
4	Verteilte Verarbeitung beziehungsweise der Datentransfer ist interaktiv und in beide Richtungen möglich.
5	Verarbeitungsfunktionen werden dynamisch auf der am besten geeigneten Komponente abgearbeitet.

Schritt 6 : Justierten Function Point Wert bestimmen

Die Berechnung des justierten Function Point Wertes ist je nach Zähltyp - Entwicklungs-, Erweiterungsprojekt oder IT-Produkt - unterschiedlich.

Formel für Entwicklungsprojekt:

$$DFP = (UFP + CFP) * VAF$$

Formel für Erweiterungsprojekt:

$$EFP = [(ADD + CHGA + CFP) * VAFA] + (DEL * VAFB)$$

6.3 Function Point-Methode

Formel für IT-Produkt:

AFP = UFP * VAF

Legende:

DFP	=	Justierte Function Points eines Entwicklungs-Projektes
EFP	=	Justierte Function Points eines Erweiterungsprojektes
AFP	=	Justierte Function Points des IT-Produktes
UFP	=	Unjustierte Function Points der Anwendungsfunktionen
CFP	=	Unjustierte Function Points für Funktionen, die einmalig zur Konvertierung von Daten entwickelt werden
VAF	=	Wertfaktor (in Schritt 5 ermittelt)
ADD	=	Unjustierte Function Points für neue Funktionen
CHGA	=	Unjustierte Function Points für veränderte Funktionen; der aus der Veränderung resultierende Wert ist entscheidend
VAFA	=	Wertfaktor nach erfolgter Erweiterung der Anwendung
DEL	=	Unjustierte Function Points der zu löschenden Funktionen
VAFB	=	Wertfaktor vor erfolgter Erweiterung der Anwendung

Schritt 7 : Abschlussarbeiten und Interpretation der Ergebnisse

Wie schon dargelegt, hängt der geschätzte Aufwand nicht nur vom Funktionsumfang ab. Die Art der Entwicklungsumgebung ist genau zu prüfen, zu dokumentieren und anhand dieser die zutreffende Erfahrungskurve auszuwählen (siehe Abbildung 6.6). Wichtig für die Aufnahme der gewonnenen Daten nach Abschluss des Projektes in die Erfahrungskurve ist die Zuordnung zu einer Entwicklungsumgebung, um diese auf eine breitere Erfahrungsbasis zu stellen. Zum Ende des Projektes ist die letzte Zählung nochmals zu überprüfen und gegebenenfalls zu aktualisieren, wenn es Change Requests im Projektablauf gegeben hat, die Veränderungen von Geschäftsentitäten oder –funktionstypen zur Folge hatten. Der zu erwartende Aufwand lässt sich anhand der Erfahrungskurve ermitteln. Schwierig wird es, wenn es für die spezifische Entwicklungsumgebung noch keine Erfahrungskurve gibt. Dann können nur Anhaltspunkte gewonnen werden und das Projekt kann nach Abschluss für den Aufbau einer neuen Erfahrungskurve genutzt werden. Je vollständiger die Angaben zur Schätzung oder Zählung sind und je fundierter die Erfahrungskurve ist, umso besser ist auch die Qualität der Aufwandsschätzung.

6.3.5 Fazit Function Point Methode

Die Function Point Methode repräsentiert ein funktionsbasierendes Aufwandsschätzverfahren, welches sich durch einen großen Formalismus auszeichnet[259]. Dieses Verfahren hat sich gerade bei IT-Vorhaben für die Aufwands- und die Kostenschätzung bewährt. Ihm liegt die Annahme zugrunde, dass der Aufwand für die Entwicklung eines Software-Programms von verschiedenen Einflussgrößen – wie zum Beispiel der Verflechtung mit anderen Software-Programmen des Unternehmens, der Komplexität der abzubildenden Geschäftsvorfälle und dergleichen mehr – abhängt[260]. Diese Einflussgrößen werden in Form von Funktionen (Aufgaben und/oder Datenbestände) ermittelt und anschließend bewertet (niedrig, durchschnittlich, hoch). Ebenfalls erfährt die zu erbringende Qualität der Entwicklung eine entsprechende Bewertung. Hieraus ergeben sich sogenannte Function Points. Diese können im Folgenden innerhalb einer Funktionskurve in Mitarbeiter-Monate umgesetzt werden. Die Anzahl der Function Points ist somit verantwortlich für die in die Entwicklung des Untersuchungsobjektes eingehenden Personentage[261], die wieder-

---

[259] Siehe auch Dreger, B.: Function Point Analysis; Litke, H.D.: Projektmanagement – 2. Auflage

[260] Vgl. Fiedler, R.: Controlling von Projekten, Seite 62

[261] Siehe Litke, H.D.: Projektmanagement – 2. Auflage, Seite 122

um einen nicht unerheblichen Projektaufwand verkörpern. Als weitere Vorteile der Function Point-Methode lassen sich die nachfolgenden Faktoren ausmachen[262]:

- Ermöglichung einer „Black-Box-Betrachtung" aus Benutzersicht,
- Erhöhte Transparenz der Projektkalkulationen,
- Sichere und frühere Bestimmung der Systemgrößen im Rahmen des IT-Produkt Lebenszyklusses,
- Kosten-Nutzen-Betrachtung auf Funktionsebene.

Des Weiteren lassen sich sehr viele Umgebungseinflüsse auf die Anwendungsentwicklung als konstant ansehen, so dass diese für jedes IT-Projekt auch entsprechend gleich bewertet werden. Projektbedingte Einflüsse sind jedoch jederzeit nach unternehmensspezifischen Kriterien quantifizierbar[263]. Dies ermöglicht eine stabile Datenbasis für alle IT-Projekte (infolge der Konstanten) bei gleichzeitiger Berücksichtigung von Projektbesonderheiten. So lassen sich aussagefähige Daten gewinnen, die IT-Projekte vergleichbar machen. Eine gezieltere Projektaufwandsschätzung zu Beginn eines IT-Projektes ist so auf Prognosebasis möglich.

6.4 Projektplanung und Projektbudgetierung

Die Planung und Bugetierung sind zentrale Instrumente zur erfolgsorientierten Unternehmenssteuerung. Sie wurden und werden in vielen Unternehmen unter anderem zur Zukunftsprognose, zur Schaffung von Leistungsanreizen, als Entscheidungshilfen und als Steuerungsgrößen zu umfangreichen und komplexen Systemen entwickelt[264]. Gerade in der Projektlandschaft steht die Projektplanung in einem direkten Zusammenhang mit dem Projekterfolg, da die wachsende Komplexität von Projekten und die zunehmende Dynamik aller Parameter zu einer gezielten und

---

[262] In Anlehnung an Litke, H.D.: Projektmanagement – 2. Auflage, Seite 130

[263] Vgl. Platz, J. / Schmelzer, H.: Projektmanagement in der industriellen Forschung und Entwicklung, Seite 176 ff.

[264] Siehe Gleich, R. / Kopp, J.: Ansätze zur Neugestaltung der Planung und Budgetierung, Seite 429

6 IT-Controlling in der operativen Phase

bewussten Planung anhält[265]. Dabei impliziert die Projektplanung die systematische Informationsgewinnung über den zukünftigen Ablauf des Projektes und die gedankliche Vorwegnahme des notwendigen Handelns im Projekt[266]. Somit werden alle Tätigkeiten innerhalb eines Projektes planerisch festgelegt. Im Rahmen einer Grobplanung wird der gesamte Phasenablauf des Software-Entwicklungsprozesses erstellt; im Rahmen der Detailplanung die aktuelle und die jeweils folgende Phase leistungsorientiert nach inhaltlichen, geldwerten und zeitlichen Gesichtspunkten beplant[267].

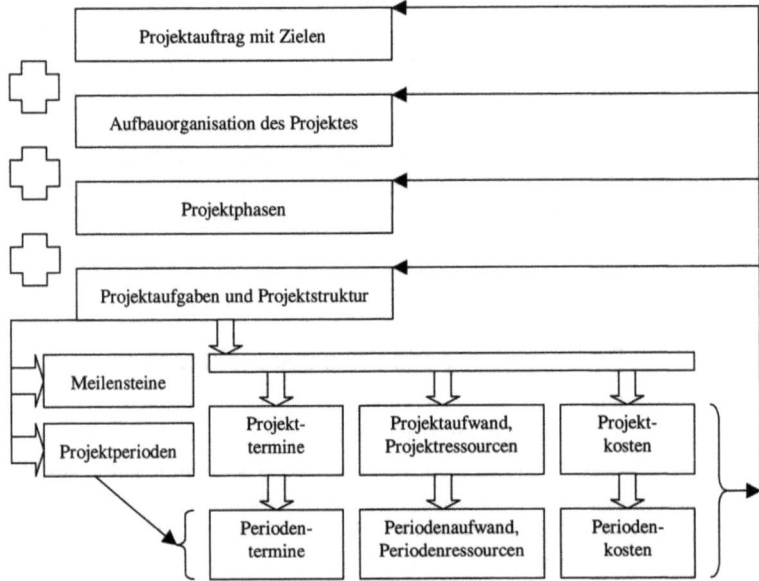

Abb. 6.8: Die wichtigsten Projekt-Planungsschritte[268]

---

[265] Vgl. Litke, H.D.: Projektmanagement – 2. Auflage, Seite 89

[266] Vgl. Platz, J. / Schmelzer, H.: Projektmanagement in der industriellen Forschung und Entwicklung, Seite 131

[267] Vgl. Krcmar, H.: Informationsmanagement – 2. Auflage, Seite 294

[268] Modifikation des Projektplanungsmodells von Fiedler, R.: Controlling von Projekten, Seite 48

6.4 Projektplanung und Projektbudgetierung

Während der operativen Durchführung des Projektes sind diese Planungsergebnisse durch sich neu ergebende Erkenntnisse anzupassen. Man spricht in diesem Zusammenhang auch von einer **rollierenden Planung**. Die wichtigsten Planungsschritte im Rahmen einer Projektplanung werden in der Abbildung 6.8 aufgeführt, wobei der Planungszyklus oder zumindest Teile davon mehrfach durchlaufen werden, da die Planung sukzessive verfeinert werden kann. Auf die Bedeutung und die Besonderheiten der Projektperioden wird im nachfolgenden Kapitel 6.5 noch näher eingegangen. Das Projektcontrolling hat im Rahmen des IT-Analyse- und Planungscontrollings vielfach nur eine unterstützende Rolle innerhalb des Projektplanungsprozesses wahrzunehmen. Der Großteil der Aktivitäten ist hier durch die Projektführung, im Speziellen durch den Projektleiter, vorzunehmen. Er trägt die Ergebnisverantwortung für das Projekt und hat für eine fachlich korrekte Umsetzung der Anforderungen des beauftragenden Geschäftsfeldes zu sorgen. So ist in der Regel das Projektcontrolling in der Phase der Definition der Projektaufgaben und der Projektstruktur (Abbildung 6.8) außen vor. Es wird erst dort aktiv, wo die Eckpunkte des magischen Dreiecks betroffen sind. Projektterminierungen sowie Projektaufwendungen inklusive der Allokation der Projektressourcen stehen in dem Blickfeld des Projektcontrollings. Jedoch tritt es auch hier nur unterstützend mit der Bereitstellung von definierten Methoden und Verfahren auf, da die eigentliche Planung und Verantwortung dieser Projektgrößen ebenfalls in der Verantwortung des Projektleiters liegt. Doch gerade unter langfristig operativen Gesichtspunkten kann das Projektcontrolling in der Phase der Projektplanung die Projektumweltbedingungen restriktiv vorgeben. Es gilt den Projektleiter während der Planungsphase zu unterstützen und die die Wertsteigerung des Unternehmens / des Geschäftsfeldes beeinflussenden Faktoren transparent zu machen.

Controlling-Aktionsfelder Projektplanung

Kargl hat in diesem Zusammenhang die folgenden Aktionsfelder für das Projektcontrolling während der Phase der Projektplanung vorgeschlagen[269]:

- Die Unterstützung der Projektführung bei der Bildung des Projektteams durch Beratung, durch Einbeziehung aller

---

[269] Modifikation der Aktionsfelder des Projektcontrolling während der Phase der Projektplanung von Kargl, H.: Management und Controlling von IV-Projekten, Seiten 180-181

vom Projektvorhaben Betroffenen sowie durch die Übernahme der Moderation der Projekt-Meetings.

- Die Prüfung der Projektidee mit dem besonderen Augenmerk auf Vollständigkeit, Schlüssigkeit und Konsistenz der darin getroffenen Aussagen.

- Die Begleitung der vertraglichen Vereinbarung mit dem Auftraggeber über Ziele, Leistungsgegenstand, Kosten und Termine des Projektvorhabens sowie über Leistungen, die während des Projektes vom Auftraggeber zu erbringen sind (Schlagwort: Service Level Agreement). Zuvor liegt eine zentrale Aufgabe des langfristig operativen Projektcontrollings in der Definition und Veröffentlichung von Standard Service Level Agreement Vorlagen, die als Basis für genannte Vertragsgespräche dienen.

- Die Unterstützung der Projektleitung bei der Planung von Meilensteinen.

- Die Wirtschaftlichkeitsbetrachtungen bei der Vergabe von Fremdleistungen innerhalb der Projektabwicklung.

- Die Mitwirkung bei der Aufwandsschätzung sowie bei der Planung von Terminen, Kosten und Kapazitäten, hier insbesondere bei Zuordnungskonflikten infolge von Kapazitätsengpässen.

Dem zuletzt genannten Aktionsfeld ist seitens des Projektcontrollings in dieser Phase des Software-Produktlebenszyklusses eine besondere Aufmerksamkeit zuteil werden zu lassen, da die dort genannten Projektgrößen die Zielgrößen des magischen Dreiecks ausmachen. Bevor jedoch eine Aufwandsschätzung gleich welcher Art vorgenommen werden kann, sind Vorleistungen seitens des Projektteams insbesondere des Projektleiters erforderlich. Eine Aufwandsschätzung für eine Projektplanung macht nur dann Sinn, wenn bereits ein grober **Projektstrukturplan** vorliegt. Ein Projektstrukturplan definiert und schreibt die Aktivitäten fest, die in einem Projekt durchzuführen sind. Nach DIN 69901 gliedert dieser das Projekt nach Teilaufgaben. Diese Teilaufgaben wiederum können in Arbeitspakete (Aufgabenblöcke) zerlegt werden, welche nicht mehr weiter untergliederbar sind. Die Arbeitspakete[270] lassen sich vollständig einem Mitarbeiter oder einer or-

---

[270] Vgl. Schelle, H.: Projekte zum Erfolg führen – 3. Auflage, Seiten 109-110

6.4 Projektplanung und Projektbudgetierung

ganisatorischen Einheit übertragen. Infolge ihrer Nicht-Teilbarkeit repräsentieren diese Arbeitspakete die kleinste Planungseinheit.

Wertorientierte Projektstrukturpläne

Bedingt durch die immer stärkere Ausrichtung der Unternehmen an den Prinzipien der Wertsteigerung geht man vielfach dazu über, **wertorientierte Projektstrukturpläne**[271] zu erstellen. Diese haben aus Controllinggesichtspunkten den Vorteil, dass man durch sie in die Lage versetzt wird, den Einfluss der Arbeitspakete auf den Erlös eines Projekte abzuschätzen. Tritt nun die Problematik auf, die Leistung infolge eines Ressourcenengpasses reduzieren zu müssen, so hat man auch aus Terminegesichtspunkten durch die wertorientierten Arbeitspakte Anhaltspunkte, welche von diesen mit dem geringsten Verlust in ihrem Umfang reduziert werden können. Die nachfolgende Abbildung 6.9 zeigt einen Ausschnitt aus einem wertorientierten Projektstrukturplan, der für jedes Arbeitspaket den entsprechenden Wert für das Projekt wiedergibt. Bei Wegfall des entsprechenden Arbeitspaketes würde dann eine Erlösminderung um den entsprechenden Wert stattfinden. Muss-Arbeitspakete werden stets mit dem kompletten Erlös des Projektes bewertet, da diese unter keinen Umständen gestrichen werden können. Ansonsten kann das Projekt in dessen Gesamtheit nicht mehr durchgeführt werden. Kann-Arbeitspakete hingegen werden mit einem gewichteten Erlös bewertet, der bei Wegfall des Arbeitspaketes den Erlös des Gesamtprojektes entsprechend schmälert[272].

Beispiel Wertberechnung eines Kann-Arbeitspaktes

Wird das Arbeitspaket „Zusatzwünsche des Geschäftsfeldes" nicht ausgeführt, so hat man durch Befragungen festgestellt (beachte Abbildung 6.9):

- In 40 % der Fälle sind keine Auswirkungen auf die Teilaufgabe „Anforderungen des Geschäftsfeldes analysieren" festzustellen.

- In 30 % der Fälle treten durch nicht realisierte Anforderungen des Geschäftsfeldes Erlösreduzierungen von 2 Mio. Euro auf.

- In 30 % der Fälle führt der Wegfall dieses Arbeitspaketes zu einem vollständigen Erlösverlust, da das Geschäftsfeld

---

[271] Eine detaillierte Darstellung von wertorientierten Projektstrukturplänen ist zu finden in Devaux, S.: Total Project Control, Seite 49 ff.
[272] Siehe auch Fiedler, R.: Controlling von Projekten, Seiten 54-56

nur durch diese Zusatzwünsche bereit ist, das CRM-Modul einzusetzen.

Der Wert des Arbeitspaketes ergibt sich demnach:

Kann-Arbeitspaketwert = Erlös des Gesamtprojektes
- Wahrscheinlicher Erlös des Gesamtprojektes bei Wegfall des Kann-Arbeitspaktes

Kann-Arbeitspaketwert = 10 Mio. Euro
- (10 Mio. * 40% + 8 Mio. * 30% + 0 Mio. * 30%) Euro
= 10 Mio. Euro - 6,4 Mio. Euro
= <u>3,6 Mio. Euro</u>

Streicht man das Arbeitspaket „Zusatzwünsche des Geschäftsfeldes aufnehmen", so liefert das Gesamtprojekt lediglich noch einen Erlös von 6,4 Mio. Euro (statt 10 Mio. Euro).

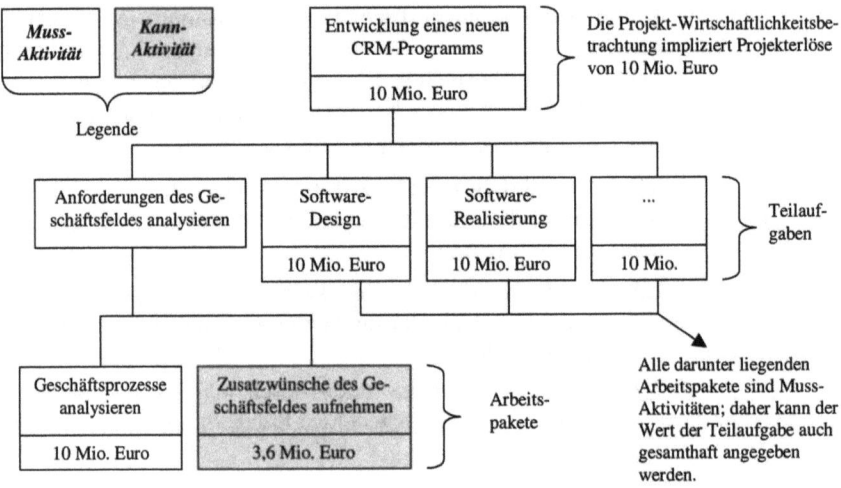

Abb. 6.9: Beispiel Wertorientierter Projektstrukturplan[273]

Werden seitens der Projektleitung wertorientierte Projektstrukturpläne erstellt, so kann das Controlling hieraus einen entspre-

---

[273] In Anlehnung an Fiedler, R.: Controlling von Projekten, S. 54-56

chenden Nutzen für seine Aufgaben innerhalb der Wertschöpfungskette eines Software-Produktes ziehen. Die Wirtschaftlichkeitsbeurteilung von IT-Projekten wird bis auf die Arbeitsebene der Projektmitarbeiter angewendet, so dass seitens des Controllings das IT-Projekt nicht nur unter den Gesichtspunkten der Wertsteigerung beurteilt, sondern zeitnah bereits während der sukzessiven Projektergebniserstellung steuernd eingegriffen werden kann. Aus diesem Grund hat das langfristig operative IT-Projektcontrolling dafür Sorge zu tragen, solche wertorientierten Projektstrukturpläne von der Projektleitung einzufordern. Selbstverständlich bedeutet dies auch gleichzeitig, dass die Projektleitung insbesondere bei der Bestimmung der Arbeitspaketwerte unterstützt wird. Als Hauptinputquelle für diesen Prozess dient die Wirtschaftlichkeitsbeurteilung des Gesamtprojektes, deren Erlösfeststellung als Basis für die Arbeitspaketwerte heranzuziehen ist.

Detaillierung der Projektplanung

Nach Vorlage der Projektstrukturpläne besteht ein wesentlicher Teil des IT-Projektcontrollings darin, den Projektleiter bei der Schätzung grober Wertkennziffern für die Ausprägungspunkte des magischen Dreiecks zu unterstützen. Dieser Vorgang zieht eine Detaillierung der vorgenommenen Projektaufwandsschätzungen im Rahmen des Budgetierungsprozesses nach sich. Während hier nur unter sehr groben Gesichtspunkten das projektorientierte Jahresbudget festgelegt worden ist, wird dieses nun anhand der Projektstrukturpläne mit einem geringeren Schätzrisiko versehen. Zu vergleichen ist dies in etwa mit den Überlegungen einer Privatperson bei einem Automobilkauf. Zunächst wird der grobe finanzielle Rahmen, der jahresorientiert für die Automobilanschaffung und -unterhaltung zur Verfügung steht, eruiert. Hier wird der Fokus auf die der Privatperson vorliegenden Ein- und Auszahlungsströme gelegt. Daraus wird ein Budget ermittelt, welches für den Autokauf gesamthaft zur Verfügung steht. Grob können dabei bestimmte Aufwandspositionen wie Versicherungen, direkter Automobilerwerb, Unterhaltungskosten, etc. budgetiert werden. Steht dann der Automobilkauf direkt zur Disposition, so unterzieht man diese festgeschriebenen Budgetwerte einer detaillierteren Planung. Es werden durch Marktvergleiche die budgetierten Aufwandswerte neu beplant, wobei die budgetierte Gesamtsumme für den Erwerb und die Unterhaltung des Automobils als Obergrenze fungiert. Des Weiteren werden Zeitdimensionen für den Erwerb in die Planung mit aufgenommen. Diese Zeitdimensionen sind in der Regel nicht konform mit der jahresorientierten Budgetplanung, da ein Automobil ja auch über mehrere Jahre zu nutzen ist. Ähnlich verläuft die Projektplanung. Ein Projekt ist vielfach jahresübergreifend und hat damit für dessen originäre Planung einen anderen Betrachtungsfokus als die reine Budgetplanung, die sich definitiv an den Jahresscheiben orientiert. Die Projektplanung ist somit vereinfacht ausgedrückt eine Budgetierung des Projektes ohne Berücksichtigung der Jahresscheiben.

Terminplanung

Ebenso ist das Projektmanagement bei der **Terminplanung** zu unterstützen. Diese ist sowohl für das Gesamtprojekt als auch für die entsprechenden Arbeitspakete vorzunehmen. Das Unternehmensmanagement respektive das auftraggebende Geschäftsfeld interessiert sich lediglich für die Termine des Gesamtprojektes, da dieses Produktergebnis-orientiert denkt. Für das Projekt und die damit beauftragten Projektmitarbeiter sind jedoch die Termine der Arbeitspakete von essenzieller Bedeutung. Grund hierfür ist die Tatsache, dass diese die vorzunehmenden Aktivitäten zeitlich beschränken. Da die Gesamttermine sich aber aus den Arbeitspaketterminierungen ableiten lassen, wird eine Terminplanung vorrangig für die Arbeitspakete durchgeführt. Dies ist Aufgabe des Projektleiters. Das Controlling/IT-Controlling kann hierzu lediglich bestimmte Terminplanungsmethoden zur Verfügung stellen und beratend in den entsprechenden Prozess eingreifen. Es hat darauf zu achten, dass auch Terminierungen für seine Steuerungszwecke projektorientiert geplant werden. Hierbei handelt es sich um die sogenannten Meilenstein- beziehungsweise Periodentermine, bei denen steuernd[274] durch ein definiertes Berichtswesen auf das Projekt Einfluss genommen werden kann.

Definition Termin

Unter einem **Termin** wird stets ein Zeitpunkt verstanden (zum Beispiel ein bestimmter Tag). Bei der Durchführung der Terminplanung geht es primär darum, den gesamten Projektablauf zu terminieren, das heißt für jedes Element des Planungsablaufs ist dessen spezifische Zeitdauer zu schätzen[275].

Die Planung, Überwachung und Steuerung von Terminen nimmt gerade bei IT-Projekten eine große Bedeutung ein. Besonders wichtig ist dabei ein frühe Warnung vor drohenden Terminüberschreitungen, damit das Management nicht erst auf eingetretene

---

[274] Steuernd im Sinne einer Empfehlungsabgabe an das Unternehmensmanagement, welches letztendlich die Gesamtverantwortung für alle durchzuführenden Projekte trägt.

[275] Vgl. Litke, H.D.: Projektmanagement – 2. Auflage, Seiten 106-107

6.4 Projektplanung und Projektbudgetierung

Verzögerungen reagiert, sondern noch rechtzeitig agieren kann. Terminverzögerungen lassen sich (wenn überhaupt) in der Regel nur durch den Einsatz zusätzlicher Ressourcen wieder aufholen, was wiederum mit einer Erhöhung des Projektkostenblocks einhergeht. Somit ist eine detaillierte Terminplanung zu Beginn eines Projektes vorzunehmen, um entsprechend dagegen steuern zu können. Gleichzeitig lässt sich so auch der sogenannte Dominoeffekt verhindern[276], der besagt, dass eine Termingefährdung innerhalb des Projektes auf Arbeitspaketebene zu einem vielfach höheren Terminverzug auf Gesamtprojektebene führt, da die Arbeiten aufeinander aufbauen. Erbringt ein Glied dieser Kette nicht wie geplant zeitorientiert seine Leistungen, so entstehen für die nachgelagerten Kettenglieder Wartezeiten. Diese „menschlichen Glieder" sind vielfach auch in anderen Projekten verplant, so dass bei Verzögerungen das nachfolgende Kettenglied nicht automatisch zur Verfügung steht. Damit einhergehend ist eine weitere Projektverzögerung. Durch eine Terminplanung lassen sich diese zeitkritischen Aktivitäten detailliert darstellen. So können im Vorfeld durch eingebaute Zeitpuffer die kritischen Projektengpässe ein wenig entschärft werden.

Definition Netzplantechnik

Vorherrschendes Terminplanungsinstrumentarium in der Praxis ist die **Netzplantechnik**. Nach DIN 69900 ist die Netzplantechnik wie folgt definiert[277]:

„Die Netzplantechnik umfasst Verfahren zur Projektplanung und –steuerung. Der Netzplan ist die graphische Darstellung von Ablaufstrukturen, die die logische und zeitliche Aufeinanderfolge von Vorgängen veranschaulichen."

Mit der Netzplantechnik lassen sich so

- realistische End- und Zwischentermine ermitteln,
- zeitkritische Vorgänge bestimmen,
- rechtzeitig drohende Terminverschiebungen erkennen und
- komplizierte Abhängigkeiten im Projektablauf darstellen.

Sie zwingt die Projektleitung gerade in der Planungsphase zu einem genauen Durchdenken des Projektablaufs, denn nur so lassen sich die Projektvorgänge strukturiert und mit zeitlichen Di-

---

[276] Vgl. Schelle, H.: Projekte zum Erfolg führen – 3. Auflage, Seite 122
[277] DIN: DIN 69900, Netzplantechnik

mensionen versehen darstellen. Die Netzplantechnik ist somit ein hervorragendes Koordinations- und Kommunikationsinstrument, erfordert aber in ihrer Anwendung einen hohen Aufwand, der vor allem bei kleineren Projekten vielfach nicht wirtschaftlich ist. Des Weiteren ist sie häufig in ihrer Anwendung – bedingt durch ihre Formalismen - sehr schwerfällig[278]. Dennoch überwiegen deren Vorteile für eine zeitorientierte strukturierte Projektdarstellung. Auf den ersten Blick lassen sich Dauer und kritische Aspekte von Arbeitspaketen erkennen, was zum einen im Sinne der Projektleitung aber zum anderen auch des Controllings ist, denn so können bei auftretenden Problemen frühzeitig Gegensteuerungsmaßnahmen ergriffen werden. Die Ermittlung der arbeitspaketspezifischen Vorgangsdauern erfolgt durch Expertenschätzung. Anhand dieser Schätzungen und nach ablaufspezifischen Gesichtspunkten wird dann der Netzplan erstellt. Jede Aktivität ist anschließend in Abhängigkeit ihrer Rangfolge im Netzplan und ihrer Durchführungsdauer mit Start- und End-Terminen zu versehen, so dass ein vollständiger Netzplan als detaillierter Fahrplan für die Arbeitspaketumsetzung herangezogen werden kann. Auf eine detaillierte Darstellung der Netzplantechnik wird an dieser Stelle verzichtet und auf die entsprechende Fachliteratur zu dieser Thematik verwiesen[279].

Terminplanungsinstrumente Terminplan Balkendiagramm

Als weitere Verfahren der Terminplanung sind der **Terminplan** und das **Balkendiagramm** zu nennen. Der Terminplan ist eine einfache Auflistung aller Aktivitäten mit den geschätzten Dauern sowie den Start- und Endterminen für jede Aktivität. Zur Erstellung eines Terminplans sind keine speziellen Kenntnisse erforderlich, jedoch ist eine Darstellung von Abhängigkeiten zwischen den Aktivitäten nicht möglich. Des Weiteren wird ein Terminplan sehr schnell unübersichtlich. Für große, komplexe Projekte ist die Terminplanung mit Terminplan daher nicht zu empfehlen[280]. Das Balkendiagramm[281] kommt dem Terminplan sehr nahe, stellt

---

[278] Vgl. Schelle, H.: Projekte zum Erfolg führen – 3. Auflage, Seite 123

[279] Zum Beispiel: Wischnewski, E.: Modernes Projektmanagement – 7. Auflage, Seiten 204-220; Fiedler, R.: Controlling von Projekten, Seiten 64—81; Schelle, H.: Projekte zum Erfolg führen – 3. Auflage, Seiten 121-141

[280] Vgl. Litke, H.D.: Projektmanagement – 2. Auflage, Seite 108 und Seiten 111-112

[281] Vielfach auch als Gantt-Diagramm bezeichnet.

6.4 Projektplanung und Projektbudgetierung

jedoch die geplanten Dauern pro Aktivität als Balken dar. Gegenseitige Abhängigkeiten von Tätigkeiten/Aktivitäten lassen sich ebenfalls nur beschränkt mit dieser Methode ausweisen. Sie ist geeignet für kleine und mittelgroße Projekte, da Balkendiagramme sehr übersichtlich sowie schnell erstellbar sind und zeitliche Parallelitäten zwischen einzelnen Aktivitäten aufzeigen. Für große und komplexe Projekte ist diese Methode wie auch die der Terminplanung nicht zu empfehlen[282].

Projektaufwands-schätzungen

Ein weiterer Tätigkeitsschwerpunkt des Projektcontrollings unter langfristig orientierten Gesichtspunkten liegt in der Bereitstellung von Methoden und Verfahren für **Projektaufwandsschätzungen**. Der Begriff des Aufwandes wird in diesem Zusammenhang gleichgesetzt mit der Kapazitätsfrage, also der Ressourceninanspruchnahme. In der Regel impliziert man mit der Begrifflichkeit des Aufwandes auch gleichzeitig die anfallenden Projektkosten. Da jedoch in Abbildung 6.8 eine Trennung zwischen den Projektaufwendungen und den Projektkosten dargestellt ist, wird dies auch an dieser Stelle beibehalten. Häufig ist bei der Durchführung von IT-Projekten das Phänomen zu beobachten, dass sie unter Termin- und oder Kostendruck geraten, weil personelle Engpässe vorhanden sind. Durch eine detaillierte Ressourcen- oder Kapazitätsplanung lässt sich diese Situation vielfach vermeiden, da Kapazitätsengpässe unter anderem durch parallel verlaufende Projekte bereits im Stadium der Planung erkannt und entsprechend frühzeitig Gegenmaßnahmen in Angriff genommen werden können[283]. Kapazitäts- und Terminplanung erfolgen in der Regel parallel. Die Grundlage hierfür liegt zum einen in den jeweiligen aufgestellten Projektstrukturplänen und zum anderen in der sich an diesen Strukturplänen orientierenden Aufwandsschätzungen. Der Aufwandsermittlung im Rahmen von IT-Projekten liegen oft die nachfolgenden Problemfelder zugrunde[284]:

   Ungenügende Zieldefinitionen seitens der Auftraggeber erschweren eine detaillierte Vorhersage des anfallenden Aufwandes;

---

[282] Vgl. Litke, H.D.: Projektmanagement – 2. Auflage, Seiten 108-109 und Seite 112

[283] In Anlehnung an Litke, H.D.: Projektmanagement – 2. Auflage, Seite 113

[284] Siehe auch Litke, H.D.: Projektmanagement – 2. Auflage, Seite 116

- Die Projekteinflüsse sind häufig im Vorfeld einer operativen Umsetzung nur schwer zu quantifizieren;
- IT-Projekte zeichnen sich in der Regel durch einen hohen Innovationsgrad aus, der wiederum mangelnde Erfahrungswerte für die erforderlichen Schritte der Projektumsetzung impliziert;
- Während der Projektlaufzeit ändern sich vielfach die Rahmenbedingungen, so dass die originäre Planung sehr schnell zu revidieren beziehungsweise zu überarbeiten ist.

Lediglich grob oder fein umrissene Projektziele seitens der Projektauftraggeber stehen als Inputgröße bei einer Aufwandsschätzung zur Verfügung. Die in Kapitel 6.1 dargestellten Wirtschaftlichkeitsanalysen für IT-Projekte setzen neben den erwarteten Erlöserwartungen natürlich auch die entsprechenden Aufwands-/Kostenpositionen als Betrachtungsfaktoren voraus. In diesem Zusammenhang können die Aufwandsschätzungen dazu beitragen, durch einen iterativen Prozess aus Zielformulierung, Aufwandsermittlung und Überlegungen zur Durchführbarkeit eine für den Auftraggeber optimale projektspezifische Nutzen-Aufwand-Relation zu erreichen[285]. Wie bereits erwähnt, geben die Wirtschaftlichkeitsanalysen zunächst grob darüber Auskunft, ob ein Projekt aus wirtschaftlichen Gesichtspunkten durchführbar ist oder nicht. Durch entsprechende Kostenschätzungen können diese eine höhere Detaillierung und damit auch Aussagekraft erhalten. Somit dient die Projektplanung an sich auch dazu, die Wirtschaftlichkeit eines Projektes neu zu bestimmen, und zwar mit den Erkenntnissen, die sowohl aus der Termin-, als auch der Aufwands- und/oder Kostenschätzung resultieren. An dieser Stelle sei nochmals erwähnt, dass ein Projekt stets als ein rollierender Prozess aufzufassen ist, der Rücksprünge in vorgelagerte Betrachtungsphasen durchaus erlaubt. Demzufolge wird eine Projektplanung nie einmalig durchgeführt, sondern über die gesamte Projektlaufzeit mit den dann vorliegenden Erkenntnissen modifiziert. In der Regel wird eine erste Wirtschaftlichkeitsanalyse innerhalb einer *Vorstudie* zu einem Projektvorhaben vorgenommen, da hier die dafür entsprechenden notwendigen Parameter bereitgestellt werden können. Ähnlich verhält es sich mit einer ersten Aufwandsschätzung, denn zu einer Entscheidungsfindung über die Projektdurchführung müssen ebenfalls Aussa-

---

[285] In Anlehnung an Platz, J. / Schmelzer, H.: Projektmanagement in der industriellen Forschung und Entwicklung, Seite 162

6.4 Projektplanung und Projektbudgetierung

gen über benötigte Mitarbeiter, voraussichtliche Dauer des Projektes sowie dessen potenziellen Kosten vorliegen. Dabei muss jedoch allen Beteiligten klar sein, dass die in dieser Phase erhobenen Werte nicht absolut verbindlich sein können[286], da wesentliche Umweltbedingungen auf ein IT-Projekt erst mit einer detaillierteren Aufgliederung der Anforderungen ausgemacht werden können[287].

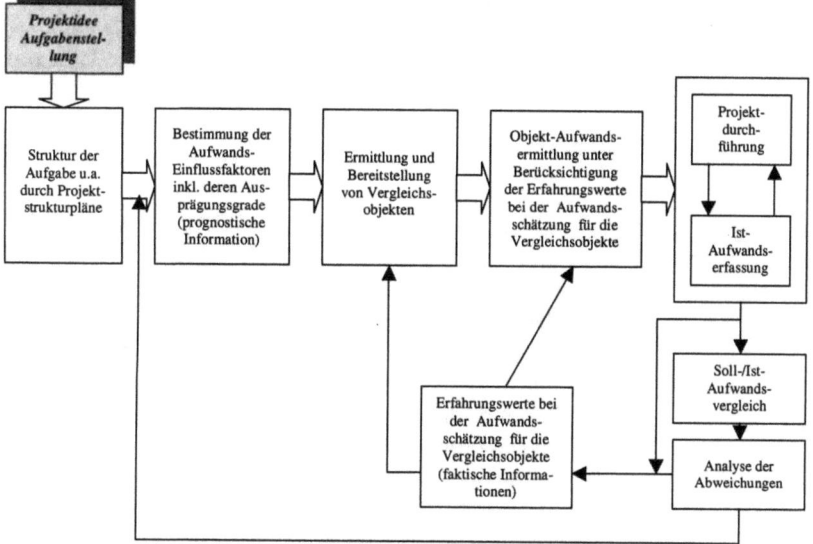

Abb. 6.10: Allgemeines Schema zur Projektaufwandsschätzung[288]

Jedes in der Praxis zur Anwendung kommende Aufwandsschätzverfahren verfährt im Wesentlichen nach der in Abbildung 6.10 vorgestellten Methode. Liegt die Aufgabenstrukturierung zum Beispiel in Form der Projektstrukturpläne vor, sind die für den Aufwand relevanten Einflussfaktoren zu bestimmen und in ihrer Wirkung abzuschätzen. Gleichzeitig sind ihre Ausprägungen zu

---

[286] Siehe Litke, H.D.: Projektmanagement – 2. Auflage, Seite 116

[287] Unter anderem bei der Ausarbeitung des Projektstrukturplans

[288] In Anlehnung an Litke, H.D.: Projektmanagement – 2. Auflage, Seite 118

eruieren, was man auch mit der Begrifflichkeit der prognostischen Information umschreibt. Diese Faktoren werden mit denen bereits existenter Vergleichsmodellen verglichen und die entsprechenden Auswirkungen festgestellt. Auf dieser Basis ist der anfallende Aufwand zu schätzen. Während der Projektdurchführung sind diese Faktoren einem Soll-Ist-Vergleich mit anschließender Abweichungsanalyse zu unterziehen, so dass für spätere Schätzungen die Vergleichsobjekte mit genaueren Aufwänden versehen werden können.

Expertenschätzung

Die **Expertenschätzung** gehört zu den einfacheren Aufwandsschätzmethoden. Hierbei wird ein optimistischer (A_o), ein wahrscheinlicher (A_w) und ein pessimistischer (A_p) Aufwand durch einen Experten für ein Projekt ermittelt. Der Gesamtaufwand errechnet sich dann aus diesen drei Größen nach folgender Formel[289]:

$$A = \frac{1}{6} * (A_o + 4*A_w + A_p)$$

Delphi-Methode

Eine weitere Form der Expertenschätzung wird durch die **Delphi-Methode** repräsentiert. Hierbei füllen mehrere Experten Schätzformulare inklusive einer Begründung der jeweiligen Entscheidung aus. Diese werden anschließend miteinander verglichen. Stimmen die unterschiedlichen Expertenschätzungen nicht annähernd überein, so erfolgt auf diesen Grundlagen eine erneute Schätzung. Erst wenn die Schätzungen der Experten sich ähneln, wird durch den Moderator der Expertengruppe ein Durchschnittswert als geschätzter Aufwand festgeschrieben.

Neben diesen beiden kurz skizzierten Aufwandsschätzverfahren sind noch die Analogienmethode, die Multiplikatormethode, die Prozentsatzmethode, die Relationenmethode, die Gewichtungsmethode, die parametrischen Schätzgleichungen und die in Kapitel 6.3 vorgestellte Function Point Methode zu erwähnen[290]. Die Praxis zeigt jedoch, dass bei der Aufwandsschätzung wenig Wert

---

[289] Vgl. Fiedler, R.: Controlling von Projekten, Seiten 58-59

[290] Siehe hierzu nachfolgende Literaturquellen: Litke, H.D.: Projektmanagement – 2. Auflage, Seiten 119-122; Fiedler, R.: Controlling von Projekten, Seiten 58-63; Platz, J. / Schmelzer, H.: Projektmanagement in der industriellen Forschung und Entwicklung, Seite 166 ff.; Noth / Kretzschmar: Aufwandsschätzung von DV-Projekten; Knöll, H.–D. / Busse, J.: Aufwandsschätzung von Software Projekten in der Praxis

6.4 Projektplanung und Projektbudgetierung

auf eine Methode zur Aufwandsbestimmung gelegt wird. Gerade im IT-Sektor werden im Rahmen der Projektbudgetierung aber auch bei der Projektplanung die Aufwandswerte näherungsweise durch Expertenschätzungen bestimmt. Um die Gefahr einer Fehlaussage zu vermeiden, belegt man diese Werte mit einem **Schätzrisiko** von ≥ 30 Prozent. Hier hat das Projektcontrolling noch große Überzeugungsarbeit zu leisten, um die Projektverantwortlichen dazu zu bewegen, die Aufwandsschätzungen methodenorientiert vorzunehmen. Insbesondere die Function Point Methode gilt es stärker in den Unternehmen zu fokussieren, da sie durch die einfließenden Erfahrungswerte auch für „neue" Projektleiter ein Hilfsmittel zu einer fundierten Aufwandsschätzung repräsentiert. Zwar kann es kein allgemeingültiges, für alle Projekte gleichermaßen passendes, Aufwandsschätzverfahren geben. Doch hat sich gerade das Projektcontrolling zur Aufgabe zu machen, den Projektleiter bei der Konzipierung einer für sein Projekt individuellen Aufwandsschätzmethode optimal zu unterstützen. Gleichzeitig ist es essenziell, die Informationen über die Genauigkeit der getroffenen Schätzungen nachzuhalten, um diese und daraus abgeleitete Erkenntnisse für spätere Projekte nutzen zu können[291]. Bei der Aufwandsschätzung ist zu beachten, dass die Ressource Mensch nicht in unbegrenztem Umfange mit den gewünschten Qualifikationen zur Verfügung steht. Für jedes Arbeitspaket ist anzugeben, welche Mitarbeiter (qualifikationsorientiert), in welcher Menge, für wie lange und ab welchem Zeitpunkt erforderlich sind. Dabei ist als Maximum die Normalarbeitszeit des Projektmitarbeiters heranzuziehen, die die Kalendertage exklusive der arbeitsfreien Tage wie Wochenendtage, Urlaub, Weiterbildung, Krankheit , etc. repräsentiert.

Kapazitäten-ausgleich

Stellt man bei der Ressourcenplanung fest, dass die benötigten Kapazitäten zu bestimmten Zeitpunkten nicht zur Verfügung stehen, gilt es, das Steuerungsinstrumentarium des **Kapazitätenausgleiches** heranzuziehen. Dieser kann durch folgende projektorientierte Maßnahmen erfolgen[292]:

- Zeitliche Verschiebung der Vorgänge;
- Erhöhung der zeitlichen Verfügbarkeit der Kapazitäten zum Beispiel durch Überstunden;

---

[291] In Anlehnung an Litke, H.D.: Projektmanagement – 2. Auflage, Seiten 130-131

[292] In Anlehnung an Fiedler, R.: Controlling von Projekten, S. 82-87

- Einplanung zusätzlicher Kapazitäten zum Beispiel durch Beauftragung externer Dienstleister;
- Qualitative Überarbeitung der Arbeitspakte mit einhergehender Kapazitätsmodifikation;
- Intensivere Nutzung der Kapazitäten durch Vorgabe von engeren Zeitrahmen für die Arbeitspaketabwicklung.

Durch Kapazitätsausgleichsmaßnahmen kann bereits während der Projektplanung vermieden werden, dass es bei der operativen Umsetzung zu Ressourcenengpässen kommt. Diese Kapazitätenbetrachtungen sind ein wesentliches Aufgabengebiet des zentralen IT-Projektcontrollings. Liegt für jedes Projektvorhaben ein Ressourceneinsatzplan vor, so kann das Controlling projektübergreifende Ressourcenallokationen feststellen und die entsprechenden Projektleiter über die Überplanung der gewünschten Kapazitäten in Kenntnis setzen. Diese können dann wiederum ihrerseits entsprechende Kapazitätsausgleichsmaßnahmen einleiten.

Projektbudget

Zum Aufstellen des **Projektbudgets** ist es erforderlich, alle anfallenden Projektkosten möglichst differenziert zu bestimmen. Diese orientieren sich im Idealfall an den vorherrschenden Kostenarten. Für IT-Projekte ist jedoch charakteristisch, dass der Grossteil der Kosten Personalkosten sind. Diese werden, wie in Kapitel 6.2 erläutert, über Standardverrechnungssätze in Form des kalkulierten Personentagespreises auf das Projekt angerechnet. Im Rahmen der Projektarbeit ist es nicht praktikabel mit den tatsächlichen Lohn- und Gehaltssätzen zu arbeiten[293]. Ähnlich wie der Aufwand werden auch die Kosten projektspezifisch geschätzt, so dass die bereits erwähnten Verfahren auch für die Kostenplanung herangezogen werden können. Ansätze wie die Prozesskostenrechnung tragen dazu bei, auch die indirekten Kosten nicht über Zuschlagssätze dem Projekt anzurechnen, sondern eine verursachungsgerechte Projektzuordnung zu ermöglichen. Diese Betrachtung würde jedoch den Rahmen dieses Buches sprengen, so dass an dieser Stelle darauf verzichtet wird.

Definition Budget

Ein **Budget** stellt einen in Geldgrößen ausgedrückten Plan dar. Dem Budgetverantwortlichen werden über einen definierten

---

[293] Personen arbeiten in mehreren Projekten; nicht direkt dem Projekt zurechenbare Kosten, die mit den Projektmitarbeitern einhergehen, werden durch den Personentagespreis dem Projekt pauschalisiert zugeordnet.

6.4 Projektplanung und Projektbudgetierung

Zeitraum geldwerte Mittel für bestimmte operative Aktivitäten zur Verfügung gestellt. Im Gegensatz zu einem Maßnahmenplan gibt ein Budget dem Budgetverantwortlichen einen größeren Handlungsspielraum für die Zukunft, da er im Rahmen der Unternehmenssituation über die Budgetmittel nach eigenem Ermessen verfügen kann, um die ihm gesetzten Ziele zu erreichen[294]. Bei einer Maßnahmenplanung hingegen bekommt der Planungsverantwortliche bestimmte Handlungen fix vorgeschrieben, die es umzusetzen gilt. Seine persönlichen Einflüsse auf das zu erreichende Ergebnis sind somit ziemlich gering[295]. Ein Budget wird in der Regel jahresbezogen und in der höchsten Verdichtung auf Unternehmensebene, anschließend auf Geschäftsfeldebene und dort wiederum auf Bereichsebene aufgestellt. Gleichzeitig kann dieses aber auch für Produkte, Regionen oder Projekte bestimmt werden, um hier als Steuerungsinstrumentarium zu agieren. Die Budgetierung, das heißt das Aufstellen, die Verabschiedung, Kontrolle und Abweichungsanalyse von Budgets[296] ist primär kein Kostenrechnungs- sondern vielmehr ein Führungsinstrument, welches gewissen Funktionen nachkommt[297]:

- Die Budgetierung zwingt die Manager zu einem präzisen Nachdenken über die zukünftig erzielbaren Erfolge.

- Die Budgetierung führt zu einer Koordination aller Unternehmensaktivitäten, da das Budget das wertmäßige, abgestimmte Ergebnis der Unternehmensplanung darstellt.

- Die Budgetierung fördert die Kommunikation sowie die Identifizierung von Engpass- beziehungsweise Problembereichen im Unternehmen.

- Budgets können als Meßlatten zur Beurteilung der Unternehmensführung herangezogen werden. Somit ist der Aspekt der Einhaltung von Budgets vielfach explizit in den Zielvereinbarungen der Manager festgeschrieben. Je nach Ausschöpfung des Budgetrahmens ist damit auch eine provisions- oder tantiemenorientierte Entlohnung der Ma-

---

[294] Vgl. Rieg, R.: Beyond Budgeting, Controlling, Seite 571

[295] Vgl. Camillus, J. C.: Budgeting for Profit, Seite 5 ff.

[296] Siehe Horváth, P. / Reichmann, T.: Schlagwort: Budgetierung, Sp. 87

[297] Vgl. Ewert, R. / Wagenhofer, A.: Interne Unternehmensrechnung – 4. Auflage, Seite 458 und die dort aufgeführten Literaturquellen

nager verbunden, so dass es in ihrem Interesse ist, den Budgetierungsprozess entsprechend nachhaltig zu begleiten beziehungsweise die Budgetausschöpfung zu steuern.

📖 Budgets fördern die unternehmensbezogene Eigenverantwortung der Budgetverantwortlichen für die Aktivitäten innerhalb des Unternehmens, da die mit der Verantwortung für die Budgeteinhaltung einhergehenden Handlungs- aber auch Entscheidungsspielräume mit einer höheren Motivation der Budgetverantwortlichen verbunden sind.

Aus den erwarteten Einnahmen der zu budgetierenden Einheiten respektive Objekte leiten sich die geldwerten Plangrößen für zu erbringende Leistungen ab. Für den IT-Bereich bedeutet dies, dass die geldwerten Mittel für zu erbringende Leistungen durch die entsprechenden Auftraggeber im Rahmen deren Budgetplanung definiert werden. In Summe ergeben diese Budgets dann das dem IT-Bereich zur Verfügung stehende IT-Budget. Selbstverständlich nimmt der IT-Bereich selbst auch Budgetierungen für seine Aufgaben vor. Da dieser als Dienstleister häufig keine direkten Einnahmen zu verzeichnen hat, zeigt er durch seine Budgetplanung, die bei ihm anfallenden Aufwendungen an. Es ist hier zwischen einem Sachkosten- und einem Projektbudget zu unterscheiden. Das Sachkostenbudget deckt die Kostenstruktur des IT-Bereiches im Allgemeinen ab, wohingegen das Projektbudget das Geld für durchzuführende Aktivitäten für die Geschäftsfelder repräsentiert. Dabei kann der IT-Bereich auch als Geschäftsfeld agieren, wenn er für seine Zwecke unter anderem sogenannte Infrastrukturprojekte durchführt. Das IT-Projektbudget ist stets eine Summation von Budgetgrößen der Geschäftsfelder für geplante IT–Projektleistungen. Mit diesem Budget kann der IT-Bereich die Anforderungen der Geschäftsfelder erfüllen.

Definition Projektvolumen

Die Budgetierung der Geschäftsfelder sowie die Sachkostenbudgetierung erfolgt in der Regel in Anlehnung an das Geschäftsjahr, also jahresbezogen. Da die IT-Projektbudgets hiervon abhängig sind, werden diese vielfach auch jahresweise budgetiert. Gleichzeitig sind jedoch geldwerte Einheiten über die komplette Laufzeit des Projektes zu budgetieren, um einen kompletten projektbezogenen Kostenrahmen als Steuerungsgröße zu erhalten. Dieser ist dann jahresweise in die entsprechenden Projektbudgets einzupassen. Budget, welches über die komplette Laufzeit des Projektes reicht, wird häufig auch als **Projektvolumen** bezeich-

6.4 Projektplanung und Projektbudgetierung

net, um deutlich zu machen, dass hier die Jahresbetrachtung im Gegensatz zu dem geschäftsjahresorientierten Projektbudget nicht maßgebend ist.

Aufgrund der Beteiligung von mehreren Personen und Abteilungen an der IT-Projektbudgeterstellung bedarf es ablauforganisatorischer Regelungen, die eine aussagekräftige Zusammenfassung der unterschiedlichen Budgetvorstellungen sicherstellen beziehungsweise für deren Abstimmung sorgen. Neben der Koordinierung des Budgetierungsprozesses werden des Weiteren die nachfolgenden Aufgaben durch den Controller wahrgenommen[298]:

- Erarbeitung von Planungs- und Budgetierungsvorgaben, die in einem Planungs- und/oder Budgetierungshandbuch zusammenzufassen sind, unter anderem mit
  - den zu kalkulierenden IT-Personentagespreisen,
  - den geltenden und zu beachtenden Projektverfahren- und Projektmethoden,
  - der Dokumentation des Planungstools,
  - der Dokumentation des jahresorientierten Planungs- und Budgetierungsablaufes, etc.;
- Beratende Begleitung des kompletten Budgetierungsprozesses;
- Kommunikation des Budgetierungsprozesses und dessen Ergebnisse;
- Erarbeitung und Abstimmung des Planungskalenders und Berücksichtigung der Planungslogik;
- Verfolgung der Termineinhaltung während des gesamten Budgetierungsprozesses;
- Gewährleistung einer aussagefähigen und einheitlichen Budgetierungs- und Berichtsform;
- Sammlung und Aggregation der gelieferten Budgetdaten;
- Bereitstellung von Zwischenergebnissen des Budgetierungsprozesses, um zeitnahe Budgetmodifikationen vornehmen zu können;
- Plausibilitätsprüfungen der Budgetansätze;

---

[298] Erweiterung der Controlling-Aufgaben im Rahmen des Budgetierungsprozesses von Horváth, P. / Reichmann, T.: Schlagwort: Budgetierungsprozess, Sp. 89

- Prüfung der gelieferten Daten auf Einhaltung vereinbarter Prämissen;
- Erarbeitung von Projektpriorisierungsvorschlägen bei einer Überplanung;
- Abgleich der budgetierten Projekte mit den zur Verfügung stehenden Kapazitäten;
- Abgleich der jahresorientierten Projektbudgets mit den jahresübergreifenden Projektvolumen;
- Überführung der Projektbudgetierung in die allgemeine Sachkostenbudgetierung / Finanzplanbudgetierung (zum Beispiel: ILV-Verrechnungswerte, Kosten externer Gewerknehmer, etc.);
- Plausibilitätsprüfungen zwischen Projektplanung und Sachkostenplanung;
- Erstellung der Budgetvorlage mit entsprechender Votierung zur Verabschiedung;
- Umsetzung des Beschlusses zu Budgetvorlage:
  - Zu überarbeitende Budgetplanung mit geringerem Budgetrahmen initiieren (rollierender Prozess);
  - Verabschiedetes Budget freigeben und Controllingmechanismen unterziehen.

Kritik an der Budgetierung

Trotz ihrer zentralen Bedeutung als Steuerungsinstrumentarium steht die Budgetierung vielfach in der Kritik. Dies resultiert aus der Tatsache, dass die Budgeterstellung mit einem zu großen administrativen Aufwand verbunden ist, dem vielfach nur mangelnder Nutzen gegenübergestellt werden kann. Ebenso ist die Budgetierung an sich nicht mit anderen Steuerungsinstrumentarien des Unternehmens verzahnt und das Management kann anhand der Budgetgrößen nicht ausreichend gemessen werden. Gerade aber die mangelnde Flexibilität einer einmal vorgenommenen Budgetierung gefährdet in der heutigen schnelllebigen und von Dynamik gekennzeichneten Zeit das originäre Unternehmensziel der Wertsteigerung. Um so mehr trifft dies auf den IT-Bereich zu, der oft dem Gedankengut des Time-To-Market Aspektes zu folgen hat, so dass eine Steuerung nach fixen Budgets dessen Erfolgsbeiträge zunichte machen kann. Rückmeldungen aus Beratungsprojekten zur Planung und Budgetierung wie „in zwei Nächten etwas auf Papier schreiben, ist besser als 6 Monate geplant" oder „Wir planen für die Controller" untermauern

6.4 Projektplanung und Projektbudgetierung

diese Kritikpunkte[299]. In folgender Aufstellung werden die Kritikpunkte mit Beispielen dargestellt[300].

Kritik an der Budgetierung	Beispiele
Der Aufwand und der Nutzen des Budgetierungsprozesses stehen in einem ungünstigen Verhältnis zueinander.	• Budgets werden in großer Detailliertheit und mit hohem Zeitaufwand erarbeitet, sind jedoch gerade im IT-Umfeld sehr schnell wieder überholt. • Eine Tendenz zur Bürokratisierung des Budgetierungsprozesses liegt vor. Die Budgetierung läuft in der Regel nach vorgegebenen Regeln ab. Besonderheiten von Budgetierungsobjekten können so vielfach nicht dargestellt werden, was dazu führt, dass die hierfür erforderlichen geldwerten Einheiten sich in Budgetierungskategorien wiederfinden, mit denen sie eigentlich nichts zu tun haben. Nur so kann man sich vielmals das notwendige Budget für die entsprechenden Aktivitäten sichern.
Die Kopplung der Budgetierung mit anderen Steuerungsinstrumenten ist mangelhaft beziehungsweise vielfach überhaupt nicht vorhanden.	• Die Budgets werden durch die Planungsrunden nicht aus der Strategie abgeleitet, so dass ihr Strategiebezug als Vorgabe für operative Tätigkeiten nicht erkennbar ist. Insbesondere bei der Bottom-Up-Planung ist dies der Fall, da hier zunächst die Einheiten versuchen, ihre Interessen in der Budgetierung abzubilden, die nicht unbedingt mit der Gesamtunternehmensstrategie übereinstimmen. • Die Budgetierung und deren Nachhaltung ist nicht an Vergütungssysteme gekoppelt, so dass Anreizsysteme für eine Budgetzielerreichung fehlen. • Infolge ihres starren Charakters verhindern Budgets den Wandel innerhalb des Unternehmens.

---

[299] Vgl. Gleich, R. / Kopp, J.: Ansätze zur Neugestaltung der Planung und Budgetierung, Seite 430

[300] Erweiterung der ausgemachten Kritikpunkte (um Aspekte speziell die IT-Projektbudgetierung betreffend) von Rieg, R.: Beyond Budgeting, Seite 571

Kritik an der Budgetierung	Beispiele
Die Leistungsmessung des Managements durch Budgetgrößen ist nur unzureichend gegeben.	• Budgets spiegeln vielfach keine „intangible assets" wieder, so dass das wertorientierte Gedankengut nicht verfolgt werden kann. Zu den Intangible Assets gehören Faktoren wie Markenwerte, Strategische Netzwerke, Prozessqualität, etc.. • Die Leistungsbeurteilung des Managements durch die Budgetierung ist nur von einseitiger Natur, da oft nur Finanzzahlen budgetorientiert abgebildet werden. • Die Manager akzeptieren die Budgetierung nur unzureichend.
Die Dynamisierung und Flexibilisierung von Budgets fehlt oft.	• Budgets werden jährlich fix geplant und nur deren Erreichung wird kontrolliert. • Prozessverbesserungen oder Kaizen-Prozesse finden sich nicht in den Budgets wieder. • Lerneffekte des Managements tauchen in den Budgetzahlen nicht auf. • Budgets der Folgejahre werden oft aus Vergangenheitsdaten extrapoliert; unter Umständen wird so die aktuelle Situation nicht in den Budgets zielgerichtet abgebildet.
Die Projektbudgets sind nur geldwerte Sammeltöpfe.	• Durch die Divergenzen zwischen Projektvolumen und jahresorientiertem -budget werden überdimensionierte Budgets aufgestellt, aus denen mittels Change Request Verfahren auch andere Projekte unterjährig bedient werden. Innerhalb des Budgetierungsprozesses wird sich „Projektgeld" gesichert, ohne konkrete Jahresaufwandsschätzungen für die Projekte vorgenommen zu haben. Letztendlich ist nur der Gesamterfolg eines Projektes maßgebend sowie die Einhaltung des zu Beginn des Projektes festgelegten und verabschiedeten Projektvolumens. • Projekte sind nicht jahresscheibenorientiert, so dass eine Projektplanung oder gesamthafte Projektbudgetierung nicht gleichgesetzt werden kann mit einer an dem Geschäftsjahr orientierten Sachkostenplanung.

6.4 Projektplanung und Projektbudgetierung

Kritik an der Budgetierung	Beispiele
IT-Projektbudgetierung wird durch die Anforderungen der Geschäftsfelder determiniert.	• Die Geschäftsfelder bestimmen die Höhe der IT-Projektbudgets durch ihre Anforderungen. Da diese demzufolge auch die Projektergebnisse durch ihre Vorgaben steuern, ist eine eigenständige IT-Projektplanung nicht zu rechtfertigen. Es bietet sich an, ein Budgettopf pro Geschäftsfeld für IT-Aktivitäten zur Verfügung zu stellen, wobei Wartungsaufgaben und der laufende Betrieb als Fixblock abzuziehen sind. Das übrig bleibende Budget kann im Ermessen des Geschäftsfeldes unterjährig mit Projekten unterlegt werden.
Projektbudgetierungen sind mit hohen Risiken behaftet.	• Insbesondere für Neuprojekte kann eine Projektbudgetierung nur mit hohen Schätzrisiken durchgeführt werden, da die Projektaufwendungen vielfach erst mit Vorliegen eines Feinkonzeptes einigermaßen sicher prognostiziert werden können. Durch den fixen Charakter der Budgetierung ist dann eventuell kein oder nicht ausreichend Geld für das Vorhaben eingeplant worden. Will man dieses dennoch durchführen, so müssen andere Projekte Budget abgegeben oder werden nicht gestartet, so dass die Budgetierung als Steuerungsinstrument nur sehr eingeschränkt verwendet werden kann. • Gesetzliche unterjährige Auflagen sind im Rahmen der Budgetierung nur sehr schwer abbildbar (gerade im Bankenbereich können diese gesetzlichen Anforderungen zu sehr hohen IT-Projektaufwendungen führen – Stichwort: Basel II).

Neue Budgetierungsansätze

Die Budgetierung auf IT-Projektebene wird in der Regel durch Expertenschätzungen durchgeführt. Budgetierungsinstrumente, wie die **Gemeinkostenwertanalyse** und das **Zero Base Budgeting**, haben sich bisher in der Praxis noch nicht in den IT-Budgetierungsprozess integrieren lassen. Ähnlich wird es sich wahrscheinlich mit dem Verfahren des **Beyond Budgeting**[301]

---

[301] Detailinformationen hierzu siehe Fraser, R./Hope, J.: Beyond Budgeting, Seiten 437-442; http://www.bbrt.org; Rieg, R.: Beyond Budgeting, Seiten 571-576

verhalten. Infolge der (gewünschten) Intransparenz der IT werden es Methoden zur Budgetierung schwer haben, sich durchzusetzen. Vielmehr prädestiniert die IT Budgettöpfe, aus denen sie ohne große Restriktionen die Wünsche der Auftraggeber erfüllen kann. Dass dies nicht im Sinne eines IT-Controllings ist, bedarf keiner weiteren Erläuterung. Jedoch würde eine ausführliche Darstellung von Budgetierungsmethoden für den IT-Bereich den Rahmen dieses Buches sprengen und liegt auch nicht im Hauptfokus der Betrachtung der Wertschöpfungskette eines IT-Projektes.

6.5 Periodenorientiertes IT-Projektgenehmigungsverfahren

IT-Projekte sind in den heutigen Unternehmenskulturen vielfach mit einem hohen Kostenvolumen verbunden. Die Informationstechnologie ist für nahezu alle Unternehmen zu einem kritischen Erfolgsfaktor geworden, so dass sie zum einen seitens des Managements einer entsprechenden Steuerung unterworfen und zum anderen gerade durch das Controlling nach dem ökonomischen Prinzip ausgerichtet wird. Für die Projektabwicklung bietet sich hierzu ein spezielles Genehmigungsverfahren an, welches Projekte vor deren operativen Umsetzung einer detaillierten Prüfung gerade auch unter dem Gesichtspunkt des Kosten-Nutzen-Verhältnisses unterzieht. Rückläufige Unternehmensgewinne implizieren auch rückläufige IT-Budgets. Demzufolge ist mit den zur Verfügung stehenden geldwerten Mitteln entsprechend sorgsam umzugehen. Man ist nicht mehr in der Lage, auf Basis der Prämisse *„Das Unternehmen benötigt die IT-Leistung xyz so schnell als irgendwie möglich, koste sie was sie wolle"* jede Anforderung an die IT umzusetzen. Somit ist die durchzuführende IT-Projektauswahl sorgsam vorzunehmen und dabei stets das Unternehmensziel der Wertsteigerung im Blickwinkel zu behalten. Auch dazu kann ein spezielles Projektgenehmigungsverfahren beitragen. Eine besondere Gefahr besteht darin, anzunehmen, dass ein Projekt seinen in der Startgenehmigung vorgestellten Prinzipien über die gesamte Projektlaufzeit folgt. Während dieser gibt es viele Möglichkeiten, das vorgestellte Kosten-Nutzen-Verhältnis maßgeblich zu verschlechtern, so dass dieses in der aktuellen Form nicht genehmigt worden wäre. So lassen sich unter anderem von anderen IT-Projekten geldwerte Mittel beantragen (Schlagworte: Change-Request Verfahren, Budgetumverteilungen, etc.). Erfolgt nicht gleichzeitig eine Korrektur des erwarteten Ertrages nach oben, verschlechtert sich automatisch die

Amortisationsdauer des jeweiligen IT-Projektes. Des Weiteren können ursprünglich nicht genehmigte Zusatzanforderungen an das IT-Projekt bei deren Umsetzung ebenfalls zu einem höheren geldwerten Aufwand beziehungsweise zu einer Verlängerung der Projektlaufzeit führen. Diese Faktoren lassen sich durch ein projektbegleitendes Berichtswesen anzeigen, welches innerhalb eines Genehmigungsverfahrens zu verankern ist. Weiterhin sind Entscheidungen des Managements an diese Faktoren zu koppeln, die bereits im Vorfeld klar und eindeutig zu definieren sind. Daher besitzt ein Genehmigungsverfahren nicht nur für den Projektstart eine Gültigkeitsberechtigung, sondern hat vielmehr projektbegleitend zu agieren.

Zeitscheibenorientierte Projektgenehmigung   Dies wird durch zeitscheibenorientierte Projektgenehmigungspunkte während der Projektlaufzeit ermöglicht, das heißt ein Projekt wird nicht mehr gesamthaft genehmigt, sondern stellt sich zu definierten Zeitpunkten einer erneuten Genehmigung. Die hierfür erforderlichen Zeitabschnitte bezeichnet man als **Perioden**, so dass man bei einer projektbegleitenden Genehmigung von einem **periodenorientierten Genehmigungsverfahren** sprechen kann. Das Verfahren vereinigt die Aspekte Genehmigung und projektbegleitendes Berichtswesen mit entsprechenden Projektauswirkungen. Es hat den Vorteil, dass bereits bei der Projektinitiierung die operative Projektabwicklung grob betrachtet wird, da bei der Start-Projektgenehmigung die Projektperioden angegeben und damit auch die Zwischengenehmigungspunkte des Projektes zu definieren sind. Jeder Projektverantwortliche hat sich so Projektprüfungen während des Projektes zu unterziehen, die ihm bei einer erfolgreichen Umsetzung des Projektes im Hinblick auf die gewünschten Projektergebnisse behilflich sind. Zu vergleichen ist dies in etwa mit eine TÜV-Prüfung während des Einsatzes eines Automobils. Dieses ist zu bestimmten Zeitpunkten Routineprüfungen zu unterziehen, die über die Sicherheit der Nutzung Auskunft geben. Damit wird die Verkehrstauglichkeit für den nächsten Einsatzzeitraum bescheinigt. Ähnlich verhält es sich bei den Projekten, die sich zu den Periodenendzeitpunkten eine effiziente und effektive Projektarbeit von einem Kontroll- und Entscheidungsgremium bescheinigen lassen und die nächste Projektperiode beantragen. Ist ein Automobil nicht mehr verkehrstauglich, so bekommt es durch den TÜV auch keine entsprechende Nutzungsgenehmigung bescheinigt. Bei dem periodenorientierten IT-Projektgenehmigungsverfahren bedeutet dies für die Projekte, bereits vor dem eigentlichen Projektendtermin gestoppt werden zu können, um hier bei erkennbaren nicht mit den eigentlichen Projektzielen vereinzubarenden Projektrisiken die Vernichtung von Unternehmenswerten frühzeitig zu vermeiden.

Entscheidungsgremium

Das periodenorientierte IT-Projektgenehmigungsverfahren ist für alle IT-Projekte mit einem hohen Projektvolumen anzuwenden (zum Beispiel ab einer Millionen Euro). Diese werden einem speziellen Entscheidungsgremium zur Genehmigung vorgestellt. Zusammensetzen tut sich dieses Entscheidungsgremium aus Vertretern des Managements/des Vorstandes, der Geschäftsfelder, des Controllings und des IT-Bereiches (zum Beispiel Architektur- und Sicherheitsexperten). Da IT-Projekte als Ertragspotenzial häufig die Einsparung von Mitarbeitern impliziert, ist zu empfehlen, in dieses Gremium ebenfalls Vertreter der Betriebsrates und der Personalabteilung aufzunehmen. Zur Präsentation vor der Genehmigungsinstanz sind standardisierte Projektvorstellungen zu etablieren mit einem besonderen Fokus auf[302]:

- Projektlaufzeit,
- Projektphasen und Projektperioden,
- Investitionsvolumen,
- Projektkosten (Einmalkosten),
- Projektfolgekosten (Betriebskosten)[303],
- Jahresorientierte Projekt-Cash-Flows,
- Business Case[304], wobei der erwartete Nutzen aus dem IT-Projekt in den Geschäftsfeldplänen der Auftraggeber Berücksichtigung findet,
- Projektamortisationsdauer,
- Projektrisikoabwägungen.

Neben diesen eher ökonomischen Entscheidungskriterien werden auch Sachverhalte der Architektur, der Technik, der Sicher-

---

[302] Vgl. Paravicini, M. / Horváth, P.: "Der IT-Bereich sollte ein wichtiger Impulsgeber für den Vorstand sein", Seiten 462-463

[303] Die Einmal- und die Betriebskosten repräsentieren die Aufwandsseite des zu erstellenden Business Case.

[304] Siehe hierzu auch Kapitel 6.1 Tabelle Inputfaktoren zur Berechnung des Kapitalwertes von IT-Projekten, die die zu beachtenden Ein- und Auszahlungsgrößen im Rahmen dieser Business Case Betrachtungen verkörpert.

heit, des laufenden Betriebseinsatzes sowie der Einhaltung von Verfahren und Methoden für die Projektabwicklung als Entscheidungsgrundlage für eine Projektgenehmigung herangezogen.

Projektbegleitung durch Entscheidungsgremium

Während der Projektlaufzeit begleitet dieses Entscheidungsgremium die IT-Projekte, indem es die folgenden Aufgaben wahrnimmt:

- Entscheidung über die Einteilung des Projektes in Projektperioden nach Vorschlag des Projektleiters,

- Entscheidung über die Durchführung von Projektperioden, die der genehmigten Startperiode folgen,

- Entscheidung über frühzeitige Projektbeendigung aufgrund von Periodenberichten,

- Entscheidung über zeitliche und finanzielle Verschiebungen,

- Entscheidung über Ausnahmegenehmigungen im Hinblick auf projektspezifische Abweichungen von den Aspekten des periodenorientierten IT-Projektgenehmigungsverfahrens.

Vorteile Projektgenehmigungsverfahren

Die nachfolgenden Unterkapitel widmen sich der eingehenden Beschreibung des angesprochenen periodenorientierten IT-Projektgenehmigungsverfahrens. Zuvor werden jedoch die Vorteile, resultierend aus der Anwendung des Verfahrens, für eine effiziente und effektive Projektabwicklung aufgeführt:

- Durch eine periodenorientierte Projekteinteilung und Projektabwicklung entstehen schneller lauffähige Teile (Software-Module) des Gesamt-Projektsystems, die wiederum durch ihre Modularität Synergieeffekte für andere Thematiken oder Projekte aufweisen können. Infolge der Zwischengenehmigungspunkte innerhalb eines Projektes hat der Projektleiter entsprechend lauffähige Teilergebnisse seines Projektes zu den definierten Periodenendterminen vorzuweisen, die eine weitere Projektabwicklung rechtfertigen.

- Geänderte Projektrahmenbedingungen können durch die periodenorientierte Modularisierung des Gesamtprojektes gezielter und zeitnaher umgesetzt werden.

- Kleinere Teilsysteme (resultierend aus der Periodeneinteilung) lassen sich einfacher spezifizieren, realisieren und testen. Eine Risikominimierung bezüglich der Gesamtthematik, genauere Aufwandsschätzungen sowie eine höhere Qualität der erzielten Ergebnisse ist zu erwarten.

- Durch die Periodeneinteilung lassen sich wirtschaftliche Risiken frühzeitig erkennen und dementsprechend auch frühzeitig beseitigen (modularisierte wirtschaftliche Betrachtungsweise des Gesamtprojektes).

- Mittels der Projektzwischengenehmigungen durch ein entsprechendes Gremium wird der Projektleiter in seiner Verantwortung für das Projekt entlastet.

- Für die Projektmitarbeiter sind schneller Projekterfolge sichtbar - zum Beispiel infolge einer positiven Votierung einer Projektzwischengenehmigung durch die Genehmigungsinstanz, so dass der Motivationsfaktor im Hinblick auf die operative Projektabwicklung steigt.

- Das Controlling bekommt zu definierten Periodenzeitpunkten einen ganzheitlichen Projektüberblick, der sich für die Erfüllung der Controllingaufgaben nutzen lässt. Durch die im Vorfeld der Projektarbeit genau definierten Berichtszeitpunkte steigt die Akzeptanz des Controllings bei den Projektmitarbeitern, da so ad hoc Berichte vermieden werden können. Durch seine Beraterrolle kann zudem das Controlling die Projektleitung bei der Erstellung der Periodenberichte zur Projektzwischengenehmigung entsprechend unterstützen, was zu einem Geben- / Nehmen-Verhältnis beider Parteien führt. Das Controlling fordert nicht mehr nur ein, sondern gibt auch Erkenntnisse an die Projektleitung für deren Projektarbeit weiter. Man arbeitet nicht mehr gegeneinander sondern miteinander (Culture of Tolerance).

6.5.1 Allgemeine Aspekte und Restriktionen

Für ein Genehmigungsverfahren müssen Rahmenbedingungen vorhanden sein, denen das zu erfüllende Vorhaben im Minimum zu genügen hat.

- Als eine solche ist die Projektgesamtlaufzeit anzusehen. Diese sollte nicht länger als 15 Monate betragen, da ansonsten nicht mehr steuerbare Aufgabenblöcke geschaffen werden, die zum einen nicht mehr überblickbar und zum anderen auch in ihrer Abwicklung nicht mehr effizient umgesetzt werden können (Stichwort: Modularität).

6.5 Periodenorientiertes IT-Projektgenehmigungsverfahren

    📖 Es ist zwingend erforderlich, für jedes größere IT-Projekt eine Vorstudie durchzuführen, um die konkreten Anforderungen an das zu initiierende IT-Projekt im Vorfeld zu ermitteln. In der Praxis ist es vielfach der Fall, dass ein Geschäftsfeld eine sehr vage formulierte Anforderung an die IT stellt; diese, um dem Time-to-Market Aspekt zu genügen, sofort versucht, die entsprechende Anforderung umzusetzen, ohne eine Aufwandsschätzung durchgeführt beziehungsweise einen beiderseitigen Leistungs- und Lastenkatalog abgestimmt zu haben. Die Vorstudie vermeidet durch Vorfeldanalysen unnötige Projektrisiken, die mit wirtschaftlichen Einbußen für das Gesamtunternehmen einhergehen.

    📖 Es sind Projektperioden zu definieren, nach deren Beendigung eine Zwischen- oder Weitergenehmigung des Projektes zu erfolgen hat. Der Zeitraum zwischen den jeweiligen Projektgenehmigungspunkten wird als Projektperiode bezeichnet, die nicht länger als 5 Monate in Anspruch nehmen sollte.

Definition Projektperiode

Eine **Projektperiode** ist ein definierter Zeitraum innerhalb eines Projektes. Sie sollte immer mit einem verwertbaren Resultat abschließen. Als verwertbares Resultat ist eine zwischen dem Auftraggeber und dem Auftragnehmer abgestimmte fachliche Zielerreichung anzusehen, die budget- und zeitorientiert in einem zuvor geplanten Rahmen zu erbringen ist, wobei explizit auch Teilresultate in die Betrachtung einfließen.

Der Begriff der Projektperiode ist in der IT-Projektabwicklung weniger geläufig. Hier spricht man vielfach von **Phasen** und / oder **Meilensteinen**. Diese orientieren sich jedoch stets an dem operativen Softwareentwicklungsprozess, der in den meisten Fällen nicht konform zu den geldwerten Zahlungsströmen verläuft. Zudem läuft dieser nicht sequentiell ab, sondern vielfach überlappen sich bestimmte Abwicklungsphasen, so dass man bei einer phasenweißen Betrachtung eines IT-Projektes nur eine Teilauskunft über den momentanen Stand der Entwicklungstätigkeiten bekommt. Innerhalb der Planung eines IT-Projektes wird dieses in Entwicklungsphasen eingeteilt, welche zu einer entwicklungsbasierenden Beurteilung des Arbeitsfortschrittes, der Kontrolle der erreichten Phasenergebnisse und der Weichenstellungen für den Fortgang der Folgephasen[305] herangezogen werden. Die Abschlusspunkte oder signifikante Zwischenpunkte einer Phase werden durch die sogenannten Meilensteine definiert. Hierunter wird ein festgeschriebenes termingebundenes Sachergebnis verstanden Ein Meilenstein gilt erst dann als erreicht, wenn das geforderte Sachergebnis vollständig und durch die Qualitätssicherung abgesegnet vorliegt[306]. Eine Phase kann aus mehreren Meilensteinen bestehen, wohingegen einer davon zwingend am Ende der Phase liegt. Typische Softwareentwicklungsphasen sind die Analyse, das Design, die Realisierung und der Test sowie die (Pilot-) Einsatzphase[307]. In der Praxis laufen diese vielfach nicht in Reihe ab, sondern sind aus Effizienzgründen parallel ablaufend strukturiert. Steuert man nun rein nach den Phasen beziehungsweise Meilensteinen, so kann man über das Projekt keinen Gesamtüberblick bekommen, da nur ein Teilaspekt betrachtet wird. So können in parallel ablaufenden Phasen bereits Probleme aufgetaucht sein, die jedoch bei der Meilensteinbetrachtung keine Berücksichtigung finden. Dieser Nachteil wird durch die Perioden aufgehoben, die unabhängig von der Sachergebniserreichung Berichtspunkte über das Gesamtprojekt legen, also auch Teilergebnisse in die Analyse und Betrachtung aufnehmen. In Abbildung 6.11 werden diese Unterschiede zwischen Phasen, Meilensteine und Perioden grafisch verdeutlicht. Es spricht jedoch nichts gegen eine Gleichgewichtung der genannten drei Projektbetrachtungen. Wird ein Projekt von der Projektleitung so aufgesetzt, dass die Software-Entwicklungsphasen stets sequentiell und in Reihe ablaufen, das heißt Phase 2 beginnt erst nach der Beendigung von Phase 1, sowie die Meilensteine erst mit Beendigung einer Phase zum Tragen kommen, dann können auch die Projektperioden phasenorientiert aufgesetzt werden. In diesem Fall entspricht dann die Projektphase einer Projektperiode. Dem Projektleiter bleibt es also freigestellt, wie er sein Projekt unter Projektmanagementgesichtspunkten gliedert.

---

[305] Vgl. End, W. / Gotthardt, H. / Winkelmann, R.: Softwareentwicklung – 2. Auflage, Seite 23

[306] Vgl. Litke, H.D.: Projektmanagement – 2. Auflage, Seite 27

[307] In Anlehnung an das Wasserfallmodell der Software-Entwicklung.

6.5 Periodenorientiertes IT-Projektgenehmigungsverfahren

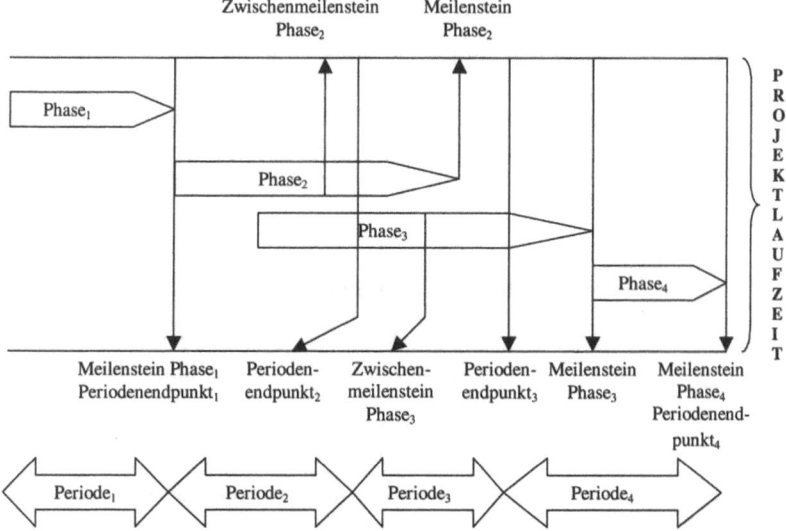

Abb. 6.11: Unterschied zwischen Projektphase, Meilenstein und Projektperiode

Kleinere Projektvorhaben
Für kleinere Projektvorhaben ist in der Regel die Anwendung des periodenorientierten Projektgenehmigungsverfahrens aufgrund des hohen administrativen Aufwandes nicht effizient.

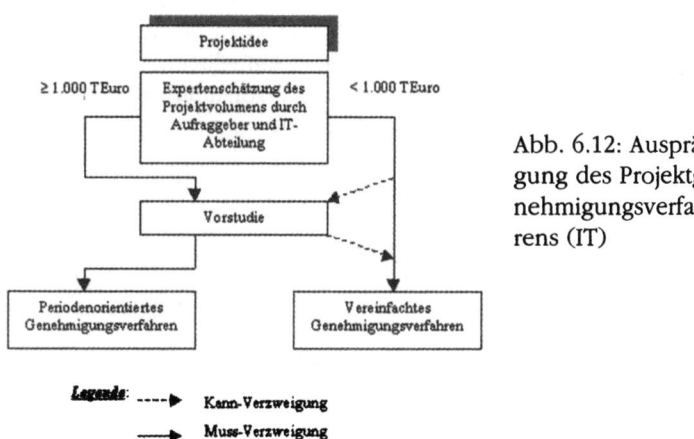

Abb. 6.12: Ausprägung des Projektgenehmigungsverfahrens (IT)

Daher ist für diese Projekte ein vereinfachtes Projektgenehmigungsverfahren zu etablieren, welches auf die zwingende Durchführung einer Vorstudie vor Projektstart sowie die Zwischengenehmigungspunkte in Form von Projektperioden verzichtet[308], jedoch die Maximallaufzeit der Projekte von weniger als 15 Monaten weiterhin vorschreibt. Merkmale eines kleinen Projektvorhabens können ein geringes Projektvolumen oder eine kurze Projektlaufzeit sein (siehe Abbildung 6.12).

6.5.2 Projektspezifische Vorstudie

Die Durchführung einer Vorstudie ist für jedes Projekt, welches nach dem periodenorientierten Genehmigungsverfahren abgewickelt wird, zwingend erforderlich. Durch Voruntersuchungen werden die anstehenden Projekte auf ihre Machbarkeit hin verifiziert; Marktanalysen, Produkteinsatzanalysen sowie Kosten- und Aufwandsschätzungen werden vorgenommen. Seitens der IT wird ermittelt, ob genügend Kapazitäten für die entsprechende Umsetzung der Anforderungen vorhanden sind. Ein weiterer Aufgabenpunkt innerhalb der Vorstudie ist die Angebotseinholung zu projektspezifischen Anschaffungen im Hard- und/oder Softwarebereich beziehungsweise für die Beauftragung externer Gewerknehmer, welche neben den internen Kapazitäten das Projekt unterstützend begleiten. Vielfach wird die Beauftragung externer Gewerknehmer auch aus Gründen von Know-how-Mangel der internen Ressourcen erforderlich, so dass diese nicht nur einen unterstützenden sondern vielmehr einen agierenden Part in der Projektabwicklung einnehmen. Kurz gesagt, das Ergebnis einer projektspezifischen Vorstudie ist stets die Grundlage für die operative Umsetzung der gewonnenen Erkenntnisse in dem entsprechenden IT-Projekt. Gleichzeitig haben aus ihr alle Dokumente, die zur Erteilung der Startgenehmigung durch die Genehmigungsinstanz erforderlich sind, hervorzugehen. Auch die Durchführung einer projektspezifischen Vorstudie ist ähnlich wie ein IT-Projekt an gewisse Restriktionen gebunden:

---

[308] Das Projektcontrolling erfolgt dann in der Regel durch zeitlich definierte Projektstatusberichte, Meilensteinberichte oder Phasenberichte, wobei infolge des geringen Projektvolumens die ganzheitliche Betrachtung des Projektes (vielfach) vernachlässigt werden kann.

- Die Umsetzung und die Mittelbereitstellung für die Vorstudie zu einem IT-Projekt obliegt dem Auftraggeber/dem Geschäftsfeld, wobei die IT als Sekundärpartner in den Analyseprozess zwingend einzubinden ist[309].

- Die Laufzeit einer projektspezifischen Vorstudie ist auf einen Abwicklungszeitraum von maximal acht Wochen zu begrenzen. Dieser Zeitraum wird auf die gesamte Abwicklungsdauer des späteren IT-Projektes angerechnet[310]. Durch diese enge Zeitbegrenzung wird vermieden, dass bereits noch nicht genehmigte Entwicklungsarbeiten unter dem Deckmantel der Vorstudie durchgeführt werden. Bei umfassenden Marktanalysen können Ausnahmen von der Projektgenehmigungsinstanz gestattet werden.

- Neben einer Zeitbegrenzung ist auch eine Aufwands-/Kostenlimitierung für die Vorstudie vorzusehen. Investive Aufwände sind in diesem Zusammenhang nicht gestattet. Des Weiteren sind die internen Personenkapazitäten auf zwei Personenjahre zu begrenzen.

- Die Vorstudie ist primär durch interne Kapazitäten sowohl des Geschäftsfeldes als auch der IT-Abteilung durchzuführen, um das interne Know-how zu fördern.

- Die Aufwands-/Kostenschätzungen als Genehmigungsgrundlagen resultierend aus der Vorstudie sind mit einem maximal 30-prozentigen Schätzrisiko zu versehen.

6.5.3 Startgenehmigung für das IT-Projekt

Bei Vorliegen der Vorstudienergebnisse und des entsprechenden Budgets[311] kann das Projekt in den Prozess der Startgenehmigung überführt werden. Hierfür ist das Projekt einem Genehmigungsgremium zur Startgenehmigung vorzustellen, wofür eine

---

[309] Das Geschäftsfeld sollte für eine Vorstudie mehr als 50 % der Ressourcen in Form von Personentagen zur Verfügung stellen.

[310] Da Projektarbeiten im Maximum auf 15 Monate begrenzt sind, wird dieser Zeitraum bei Durchführung einer achtwöchigen projektspezifischen Vorstudie auf 13 Monate reduziert.

[311] Hierbei handelt es sich um das geschäftsjahresbezogene IT-Budget des jeweiligen Geschäftsfeldes (Schlagwort: Einjahresplanung).

Standardpräsentation mit den in Kapitel 6.5 genannten Inhalten prädestiniert ist. Aus Controllinggesichtspunkten sind unter anderem die Aspekte Business Case aber auch das jahresorientierte Projektvolumen[312] von besonderer Bedeutung. Gleichzeitig ist die Periodeneinteilung mit den Zwischengenehmigungspunkten zur Steuerung ein sehr wichtiger Teil dieser Präsentation. Neben Start- und Endterminen der einzelnen Perioden werden die gesamthaften Plan-Periodenvolumina sowie die entsprechenden Periodenziele dargestellt. Die Plan-Periodenvolumina sind des Weiteren detailliert nach den einzelnen Projektaufwandsarten, wie IT-Personentage, Geschäftsfeldpersonentage, Hardware-Softwarekosten/-investitionen, Gewerkkosten/-investitionen, etc. aufzuführen, um auch direkt nach einzelnen Aufwandsarten steuern zu können. Dies ist wichtig, da diese unterschiedliche Auswirkungen auf die G & V des Unternehmens haben (Stichwort: Abschreibung, direkte und indirekte Kosten). Zu beachten ist in diesem Zusammenhang die Intention der Projektperioden als Zwischengenehmigungspunkte, das heißt zu jedem Periodenendtermin muss es möglich sein, externe Verträge möglichst kostenneutral zu kündigen (Abbruchbedingungen sind bei den Vertragsverhandlungen zu berücksichtigen). In diesem Zusammenhang ist auch darauf zu achten, dass eine Projektperiode eine Laufzeit von 5 Monaten nicht überschreiten darf. Nachfolgende Richtgrößen können für die zeitliche Dimensionierung von Projektperioden herangezogen werden (Minimalbetrachtung).

Projektvolumen (PV) Euro	*Projektlaufzeit in Monaten*			
	≤6	> 6 und ≤ 10	> 6	> 10
1 Mio. ≤ (PV) < 1,5 Mio.	1	2		3
1,5 Mio. ≤ (PV) < 2,5 Mio.	2		3	
≥ 2,5 Mio.	3		3	
	Anzahl der Projektperioden			

Abb. 6.13: Richtgrößen für die Laufzeiten von Projektperioden

Nach Erteilung der Startgenehmigung durch die Genehmigungsinstanz kann mit der operativen Abwicklung der ersten Projektperiode begonnen werden. Externe Verträge können für diesen Zeitraum unterzeichnet beziehungsweise das entsprechende ge-

---

[312] In Summe ergibt sich hieraus das im Maximum 15-monatige Gesamtprojektvolumen.

nehmigte Periodenaufwandsbudget ausgegeben werden. Im Falle des Projektstopps ist es möglich, das geplante und im Rahmen der Einjahresplanung eingestellte Projektbudget für anderweitige IT-Projekte des jeweiligen Geschäftsfeldes zu nutzen.

6.5.4 Erste und folgende Projektperioden

Die geplanten operativen Periodenaktivitäten werden in Angriff genommen. Mit Erreichung des Periodenendtermins wird ein entsprechender Periodenbericht (siehe Kapitel 6.6) erforderlich, der wiederum der Genehmigungsinstanz zur Weitergenehmigung des Projektes vorgelegt wird. Das Genehmigungsgremium kann unter anderem folgende Entscheidungen treffen:

- Start der folgenden Projektperiode
- Stopp des IT-Projektes
- Anpassung des IT-Projektes verbunden mit den noch folgenden Projektperioden
- Anpassung der folgenden Projektperioden ohne Abänderung des zugehörigen IT-Projektes

Start der folgenden Projektperiode

Die folgende Projektperiode kann mit den geplanten Aktivitäten in geldwerter, zeitlicher und inhaltlicher Hinsicht begonnen werden. Bei Nicht-Ausnutzung der budgetierten Periodenaufwendungen ist es erlaubt, die nicht ausgeschöpften Beträge in den Folgeperioden auszugeben. Eine Anpassung des Periodenvolumens findet hingegen nicht statt, sondern im Rahmen des Berichtswesens wird mit entsprechenden Begründungen die eventuell nachgelagerten geldwerten Überschreitungen gerechtfertigt. So kann eine nachhaltige Steuerung nach Plan-Ist-Maßnahmen bezogen auf die Periodenaufwendungen erfolgen.

Stopp des IT-Projektes

Das IT-Projekt wird eingestellt und laufende externe Verträge im Rahmen der definierten Abbruchbedingungen gekündigt.

Anpassung des IT-Projektes und der Projektperioden

Eine zeitliche Veränderung der gesamten Projektlaufzeit wird nicht zugelassen. Des Weiteren ist zu vermeiden, dass der im Zuge der Startgenehmigung festgelegte Start- und Endtermin der Folgeperiode angepasst wird. Die folgenden Projektperioden können jedoch in inhaltlicher und geldwerter Hinsicht abgeändert werden. Eine geldwerte Abänderung der Projektperioden bedingt jedoch den Zu- oder Abfluss von Budgetmitteln in/aus dem IT-Projekt aus/in andere IT-Projekte. Für diese Budgettrans-

6   IT-Controlling in der operativen Phase

fers ist die explizite Zustimmung des Entscheidungsgremiums und der beteiligten Partner erforderlich. Diese Budgettransfers bedingen ebenfalls die Anpassung der noch anstehenden Projektperioden im Hinblick auf das jeweilige Periodenvolumen.

Anpassung der Projektperioden ohne Abänderung des IT-Projektes

Durch die operative Projektarbeit ergeben sich vielfach inhaltliche Projektänderungen. Diese haben natürlich auf die Periodenziele Auswirkungen, die entsprechend im Zuge der Zwischengenehmigungen angepasst werden können. Die Gesamtprojektlaufzeit darf dadurch nicht erhöht werden. Ebenso sind die einzelnen Periodenlaufzeiten nicht anpassbar. Geldwerte Periodenverschiebungen sind durch die inhaltlichen Änderungen möglich, sofern sie das gesamte genehmigte Projektbudget (das gesamte Projektvolumen) nicht überschreiten.

Die letzte Projektperiode definiert auch gleichzeitig das entsprechende Projektende. Der Bericht am Ende dieser Periode ist als Projektabschlussbericht anzusehen, der zum einen die letzte Periode einem Plan-Ist-Vergleich und zum anderen die gesamte Projektabwicklung einem Resümee unterzieht.

6.6   Periodenorientiertes Projektberichtswesen

Ein Bericht ist ein Instrumentarium zur Unterstützung der Informationsübermittlung und repräsentiert eines der wichtigsten Informationsinstrumente sowohl des Controllings aber auch der Unternehmensführung. Es wird unterschieden nach Standardberichten, Abweichungs- oder Ausnahmeberichten und nach Bedarfsberichten (sogenannte Ad hoc Berichte oder Sonderberichte)[313]. Die geordnete Struktur der jeweiligen Berichte findet ihren Niederschlag in dem unternehmensorientierten Berichtswesen. Durch dieses werden die Informationen entsprechend des individuellen Informationsbedarfs in geeigneter Form aufbereitet und dem Informationsverwender zur Verfügung gestellt[314]. Ein Berichtswesen beziehungsweise ein Projektberichtswesen hat im Wesentlichen drei Kriterien zu erfüllen:

---

[313] Vgl. Horváth, P. / Reichmann, T.: Schlagwort: Bericht, Sp. 54

[314] Vgl. Horváth, P. / Reichmann, T.: Schlagwort: Berichtssystem, Sp. 56

(a) Ein Projektberichtswesen muss aktuell sein.

Nur aktuelle Berichtsdaten ermöglichen ein aktives Controlling. Daher sind beispielsweise Soll-Ist-Vergleiche der Eckpunkte des magischen Dreiecks zeitnah vorzunehmen.

(b) Ein Projektberichtswesen muss empfängerorientiert sein.

Je nach Berichtsempfänger müssen die Berichtsdaten unterschiedlich verdichtet dargestellt werden. So verlangt zum Beispiel die Projektleitungsebene einen hohen Detaillierungsgrad der ihr zur Verfügung gestellten Berichte, wohingegen die Vorstandsebene sehr stark aggregierte Daten mit entsprechenden Kommentierungen (in der Regel des Controllings) verlangt[315]. Im Projektumfeld wird dies häufig durch Projektstatusberichte mit Ampelklassifikationen vorgenommen. Die Eckpunkte[316] des magischen Dreiecks werden dabei mit den Ampelfarben rot (vollkommene langfristige Planabweichung), gelb (kurzfristige Planabweichung) und grün (Planeinhaltung) bewertet. Eine kurze Begründung der vorgenommenen Statusabgabe rundet diese Berichte ab (Risk Factor in Abbildung 6.14).

(c) Ein Projektberichtswesen muss entscheidungsorientiert sein.

> Ein Projektbericht enthält (möglichst) nur vom Empfänger beeinflussbare Daten.

> Ein Projektbericht gibt keine überflüssigen Daten weiter und ist nach dem Grundsatz aufgebaut: „So knapp wie möglich, aber so umfangreich wie nötig".

> Abweichungen in einem Projektbericht werden einem Verantwortungsbereich zur schnelleren Problemlösung zugeordnet.

---

[315] In Anlehnung an Berens, W. / Siemes, A. / Schulenberg, A.: Projektcontrolling in der Westdeutschen Genossenschafts-Zentralbank eG (WGZ-Bank), Seite 629

[316] In Abbildung 6.14 klassifiziert durch Budget, Time, Staffing (das Verhältnis zwischen internen und externen Projektmitarbeitern berücksichtigend) sowie Function (u.a. Schnittstellen und architektonische Fragen). Die Bewertungsgrundlagen für die Statusvergabe werden in Abbildung 6.15 dargestellt.

Proj. No.	Project Title	Project Description	Project Leader	Start	End	Volume	Budget	Time	Staffing	Function	Risk Factor

Abb. 6.14: Projektstatusbericht

Um den genannten Berichtskriterien[317] gerecht zu werden, bietet es sich an, die Berichte in Standard-, Abweichungs-, Genehmigungs- und Sonderberichte zu unterteilen[318].

Standardberichte   Die **Standardberichte** werden zu genau definierten Zeitpunkten (wöchentlich, monatlich, meilensteinorientiert) erstellt und haben zur Aufgabe, den aktuell existenten Projektstatus wiederzugeben. Hierunter fallen zum Beispiel die erwähnten Projektstatusberichte, Meilensteinberichte oder aber auch die Berichte zur Budgetsteuerung (Stichwort: Budgetausnutzungsgrad), welche einen Vergleich zwischen dem genehmigten projektspezifischen Budget und der aktuellen Ist-Situation repräsentieren.

Abweichungsberichte   Mittels der **Abweichungsberichte** werden Datenkonstellationen im Hinblick auf die Plansituation dargestellt. Diese machen auf signifikante Unter- oder Überschreitungen bezogen auf die Plansituation aufmerksam. Sie werden in unregelmäßigen Zeitabschnitten erstellt und geben den Projektstand in Bezug auf dessen Umweltbedingungen wieder. Durch die Abweichungsberichte können Handlungsaktivitäten festgestellt werden. Auswirkungen auf das Gesamtprojekt durch neue Anforderungen während der Projektlaufzeit lassen sich so darstellen.

Genehmigungsberichte   Speziell zur Umsetzung der Projektsteuerung nach dem periodenorientierten IT-Projektgenehmigungsverfahren dienen die **Genehmigungsberichte**. Diese geben sowohl einen Überblick über den aktuellen Gesamtprojektstand aber auch einen Rück-

---

[317] Vgl. Fiedler, R.: Controlling von Projekten, Seiten 131-132

[318] Erweiterung der von Fiedler aufgeführten Berichtsformen um die Genehmigungsberichte; vgl. Fiedler, R.: Controlling von Projekten, Seiten 132-133

blick auf die abgelaufene Projektperiode und sind als Entscheidungsgrundlage für die Genehmigung der Folgeperiode heranzuziehen. Abgerundet werden diese Berichte durch einen Forecast auf die anstehende Projektperiode mit den darin geplanten Aktivitäten. Die Berichtszeitpunkte orientieren sich an den bei der Startgenehmigung des Projektes festgelegten Periodenendterminen.

Bedarfs- / Sonderberichte

Letztendlich sind noch die **Bedarfs- oder Sonderberichte** zu erwähnen. Diese werden nur auf speziellen Wunsch erstellt. Einen Überblick über alle im Moment kritischen IT-Projekte lässt sich das Management über einen Sonderbericht anzeigen. Wegen des in der Regel nicht standardisierten Berichtsformates für diese Sonderberichte sind Kommentierungen zu den berichteten Daten erforderlich, die dem Sachverhalt angemessen sein müssen, so dass Fehlinterpretationen des Datenmaterials vermieden werden.

Aufbau des Periodenberichtes

Im Folgenden wird der Genehmigungsbericht einer näheren Betrachtung unterzogen. Eine Vorlage zu diesem Bericht finden Sie als Anlage beziehungsweise auf den Webseiten zu diesem Buch: http://www.digital-controlling.de.

Diese zeigt die wichtigsten Projektstammdaten, wie Projekttitel, systemseitige Projektnummer, eine Kurzbeschreibung der Projektinhalte, die Verantwortlichkeiten für das Projekt sowie dessen Gesamtlaufzeit an. Anschließend wird ein Gesamtprojektstatus bezogen auf den entsprechenden Periodenberichtspunkt aufgeführt, um neben den periodenorientierten Daten auch einen Gesamtüberblick über bereits abgeschlossene Aktivitäten und deren Auswirkungen auf den aktuellen Projektstand zu bekommen. Hierzu kommt hauptsächlich die Darstellung mittels Ampelfunktionen zur Anwendung, da sich durch diese managementorientiert die Budget-, Termin-, Ressourcen- und IT-Schnittstellensituation anzeigen lässt. In der nachfolgenden Abbildung 6.15 sind die Definitionen der Ampelfarben aufgeführt. Durch die Ampelfarben erhält der Berichtsempfänger einen schnellen Überblick über den aktuellen Projektstand. Der Gesamtprojektstatus wird aus der kritischsten Einzelklassifikation nach Budget, Zeit, Ressourcen und Funktionalität ermittelt. Das Gesamtprojekt ist ebenfalls in einem kritischen Zustand, wenn nur eine dieser Ausprägungen die Ampelfarbe rot besitzt. Hier ist dringender Handlungsbedarf seitens des Projektmanagements aber auch der Entscheidungsinstanz erforderlich. Bewusst wurde hierzu die Klassifikation der Projektauflagen (Stipulations) nicht integriert[319], da diese lediglich die Farbausprägungen rot oder grün annehmen kann. Hierdurch wird lediglich signalisiert, ob im Rahmen der Projektarbeit die Auflagen der jeweiligen Genehmigungsinstanz – zum Beispiel aus der Startgenehmigung oder einem der abgegebenen Periodenberichte – bereits erfüllt worden sind. Nur wenn dies der Fall ist, kann für diesen Berichtspunkt die Ampelfarbe grün vergeben werden.

	Budget	Zeit	Ressourcen	Funktionalität
Rot	Forecast Projektvolumen > Genehmigtes Projektvolumen[320] unter Einbeziehung des Schätzrisikos	Forecast Projektlaufzeit > Genehmigte Projektlaufzeit + 10%	Quantitative und qualitative Ressourcenprobleme gefährden das Projektziel oder das Projektende.	Schnittstellen- und Architekturprobleme gefährden das eigene oder andere Projekt(e). Die hieraus resultierenden Projektzeitverzögerungen können nicht kompensiert werden.
Gelb	Genehmigtes Projektvolumen < Forecast Projektvolumen ≤ Genehmigtes Projektvolumen unter Einbeziehung des Schätzrisikos	Genehmigte Projektlaufzeit < Forecast Projektlaufzeit ≤ Genehmigte Projektlaufzeit + 10%	Quantitative und qualitative Ressourcenprobleme können zu Projektverzögerungen oder zu einer Projektzielgefährdung führen.	Schnittstellen- und Architekturprobleme gefährden das eigene oder andere Projekt(e). Hieraus können Projektzeitverzögerungen resultieren.
Grün	Forecast Projektvolumen ≤ Genehmigtes Projektvolumen	Forecast Projektlaufzeit ≤ Genehmigte Projektlaufzeit	Es ist kein quantitatives und qualitatives Ressourcenproblem existent.	Es ist kein Schnittstellen- und/oder Architekturproblem zu verzeichnen.

Abb. 6.15: Richtgrößen für die Ampelklassifikation innerhalb des Periodenberichtes

---

[319] Die Auflagenerfüllung nimmt vielfach einen größeren Zeitraum als die jeweiligen Berichtsperioden ein. So würde der Gesamtstatus eines Projektes nahezu immer auf rot stehen, wenn auch nur eine Auflage noch nicht in die Realität umgesetzt worden ist, obwohl alle anderen Klassifikationspunkte einen grünen Zustand signalisieren.

[320] Nach Beendigung einer Vorstudie können noch keine definitiven geld- und zeitwerten Projektaussagen getroffen werden. Durch die Angabe eines prozentualen Risikoanteils zum Projektvolumen werden im Zuge der Startgenehmigung die zur Entscheidung gestellten Zahlenwerte genehmigt. Erst mit Vorliegen eines Feinkonzeptes (also während der eigentlichen operativen Projektumsetzung) kann ein hoher Detaillierungsgrad des eigentlichen Projektvolumens erwartet werden.

Die Budget- und Zeitsituation des Gesamtprojektes wird einem Plan-Ist-Vergleich unterzogen verbunden mit einem entsprechenden Forecast bis zum Projektende. Gleiches gilt für den Business Case beziehungsweise die Amortisationsdauer, die beide als Entscheidungsgrundlagen bezüglich der Projektstartgenehmigung herangezogen worden sind. Erhöht sich zum Beispiel wegen schlechterer Ertragsprognosen die Amortisationsdauer um das Doppelte, so stellt sich die Frage für das Geschäftsfeld, ob dann das zu erwartende IT-Ergebnis noch rentabel eingesetzt werden kann.

Ebenfalls der Ampelfarbenklassifikation nach Budget, Zeit, Ressourcen, Funktionalität sowie Auflagenerfüllungsstatus unterzogen wird die abgelaufene Projektperiode. Als Richtgrößen lassen sich erneut die in Abbildung 6.15 genannten Kriterien heranziehen, wobei der Fokus auf der abgelaufenen Periode liegt, so dass lediglich die Projekt- durch die Periodensicht zu ersetzen ist. Untermauert wird die Ampelklassifikation wiederum durch einen zahlenorientierten Plan-Ist-Vergleich von Budget und Zeit. Mittels der Forecast-Zeilen der einzelnen Perioden lassen sich Aufwands- und Zeitverschiebungen signalisieren, um diesbezüglich die restlichen Projektauswirkungen auf diese beiden Parameter zu signalisieren.

Die vorgenommenen Grob-Klassifikationen des Projektstandes sind durch Kommentierungen detaillierter darzustellen. Neben einem Vergleich der Ziele werden periodenspezifische Risiken, Probleme, sowie deren Auswirkungen auf das Gesamtprojekt aufgeführt. Das Entscheidungsgremium hat die Möglichkeit, den Start der Folgeperiode nur unter bestimmten Auflagen zu genehmigen. Der Erfüllungsgrad dieser Auflagen beziehungsweise der Auflagen aus der Startgenehmigung wird im Rahmen des Periodenberichtes einem Plan-Ist-Vergleich unterzogen. Abgerundet wird dieser Bericht durch eine eventuelle Modifikation der inhaltlichen Ziele für die nachfolgende Projektperiode. Da dieser Periodenbericht den Charakter eines Genehmigungsberichtes einnimmt, ist es seitens des Projektleiters erforderlich, der Genehmigungsinstanz die zu genehmigenden Sachverhalte zu signalisieren. Hierzu hat er in einem speziellen Berichtspart die Möglichkeit. Unter anderem sind explizit Perioden- / Projektveränderungen in geldwerter, zeitlicher und inhaltlicher Hinsicht zu beantragen. Des Weiteren lassen sich auch festgestellte Projektrisiken mit einem entsprechenden Lösungsvorschlag zur Entscheidung stellen, so dass der Projektleiter in seiner Verantwortung bereits während der Projektlaufzeit entlastet werden kann. Auf

Basis der entsprechenden Periodenberichte nimmt die Genehmigungsinstanz anschließend die Projektzwischengenehmigung vor. Der Periodenbericht stellt in dieser Form neben der Entscheidungsgrundlage ein sehr effizientes Instrumentarium auch für das Controlling unter dem Gesichtspunkt der Projektinhalte dar. Das Controlling bekommt auf diesem Wege Projektunregelmäßigkeiten auf inhaltlicher Basis mit und kann so fundiertere Empfehlungen und Berichtsauswertungen an das Management liefern. Aus diesem Grunde kann auf die Etablierung dieser Berichtsform in die Controlling-Arbeit nicht verzichtet werden.

6.7 Qualitätssicherung als Teil des IT-Controllings

Eine Auseinandersetzung mit dem Thema „Qualität" gewinnt aufgrund der derzeitigen Marktlage für Unternehmen der Softwarebranche zunehmend an Bedeutung. Mit der strategischen Orientierung an Qualitätsstandards verbinden Unternehmen folgende positive Einflüsse:

- Qualität fördert die Orientierung am Bedarf der Auftraggeber- beziehungsweise Kundenanforderungen.

- Qualität erhöht durch einheitliche Prozessstandards die Kostenwirtschaftlichkeit eines Unternehmens, das heißt durch Qualitätssicherung und -steuerung verbessert sich die Qualität. Es sinken unter anderem Fehlerkosten und Prozesse werden einem Verbesserungsprozess unterzogen.

Konzept des Qualitätsmanagements

Die Schaffung und Erhaltung der Voraussetzungen für die Qualitätsfähigkeiten eines Unternehmens ist nur durch einen hohen Einsatz des Personals auf sämtlichen Ebenen des Unternehmens zu gewährleisten. Um die Wichtigkeit des Qualitätsmanagements für das Unternehmen zu verdeutlichen, ist dem Top-Management die Verantwortung für die Qualitätsvorgaben zur Leistungserstellung zu übertragen. Zur Erlangung und Erhöhung der Qualitätsfähigkeit wird der Aufbau eines Qualitätsmanagements im Unternehmen notwendig. Das Konzept des Qualitätsmanagements bezieht bei einem IT-Unternehmen/IT-Unternehmensbereich alle an der Systementwicklung beteiligten Bereiche und das Management ein[321].

---

[321] Siehe Bellin, G.: Softwarequalitätsmanagement gemäß ISO 9000

6.7 Qualitätssicherung als Teil des IT-Controllings

Ende des Jahres 2000 ist die neue **Norm DIN EN ISO 9001:2000** in Kraft getreten. Die ISO 9001:2000 erhielt eine prozessorientierte Struktur und wurde damit anwenderfreundlicher. Sie entspricht dem weltweit verbreiteten Ansatz des Prozessmanagements. Als wesentliche inhaltliche Neuerungen und Änderungen gegenüber der ISO 9001:1994 sind auszumachen:

- eine stärkere Betonung der Verantwortung der Leitung,
- die Festschreibung von Aktivitäten zur Erreichung und Bewertung der Qualitätsziele (Qualitätsplanung) für relevante Funktionen und Ebenen,
- Mindestforderungen für die periodische Überprüfung des Qualitätsmanagementsystems,
- neue Forderungen für ein Ressourcenmanagement – zum Beispiel in Bezug auf Mindeststandards der Arbeitsplatzumgebung,
- die Qualität zugekaufter Produkte und/oder Dienstleistungen auf das Endprodukt zu ermitteln / zu bewerten,
- die im Vordergrund stehende Ermittlung der Kundenerwartungen und Kundenzufriedenheit,
- die Messung der Kundenzufriedenheit sowie
- die Verpflichtung zur kontinuierlichen Verbesserung.

Abschnitte der Norm zu dem Qualitätsmanagement

Alle 20 Elemente der ISO 9001:1994 wurden in der Norm DIN EN ISO 9001:2000 in die fünf Hauptabschnitte

- Verantwortung der Leitung,
- Qualitätsmanagementsystems,
- Ressourcenmanagement,
- Prozessmanagement,
- Messung, Analyse und Verbesserung

aufgeteilt.

Die Vorteile der DIN EN ISO 9001:2000 liegen im prozessorientierten Aufbau des Qualitätsmanagementsystems, einer konsequenten Kundenorientierung, sowie in der Einführung des Ressourcenmanagements. Die Unternehmen können ihre Prozesse selbst definieren und auf deren Basis den Nachweis der Einhaltung der Norm DIN EN ISO 9001:2000 erbringen[322].

---

[322] Vgl. Fachbroschüre TÜV: Die neue ISO 9000:2000

QS im Software-entwicklungsprozess

Das Qualitätsmanagement (QM) im Softwareentwicklungsprozess lässt sich, wie in Abbildung 6.16 dargestellt, in die Hauptbereiche konstruktive, analytische und administrative Qualitätssicherungsmaßnahmen (QS-Maßnahmen) aufteilen. Diese drei Hauptbereiche werden im Folgenden kurz genannt und in den Unterkapiteln 6.7.1 bis 6.7.3 näher vorgestellt.

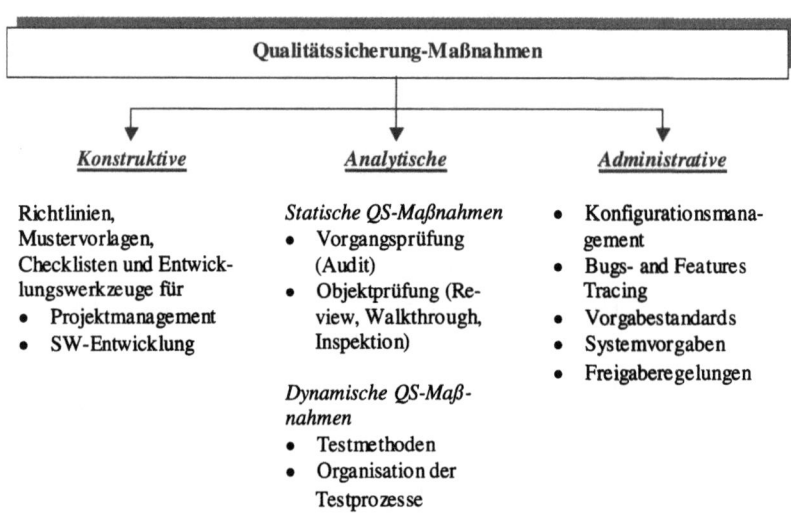

Abb. 6.16: Qualitätssicherungsmaßnahmen[323]

Konstruktive QS-Maßnahmen

Konstruktive Qualitätsmanagementmaßnahmen umfassen den Einsatz technischer, organisatorischer und psychologisch-orientierter Maßnahmen sowie Hilfsmittel. Die Anwendung dieser Maßnahmen und Hilfsmittel hat zum Ziel, ein Produkt zu entwickeln oder zu pflegen, das heißt dafür zu sorgen, dass das entstehende Produkt bestimmte Eigenschaften besitzt und bei dessen Entwicklungs- oder Pflegeprozess sowohl Mängel als auch Fehler vermieden werden. Konstruktive Qualitätssicherungsmaßnahmen lassen sich in die drei Klassen

➢ technische Qualitätssicherungsmaßnahmen,

- Anwendung von Methoden, Sprachen und Werkzeugen

---

[323] Vgl. Bächle, M.: Qualitätsmanagement der Softwareentwicklung; Balzert, H.: Lehrbuch der Software-Technik

> organisatorische Qualitätssicherungsmaßnahmen und
  - Zum Beispiel Verwendung von Vorgehensmodellen
> menschliche Qualitätssicherungsmaßnahmen
  - Psychologisch-orientierte Qualitätssicherungs- oder Schulungsmaßnahmen, um die Mitarbeiter des Unternehmens bei der Ausführung ihrer Tätigkeit zu unterstützen

unterteilen.

Analytische QS-Maßnahmen
Durch analytische Qualitätssicherungsmaßnahmen wird das existierende Qualitätsniveau gemessen. Ausmaß, Art und Ort von Fehlern oder Mängeln können identifiziert werden. Das Ziel ist die Prüfung und Bewertung der Qualität der Produkte sowie der Prozesse des Unternehmens. Für die analytische Qualitätssicherung stehen dynamische sowie statische Qualitätsmanagementmaßnahmen zur Verfügung. Der wesentliche Unterschied zwischen den dynamischen und statischen Qualitätsmanagementmaßnahmen besteht darin, dass das Prüfobjekt, das heißt die Software bei der dynamischen Prüfung ausgeführt wird, während bei der statischen Prüfung dies nicht der Fall ist.

Administrative QS-Maßnahmen
Zu den administrativen QS-Maßnahmen gehören das Konfigurations- und Änderungsmanagement (Releasemanagement, Bugs- and Features Tracing). Diese Art der Qualitätssicherungsmaßnahmen unterstützt die Identifikation, die Initialisierung und die effiziente Verwaltung von Softwaremodulen. Das Ziel ist, bei kontrollierten Änderungen die Entwicklung und Pflege des Softwareproduktes zu erleichtern und transparent zu gestalten[324].

6.7.1 Konstruktives Qualitätsmanagement

Die Anwendung der konstruktiven QS-Maßnahmen hat zum Ziel, ein Produkt sicher zu entwickeln bzw. zu warten, wobei bei dessen Entwicklungs- sowie Wartungsprozessen so viele Fehler wie möglich zu entdecken sind. Diese sind im Sinne der Fehlerverhütung vorausschauend zu beheben. Besonders wirkungsvolle Maßnahmen sind ein ausgereiftes Projektmanagement und der Einsatz eines Vorgehensmodells, das alle Bereiche der Software-

---

[324] In Anlehnung an Bächle, M.: Qualitätsmanagement der Softwareentwicklung; Balzert, H.: Lehrbuch der Software-Technik

entwicklung abdeckt. Durch diese schrittweise Projektsteuerung wird ein wichtiger Beitrag zum Risikomanagement geleistet.

6.7.1.1 Wichtige Aspekte bei der Durchführung von IT-Projekten

Methoden und Vorgehensweisen

Die erfolgreiche Durchführung von IT-Projekten erfordert anwendbare Methoden. Diese Methoden reichen vom Projektmanagement über das Qualitätsmanagement bis zum Projektcontrolling, welche in einem Vorgehensmodell zusammengefasst werden. Ein Vorgehensmodell umfasst alle wichtigen Aktivitäten von der Projektinitialisierung bis zum Projektabschluss. Dabei ist zu beachten, dass Aktivitäten, Ergebnisse sowie Verantwortlichkeiten definiert und beschrieben werden.

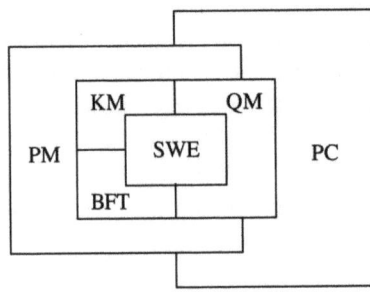

Projektmanagement	(PM)
Qualitätsmanagement	(QM)
Konfigurationsmanagement	(KM)
Bugs- and Feature Tracing	(BFT)
Softwareentwicklung	(SWE)
Projektcontrolling	(PC)

Abb. 6.17: Bereiche des Vorgehensmodells [325]

Für die Auswahl des Vorgehensmodells sind die folgenden Aspekte wichtig:

- Das Vorgehensmodell ist an die Erfordernisse und Gegebenheiten des Unternehmens anzupassen.
- Das Modell ist von allen Projektmitarbeitern zu akzeptieren.
- Die Schulung aller Projektmitarbeiter in der Arbeit mit dem Modell ist unbedingt notwendig.
- Das Modell darf nicht trivial, jedoch auch keinesfalls zu komplex sein.

---

[325] Vgl. Kitz, A.: Projects just right

6.7 Qualitätssicherung als Teil des IT-Controllings

 📖 Alle Mitarbeiter nehmen aktiv an der Weiterentwicklung des Modells teil.

 📖 Das Modell ist projektspezifisch anpassbar (für sehr kleine und sehr große Projekte, für spezielle Projektinhalte, etc.)[326].

In Abbildung 6.17 werden zusammenfassend die Bereiche dargestellt, die ein Vorgehensmodell zur Durchführung von IT-Projekten im Minimum abzudecken hat. Dabei wird der Zusammenhang zwischen den einzelnen Bereichen des Modells vereinfacht wiedergegeben. Der zentrale Bereich ist die Softwareentwicklung, welche durch das Qualitätsmanagement (mit den Instrumenten Audits, Tests, Reviews) unterstützt wird. Das Konfigurationsmanagement regelt vor allem die Versionsverwaltung der entwickelten Komponenten und dient der Kontrolle nachfolgender Änderungen durch das Management zu einem späteren Zeitpunkt. All diese Bereiche werden vom Projektmanagement geplant, beauftragt, überwacht sowie gesteuert. Es empfiehlt sich, gerade bei größeren Unternehmen / bei einem größeren Projektumfang ein Projektcontrolling überwachend und steuernd einzusetzen.

Projektorganisation Eine gut strukturierte Projektorganisation ist besonders wichtig für den Erfolg eines Projektes. Die Projektorganisation ist zum einen von der Art und zum anderen von der Größe des Projektes abhängig. In Abbildung 6.18 wird beispielhaft die Projektorganisation eines kleinen bis mittleren IT-Projektes aufgezeigt. Für jedes Projekt sind mindestens folgende Positionen zu besetzen.

> ➢ ***Management***
>
> Das Management legt strategische Ziele fest und greift bei größeren Problemen steuernd ein. Es ist grundsätzlich verantwortlich für Freigabeprozesse.
>
> ➢ ***Projektleiter***
>
> Der Projektleiter wird vom Management bestimmt. Er dient als Kontaktperson zwischen Management und Projektteam. Für das Projekt erhält er fachliche Entscheidungsbefugnisse. Als Projektverantwortlicher sorgt er dafür, dass das Projekt die fachlichen, finanziellen, terminlichen und qualitativen Projektziele erreicht. Dies erfordert,

---

[326] Siehe auch Balzert, H.: Lehrbuch der Software-Technik; Kitz, A.: Projects just right

6 IT-Controlling in der operativen Phase

dass er den Projektverlauf plant, überwacht und steuert. Hierzu ist es notwendig, dass alle Mitarbeiter des Projektes direkt an ihn berichten. Als Stellenbeschreibung für einen Projektleiter können folgende Tätigkeitsanforderungen repräsentativ verwendet werden:

- Planung und Durchführung von IT-Projekten, insbesondere die software- und problemtechnische Führung von Projekten
- Beratung und fachliche Abstimmung mit dem Auftraggeber zu vertraglich vereinbarten IT-Projekten (ohne vertragsverändernde Wirkung)
- Effektive Einsatzplanung von Personal und Material
- Nachweisführung der Projektaufwände
- Überwachung des Budgets (Finanzen / Personal)
- Überwachung des Entwicklungsfortschrittes und der Berichterstattung an die übergeordnete Stelle (in der Regel an das Management)
- Überwachung der Erfüllung betriebswirtschaftlicher Ziele im Verantwortungsbereich

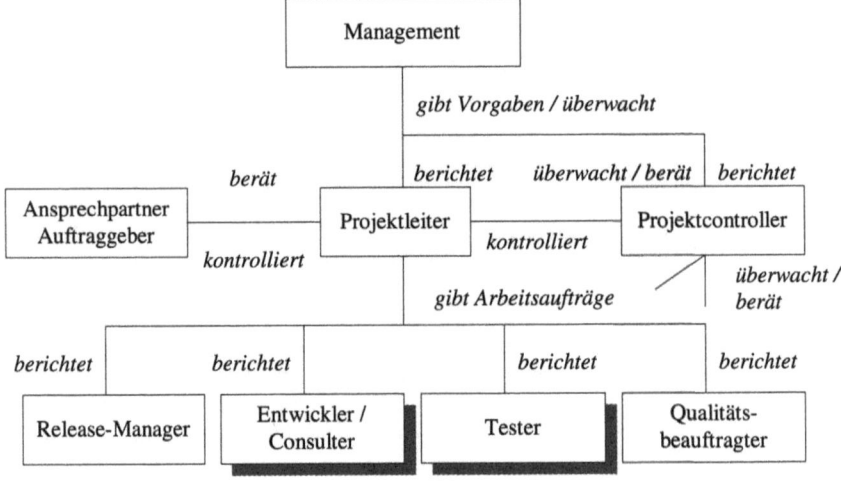

Abb. 6.18: Projektstruktur[327]

---

[327] Vgl. Kitz, A.: Projects just right

6.7 Qualitätssicherung als Teil des IT-Controllings

- *Entwickler*

    Der Entwickler ist für die Analyse, die Konzeption und die Entwicklung des Systems zuständig.

- *Qualitätsbeauftragter*

    Der Qualitätsbeauftragte ist für die Einrichtung und Überwachung des konstruktiven Qualitätsmanagements im Projekt zuständig. Er wendet die QM-Instrumente an und ist verantwortlich für die Nachweisdokumentation.

- *Ansprechpartner des Geschäftsfeldes (Auftraggeber)*

    Dem Projektteam steht ein kompetenter und entscheidungsbefugter Ansprechpartner des Auftraggebers zur Verfügung. Dieser Ansprechpartner sorgt dafür, dass Arbeitsergebnisse (Anforderungsspezifikation, Prototyp, Gesamtsystem) vom eigenen Geschäftsfeld geprüft werden.

Die Besetzung folgender Funktionen hängt hingegen von der Art und Größe des Projektes ab. Systemarchitekt, Systemdesigner, Systemanalytiker und Datenbankarchitekt fungieren dabei als Spezialisierung des Entwicklers.

- *Systemarchitekt*

    Er entwickelt das Konzept für die Architektur des zukünftigen Gesamtsystems.

- *Systemdesigner*

    Er entwickelt nach Vorgaben des Systemarchitekten das Software-Design für das gewünschte System.

- *Systemanalytiker*

    Er ist verantwortlich für die Umsetzung der Vorgaben des Systemdesigners.

- *Datenbankarchitekt*

    Er ist für den Entwurf des Datenmodells für das gewünschte System zuständig.

- *Tester*

    Tester sind für die Vorbereitung, Durchführung und Dokumentation der Tests[328] zuständig.

---

[328] Siehe hierzu auch Kapitel 6.7.2.2 und 6.7.4.2

> **Releasemanager**
>
> Der Releasemanager entwirft ein Konzept für das projektspezifische Releasemanagement[329] und überwacht dessen Einhaltung.

> **Projektcontroller**
>
> Ein Projektcontroller wird bei großen oder kritischen Projekten eingesetzt. Er überwacht, ob alle für das Projekt geltenden Regelungen eingehalten werden und initiiert gegebenenfalls Gegenmaßnahmen.

Fachliche Beherrschung des Projektinhalts

Ein Projekt kann trotz Erfüllung aller notwendigen administrativen und organisatorischen Voraussetzungen von Anfang an zum Scheitern verurteilt sein, wenn der Projektinhalt fachlich nicht beherrscht wird. Es ist nicht erforderlich, dass von Beginn an das ganzheitliche Funktionsprinzip des Systems bekannt ist und alle Mitarbeiter alle notwendigen Fähigkeiten besitzen; es ist jedoch zwingend erforderlich, sehr früh Machbarkeitsanalysen durchzuführen sowie die Mitarbeiter zu schulen. Weiterhin ist es unumgänglich, dass die fachlichen Ziele des Projektes exakt analysiert und dokumentiert werden. Machbarkeitsanalysen führen dazu, dass nachweisbar die erkannten technischen Besonderheiten mit der zur Verfügung stehenden Technologie und den vorhandenen Ressourcen abgedeckt werden können. Für Schulungen ist es entscheidend, die Wissensdefizite der Mitarbeiter frühzeitig zu erkennen, geeignete Schulungsangebote zu finden und die Schulungsmaßnahmen zu einem günstigen Zeitpunkt einzuplanen[330].

Personelle Aspekte

Bei der Projektdurchführung werden die personellen Aspekte oft vernachlässigt. Viele Projekte scheitern daran, dass es ungelöste Konflikte zwischen einzelnen Projektmitarbeitern gibt. Dies ist schon bei der Teamzusammenstellung zu beachten. Auch während der Projektlaufzeit hat der Projektleiter die Aufgabe, auf negative zwischenmenschliche Probleme im Projektteam zu achten und gegebenenfalls moderierend einzugreifen. Konflikte zwischen dem Projektteam und projektexternen Stellen (zum Beispiel dem Auftraggeber) sind durch den Projektleiter bei Auftreten umgehend zu lösen. Eine besondere Bedeutung kommt vor

---

[329] Siehe hierzu auch Kapitel 6.7.3.2

[330] Siehe ausführlich Balzert, H.: Lehrbuch der Software-Technik: Software-Management; Brodbeck, F.C.: Produktivität und Qualität in Software-Projekten; Trauboth, H.: Software-Qualitätssicherung; Kitz, A.: Projects just right

allem der Motivation der Projektmitarbeiter zu. Ohne motivierte Projektmitarbeiter ist ein Projekt nur sehr schwer zielkonform durchzuführen. Die folgenden Punkte beeinflussen das Verhältnis der Mitarbeiter zum Projekt maßgebend[331]:

➢ *Motivation*

Die Motivation kommt vom Mitarbeiter selbst. Das Projekt- und das Unternehmensmanagement haben hierzu die Randbedingungen zu schaffen, um die Mitarbeiter entsprechend zu motivieren.

➢ *Arbeitsbelastung*

Durch weitere Arbeiten der Projektmitarbeiter parallel zum Projekt kann es zu Zeit-/Zielkonflikten kommen. Das Management und der Projektleiter sind gefordert, diese Konflikte zu lösen.

➢ *Private Situation*

Die Arbeitssituation ist vom Privatleben nicht wirklich zu trennen. Wenn ein Mitarbeiter in seinem Privatleben durch bestimmte Gegebenheiten belastet ist, wird er schwerlich seine volle Leistungsfähigkeit dem Projekt zur Verfügung stellen können. Ein kompetentes Projektmanagement hat auch diese Punkte im Auge zu behalten, um den Projekterfolg zu gewährleisten.

6.7.1.2 Inhalte des Projektmanagements

Das Projektmanagement dient der Planung, Überwachung und Steuerung des Projektverlaufs. Es ist die zentrale Stelle des Projektes. Punkte, wie

- Aufbau der Projektorganisation,
- Beauftragung der Projektmitarbeiter mit den durchzuführenden Aktivitäten,
- Gewährleistung, dass alle notwendigen Aktivitäten durchgeführt und alle notwendigen Resultate geliefert werden,
- Schätzung des Aufwandes,

---

[331] Vgl. Balzert, H.: Lehrbuch der Software-Technik; Brodbeck, F.C.: Produktivität und Qualität in Software-Projekten; Kitz, A.: Projects just right

- Planung des Projektverlaufs (Termin-, Meilenstein-, Ressourcen-, Periodenplanung),
- Ermittlung der aktuellen Projektsituation mit Hilfe von Besprechungen und regelmäßigen Projektberichten,
- Bewertung der aktuellen Projektsituation (zum Beispiel Fertigstellungsgrad, Risikoabschätzung) und Weitergabe der Information an das Management beziehungsweise an den Projektauftraggeber,
- Beseitigung oder Minimierung von terminlichen, sachlichen, finanziellen und personellen Problemen und Risiken durch Einleiten von steuernden Maßnahmen,
- Beteiligung an der Definition des Abnahmevorgangs und der Abnahmekriterien sowie
- Initiierung und Überwachung des Bugs- and Features Tracing

werden von dem Projektmanagement bearbeitet. Um den Projekterfolg zu gewährleisten, ist es wichtig, dass der Projektleiter eine Risikobetrachtung erstellt. Die Risikobetrachtung ist zyklisch, zum Beispiel im Zusammenhang mit der Erstellung eines Projektstatus- und/oder Periodenberichtes, durchzuführen. Über den gesamten Projektverlauf sind Risiken, wie zum Beispiel

- die Zulieferungen durch einen Unterauftragnehmer oder den Auftraggeber verzögern sich,
- die Machbarkeit von konzipierten Lösungen steht in Frage,
- Ressourcen stehen nicht zur Verfügung (zum Beispiel Personal, Rechner, Testmöglichkeiten),
- die späteren Anwender des Systems stehen dem System ablehnend gegenüber,
- das Pflichtenheft ist nicht stabil (die Anforderungen ändern sich ständig) und
- die Formulierungen im Pflichtenheft sind nicht eindeutig interpretierbar,

denkbar. Die erkannten Risiken sind sofort zu analysieren, das heißt es ist

- die Beschreibung des Risikos vorzunehmen,
- die Eintrittswahrscheinlichkeit des Risikos in Prozent zu schätzen,

6.7 Qualitätssicherung als Teil des IT-Controllings

- der Auswirkungsgrad des Risikos (gering projektverzögernd, projektverzögernd, gefährdet den Projekterfolg) zu ermitteln,
- geeignete Gegen- beziehungsweise Vorbeugemaßnahmen einzuleiten,
- die Verantwortlichkeiten festzulegen und
- Terminschwierigkeiten aufzuzeigen[332].

6.7.1.3 Projektablauf

Jedes Projekt lässt sich grob in bestimmte Abschnitte mit unterschiedlichen Aktionen einteilen. In Abbildung 6.19 werden diese Projektabschnitte skizziert und kurz auf deren Besonderheiten eingegangen. Ein **Projektauftrag** ist mit einem Vertrag gleichzusetzen, der phasenweise, periodenorientiert oder für das Gesamtprojekt vereinbart werden kann. Inhaltlich hat er Angaben zu den Punkten

- Projektziele,
- Projektdauer,
- Kurzbeschreibung der Ausgangssituation,
- Arbeitsaufwand in Arbeitstagen und/oder Geldbeträgen,
- Start-, Zwischen- und Abschlusstermine,
- Projektleiter und Projektteam,
- Zusammensetzung des übergeordneten Organs bzw. der Projektgruppe,
- Eskalationswege und/oder Gewährleistungsansprüche,
- Pflichten des Auftragnehmers sowie des Auftraggebers und
- sonstige notwendige Voraussetzungen

zu enthalten. Die Ergebnisse bilden den generellen Orientierungsrahmen, der nach Beginn der Projektarbeit im Team zu detaillieren und gegebenenfalls zu modifizieren ist.

---

[332] Vgl. Kitz, A.: Projects just right

6 IT-Controlling in der operativen Phase

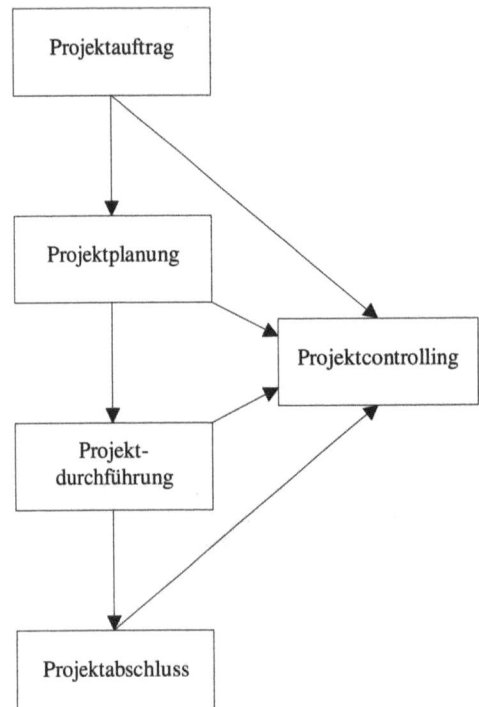

Die **Projektplanung** entscheidet über den Projekterfolg beziehungsweise Projektmisserfolg. Der mehrstufige Prozess der Projektplanung umfasst

- die Planung der Ziele (einschließlich der Qualitätsziele),
- die Planung der Tätigkeiten,
- die Planung der Bedingungen,
- die Planung der Ressourcen/ Einsatzmittel,
- die Planung der Kosten und
- die Planung der Termine.

Abb. 6.19: Grobe Darstellung der Projektabschnitte

Ein wichtiger Bestandteil der **Projektdurchführung** ist die Projektsteuerung. Die folgenden Teilaufgaben der Projektsteuerung

- Erstellung einer detaillierten Aufgabenzuordnung innerhalb des Projekts,
- Auswahl und Festlegung der einzusetzenden Methoden und Werkzeuge,
- Leitung des Projekts,
- Motivierung der Mitarbeiter,
- Funktion als Schnittstelle zu den Entscheidungsinstanzen und späteren Anwendern,
- Koordination der Projektarbeit innerhalb des Projektteams

sind vom Projektleiter zu erfüllen.

Der **Projektabschluss** umfasst

- die Produktübergabe an den Auftraggeber beziehungsweise die Produktabnahme durch den Auftraggeber,

- die Projektabschlussanalyse und
- die Projektauflösung.

Die Produktübergabe an den Auftraggeber ist mittels eines Übergabeprotokolls zu dokumentieren; die Produktabnahme durch den Auftraggeber erfolgt auf Grundlage des Abnahmetestes verbunden mit einem Abnahmetestbericht. Bestandteil der Projektabschlussanalyse ist eine Nachkalkulation, die zur besseren Vergleichbarkeit in der Struktur der Vorkalkulation durchgeführt wird. Abweichungen von den Projektzielen bezüglich Terminen, Kosten, Leistungen, Qualitäten sind auf ihre Ursachen hin zu untersuchen und zu begründen. Weiterhin sind Maßnahmen zur Reduzierung beziehungsweise zur Abstellung der eruierten Schwachstellen zu entwickeln, die zu notwendigen Verbesserungen künftiger Projekte führen können. Die Ergebnisse dieser Projektabschlussanalyse werden in einem Projektabschlussbericht festgehalten. Erst nach Vorliegen dieses Berichtes löst das Management das Projektteam auf und bestimmt die Projektnachfolge.

> Das **Projektcontrolling** ist Bestandteil jedes Projektsabschnittes, vor allem hinsichtlich der Überprüfung des Arbeitsfortschritts, des Aufwands und der Qualität der erbrachten Leistungen. Es liefert die Grundlage für korrigierende Maßnahmen.

6.7.1.4 Projektcontrolling unter qualitativen Gesichtspunkten

Das Projektcontrolling ist dafür verantwortlich, dass ein Projekt den Aspekten des Projektmanagements gerecht werdend durchgeführt wird. Deshalb achtet es auf die Anwendung der Regeln des Projekt-, Qualitäts- und Konfigurationsmanagements sowie der Softwareentwicklung innerhalb der operativen Projektabwicklung[333]. Der Projektcontroller wird im Normalfall keine Gegenmaßnahmen ergreifen. Diese werden im Allgemeinen bei Problemen im Projekt durch das Management eingeleitet. Ein Projektcontroller zeichnet sich hingegen dafür verantwortlich, das Management über ungünstige Entwicklungen zu informieren und mögliche Gegenmaßnahmen zu empfehlen. Gegenmaßnahmen können im Falle von Terminabweichungen

- die Bereitstellung zusätzlicher Ressourcen,

---

[333] Vgl. Kitz, A.: Projects just right

- die Erweiterung der Auslastung der vorhandenen Ressourcen (zum Beispiel angewiesene Überstunden),
- die Verringerung des Funktionsumfangs,

bei Budgetüberschreitung

- die Verringerungen personeller als auch geldwerter Ressourcen

und für nicht realisierbare geforderte Funktionalitäten

- die Hinzuziehung von Spezialisten beziehungsweise
- das Anbieten einer Alternativlösung an den Auftraggeber

sein[334].

6.7.1.5 Projektdokumentation

Mit dem Projektverlauf unmittelbar verbunden ist die Erstellung von Projektberichten beziehungsweise –dokumenten. Hierunter fallen unter anderem der Projektmanagementplan, Projektstatusberichte, Periodenberichte[335] und der Projektabschlussbericht. Sie dokumentieren den Verlauf und den Erfolg eines Projektes nach „außen" und bilden den unmittelbaren Orientierungsrahmen. Zur Vollständigkeit sei hier erwähnt, dass unter anderem die Dokumente Lasten- und Pflichtenheft (Anforderungsspezifikation), Qualitätssicherungsplan und Releasemanagementplan ebenfalls zu den unverzichtbaren Dokumenten des Projektmanagements gehören. Da diese aber speziell dem Softwareentwicklungsprozess zugeordnet werden, wird im Rahmen dieses Buches nicht näher auf diese Form der Dokumente eingegangen.

Projektmanagementplan

Das wichtigste Planungsinstrument eines jeden Projektes ist der Projektmanagementplan. Er verfeinert, konkretisiert und ergänzt das ausgewählte Prozessmodell hinsichtlich Aufwandschätzung, Projektkalkulation, Grundlagen der Projektentscheidungen, Projektbudget und darauf aufbauenden Steuerungselementen sowie Steuerungsparametern. Dazu wird jeder Prozess in seine Teilaufgaben untergliedert. Eine Teilaufgabe ist dabei eine in sich abge-

---

[334] Vgl. Stickel, E.: Gabler-Wirtschaftsinformatik-Lexikon

[335] Siehe hierzu Kapitel 6.6

6.7 Qualitätssicherung als Teil des IT-Controllings

schlossene Aktivität, die innerhalb einer angemessenen Zeitdauer durchgeführt werden kann. Für jede dieser Teilaufgaben sind

- die Bezeichnung,
- die erforderliche Zeitdauer zur Erledigung,
- die Zuordnung von Personal respektive Betriebsmitteln und
- die Kosten beziehungsweise Einnahmen, die mit der Teilaufgabe zusammenhängen,

festzulegen. Hierbei werden mehrere Teilaufgaben, die einen globalen Arbeitsabschnitt darstellen, zu einer Entwicklungsphase zusammengefasst. Zum besseren Verständnis ist es möglich den Projektmanagementplan durch

- einen Projektstrukturplan,
- eine Vorgangsbeschreibung,
- einen Meilensteinplan,
- einen Termin- und Ablaufplan,
- einen Balken- und Netzplan,
- einen Personal- und Kostenplan,
- eine Risikoanalyse und
- einen Berichtsplan

zu erweitern.

Erweiterter Projektstatusbericht

Während der Projektdurchführung wird zu festgelegten Zeitpunkten das Management in kurzer und prägnanter Form mit Hilfe von Statusberichten über die aktuelle Projektsituation informiert. In Abbildung 6.14 wurde bereits ein Projektstatusbericht vorgestellt. Dieser ist im Sinne eines Risiko-Frühwarninstrumentariums aufzufassen. Für das konstruktive Qualitätsmanagement ist jedoch der Fertigstellungsgrad einzelner Teilaufgaben und des gesamten Systems zu untersuchen. Man kann daher von einem erweiterten Projektstatusbericht sprechen, da dieser wesentlich komplexer als der in Abbildung 6.14 vorgestellte ist. Es ist darauf zu achten, dass der zeitliche Rahmen eingehalten, alle notwendigen Aktivitäten durchgeführt und alle benötigten Resultate (zum Beispiel Dokumente, Programmcode) geliefert werden. Die Gliederung eines erweiterten Projektstatusberichtes erfolgt nach folgendem Schema:

- Aufgabenstellung und Zusammenfassung der Ergebnisse,
- Ergebnisse der Situationsanalyse,

6   IT-Controlling in der operativen Phase

- Detaillierung und Konkretisierung der im Projektauftrag vereinbarten Ziele,
- denkbare Lösungen, ihre Voraussetzungen und Konsequenzen,
- Bewertung und Vorschläge von Alternativen und
- Darlegung des weiteren Vorgehens.

Projektabschlussbericht

Der Projektabschlussbericht fasst alle Erfahrungen und Erkenntnisse zusammen, die im Laufe eines Projektes gesammelt wurden. Im Projektabschlussbericht sind nicht nur Erfolgsmeldungen zu vermerken. Es ist wichtig, dass alle (auch negative) Erfahrungen und Informationen weitergegeben werden, damit in ähnlichen Projekten darauf aufgebaut werden kann. Nachfolgend genannte Informationen sind einem Projektabschlussbericht zu entnehmen[336]:

- Informationen für das Management

  Verständliche Zusammenfassung des Soll-Ist-Vergleiches eines Projektes insbesondere hinsichtlich des Zeitrahmens und des Gesamtbudgets, Betrachtungen des Auftraggebers zum Projekt (eventuell Business Case Anpassungen) und daraus entstehende Folgeprojekte.

- Informationen für zukünftige Aufwandsschätzungen

  Vergleich der Aufwände für alle Entwicklungsphasen des Projektes.

- Informationen für zukünftige Projektleiter bei ähnlichen Projekten

  Bewertung eingesetzter Tools und Methoden, gewonnenem Know-how, Erfahrungen mit QS-Maßnahmen, Erfahrungen mit Software-/Hardwarezulieferungen sowie mit externen Gewerknehmern und die Bewertung der Wiederverwendbarkeit der erstellten Software.

Der Projektabschlussbericht wird vom Projektleiter nach erfolgter Abnahme des entwickelten Software-Produktes erstellt und zusammen mit der letzten Version des Projektmanagementplans für spätere Analysen archiviert[337].

---

[336] Siehe auch Trauboth, H.: Software-Qualitätssicherung

[337] Vgl. Thaller, G.-E.: ISO 9001: Software-Entwicklung in der Praxis; Wallmüller, E.: Software-Qualitätssicherung in der Praxis

6.7.2 Analytisches Qualitätsmanagement

Die analytischen Maßnahmen der Qualitätssicherung haben als Zielsetzung, fertige Produkte beziehungsweise Teilprodukte hinsichtlich ihrer Qualität zu überprüfen. Hierbei werden statische und dynamische Prüfmethoden unterschieden.

6.7.2.1 Statische Prüfmethoden

Der Einsatz statischer Prüfmethoden erfolgt, falls keine oder nur ungenügend formale Verfahren der Softwareentwicklung zur Verfügung stehen. Dies trifft zum Beispiel für alle Phasen des Softwareentwicklungszyklusses vor der Implementierung zu, deren Ziele die Kontrolle und Prüfung von Dokumenten ist. Die am meisten angewandte statische Prüfmethode ist, neben den Methoden Inspektion, Walkthrough und Audit, das Review[338].

Review

Beim **Review** wird eine intensive formale und inhaltliche Analyse und Bewertung eines Objektes (zum Beispiel Dokument, Quellcode, Projektbibliothek, etc.) durch mehrere Gutachter vorgenommen. Der Reviewprozess wird entweder auf Basis eines in der Projektplanung aufgestellten Qualitätssicherungsplanes oder auf Anforderung des Objektverantwortlichen durch den Projektleiter ausgelöst. Dazu stellt der Projektleiter das Reviewteam zusammen und beauftragt die Reviewer und den Moderator sowie den Objektverantwortlichen mit der Vorbereitung des Reviews. Die Reviewer sind bei geplanten Reviews im Qualitätssicherungsplan vorab festzulegen. Man kann Reviews nach zwei verschiedenen Kriterien unterscheiden. Zum einen nach dem Zeitpunkt der Durchführung, dass heißt in welcher Phase der Softwareentwicklung das Review durchgeführt wird, zum Beispiel Review zur Anforderungsdefinition. Zum anderen werden die Reviews nach der Art des Prüfobjekts klassifiziert, zum Beispiel Codereview, Testreview, Dokumentenreview und Projektreview[339].

---

[338] Siehe auch Stickel, E.: Gabler-Wirtschaftsinformatik-Lexikon

[339] Vgl. Balzert, H.: Lehrbuch der Software-Technik; Freedman, D. P.; Weinberg, G. M.: Handbook of Walkthroughs, Inspections and Technical Reviews; Thaller, G.-E.: Qualitätsoptimierung der Software-Entwicklung

Audits

Im Unterschied zu der statischen Prüfmethode des Reviews werden bei **Audits** Vorgänge geprüft. In der Praxis kommen die zwei Arten

➢ Projektaudit und

➢ Audit des Qualitätssicherungssystems

zur Anwendung.

Projektaudit

Beim Projektaudit wird

- die Produktivität,
- die Leistung des Projektteams,
- die Konformität von Projektergebnissen mit vorgegebenen Standards,
- die Wirksamkeit der eingesetzten Methoden und Werkzeuge, sowie
- das Projektmanagement und die Organisation

überprüft.

Audit des Qualitätssicherungssystems

Während des Audits des Qualitätssicherungssystems wird geprüft, ob die vorhandenen Elemente des Qualitätssicherungssystems gemäß den vorgegebenen Normenanforderungen vollständig, wirksam und dokumentiert sind. Es wird zwischen internen und externen Audits unterschieden. Das interne Audit des Qualitätsmanagementsystems dient der Untersuchung, ob

- die getroffenen Qualitätsmanagementregelungen zweckmäßig zur Unterstützung von Qualitätsfähigkeit, Effizienz der Unternehmensabläufe und juristischer Notwendigkeiten gewählt wurden,
- neue Anforderungen am Markt neue Maßnahmen erforderlich machen und
- die festgelegten Qualitätsmanagementverfahren tatsächlich im Unternehmen realisiert sind beziehungsweise nach diesen die Abläufe organisiert werden.

Das externe Audit dient der Überprüfung des Qualitätsmanagementsystems eines Unternehmens durch eine unabhängige Zertifizierungsstelle auf ISO 9000 Konformität und Wirksamkeit. Die Zertifizierungsstelle erteilt bei dem Bestehen des Audits das Zertifikat. Audits werden anhand von Auditchecklisten durch ein Auditteam durchgeführt. Das Auditteam wird in Abstimmung mit dem Auditleiter zusammengestellt. Auditoren dürfen in den Bereichen, in denen sie auditieren, über keine direkte Verantwortung verfügen. Jede festgestellte Abweichung von den Beschreibungen und Festlegungen wird vom Auditor schriftlich festgehalten, im Auditbericht zusammengefasst und der auditierten Abteilung vorgelegt[340].

6.7.2.2 Dynamische Prüfmethoden

Die dynamischen Prüfmethoden umfassen alle Aktivitäten, die dem Testen eines Prüfobjekts dienen. Bei dem Testen wird das Prüfobjekt (zum Beispiel Software-Programm) zum Ablauf gebracht mit dem Ziel, möglichst alle Fehler des Prüfobjektes aufzudecken. Das prinzipielle Problem aller Testverfahren ist, dass ein Prüfobjekt im Allgemeinen nicht vollständig getestet werden kann. Da nicht alle möglichen Eingaben für den Test verwendet werden können, werden bestimmte Eingabewerte ausgewählt. Die Zuverlässigkeit der Aussagen über die Korrektheit des Prüfobjekts hängt von der repräsentativen Auswahl der Testfälle ab. Zur Bestimmung der Testfälle ist die Beantwortung folgender zwei Fragen wichtig:

(a) Wie bestimmt man repräsentative Testdaten?

(b) Wann hört man mit dem Testen auf und was hat man damit erreicht[341]?

Der Test von Software ist ein wesentlicher Schritt in der gesamten Entwicklung. Die Grundlagen für Tests werden in der Spezifikations- und Analysephase gelegt, denn in diesen Phasen wird das Verhalten des zukünftigen Systems spezifiziert. Ein Testverfahren umfasst also nicht nur ein Regelwerk zur Durchführung von Tests, sondern auch alle testrelevanten Maßnahmen von der Analyse bis zur Abnahme der Software. Als Hauptaufgabe bei der Aufstellung der Testverfahren ist die Einordnung aller Testmaßnahmen in den gesamten Projektverlauf anzusehen. Abhängig ist die Durchführung von Tests in hohem Maße von der Struktur der zu testenden Software. Aus diesem Grunde umfassen Testverfahren in vielen Fällen auch Vorgaben für

---

[340] Siehe auch Balzert, H.: Lehrbuch der Software-Technik; Thaller, G.-E.: Qualitätsoptimierung der Software-Entwicklung

[341] Siehe Stickel, E.: Gabler-Wirtschaftsinformatik-Lexikon

📖 die Struktur der Analyse- und Designmodelle

zur Unterstützung der Formulierung von Testfällen,

📖 die Softwarearchitektur

zur Modularisierung des Systems, so dass abgegrenzte Teile möglichst eigenständig getestet werden können,

📖 die Codierung

zur besseren Nachvollziehbarkeit des Programmablaufs, so dass die Fehlersuche unterstützt wird.

Diese stellen sicher, dass Entwicklungsergebnisse und Testmethoden aufeinander abgestimmt sind. Damit hat jedes Testverfahren Rückwirkungen auf den eigentlichen Entwicklungsprozess. Im Idealfall sind Entwicklungsverfahren und Testverfahren so aufeinander abgestimmt, dass der Test ein integrierter Bestandteil der Entwicklung ist. Dies ist nur möglich, wenn die Entwickler in allen Phasen auch die Erfordernisse des Tests berücksichtigen. Testfälle bereits in der Analysephase zu spezifizieren, hat den positiven Nebeneffekt, dass auf diesem Weg oft Lücken, Inkonsistenzen und offene Fragen in den Analysemodellen gefunden werden. Die Praxis sieht in vielen Projekten leider anders aus. Bedingt durch hohen Zeitdruck werden Arbeiten, die im Moment nicht unbedingt nötig erscheinen, gerne verschoben. Dies führt meistens dazu, dass gerade die Überlegungen zur Testfallerstellung[342] viel zu spät einsetzen und erst sehr spät bemerkt wird, dass Spezifikation und Analyse unter Umständen als Testgrundlage nicht ausreichen. Zum Test von Software existieren zwei grundlegende Vorgehensweisen. Diese können nach der Art der benötigten Informationen bezüglich der Struktur des Prüfobjekts klassifiziert werden in

📖 Black Box-Tests und

📖 White Box-Tests.

Black Box Testing Die beiden Testverfahren werden im Folgenden mit ihren Vor- und Nachteilen beschrieben.

Zweck dieses Verfahrens ist durch Modultests im Vergleich zwischen externer Spezifikation und Verhalten der Module möglichst viele Fehler zu finden. Der Test wird ohne Beachtung der

---

[342] Siehe auch Achtert, W.: Testverfahren für OO-Softwareentwicklung; Balzert, H.: Lehrbuch der Software-Technik; Myers, G. J.: Methodisches Testen von Programmen

6.7 Qualitätssicherung als Teil des IT-Controllings

inneren Struktur der Testobjekte durchgeführt[343]. Aus diesem Aspekt resultiert der Name des Testverfahrens, da die Codierung keinem direkten Test unterzogen wird. Lediglich das Verhalten des Programms auf spezifizierte Eingaben wird auf Fehlerpotenziale hin untersucht. Abbildung 6.20 symbolisiert diesen Aspekt durch eine schwarze Box, die das Software-Programm repräsentiert und keinen Einblick in dessen Aufbau gestattet.

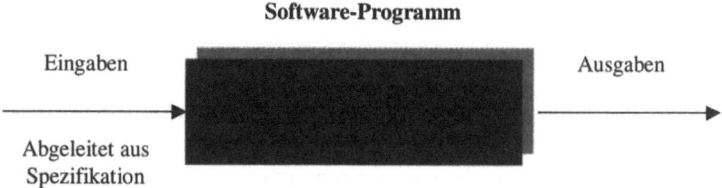

Abb. 6.20: Black-Box-Test[344]

White Box Testing   Durch intensives Testen des Programmcodes werden bei diesem Testverfahren möglichst viele Fehler zu einem frühen Zeitpunkt der Entwicklung gefunden. Bei den White Box Tests ist die Programmlogik möglichst vollständig durch Tests abzudecken. Dies bedeutet, dass die Testfälle so entwickelt werden, so dass jeder Pfad durch ein Modul mindestens einmal ausgeführt wird. Es ist zu beachten, dass sich gewisse logische Bedingungen gegenseitig ausschließen. Deshalb sind die Testfälle kurz zu halten. Der White Box Test (siehe Abbildung 6.21) wird so aufgebaut, dass

- alle Anweisungen eines Moduls mindestens einmal ausgeführt und
- alle Pfade eines Programms bei der Ausführung mindestens einmal durchlaufen

werden[345].

---

[343] Vgl. Stickel, E.: Gabler-Wirtschaftsinformatik-Lexikon

[344] Siehe auch Wallmüller, E.: Software-Qualitätssicherung in der Praxis

[345] Vgl. Stickel, E.: Gabler-Wirtschaftsinformatik-Lexikon

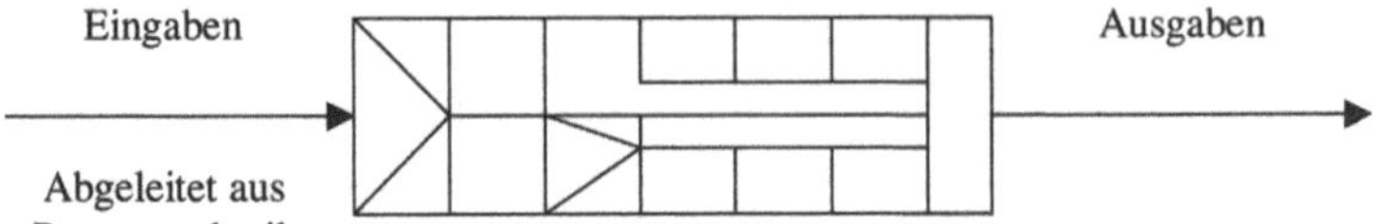

Software-Programm

Abb. 6.21: White-Box-Test[346]

Die Testobjekte wie Module (beziehungsweise Klassen) eines Softwaresystems werden von den Programmierern selbst getestet. Werden diese einzelnen Module anschließend zu Teil- oder Subsystemen zusammengesetzt, so wird der diesbezügliche Test von Mitarbeitern vorgenommen, die nicht an der Implementierung beteiligt gewesen sind.

6.7.3 Administratives Qualitätsmanagement

Unter dem administrativen Qualitätsmanagement wird das Release-, Versions- und Änderungsmanagement (Bugs- and Features Tracing) verstanden. Es unterstützt die Identifikation, die Initialisierung und die effiziente Verwaltung von Softwaremodulen. Das Ziel ist, die Entwicklung und Pflege eines Softwareproduktes bei Änderungen zu erleichtern und transparent zu gestalten. Die Problematik der Änderungen ist in der Wartungsphase besonders groß. Vielfach werden Änderungen nur unvollständig realisiert beziehungsweise dokumentiert, wie die folgenden Beispiele häufig auftretender Probleme bei der Softwareentwicklung zeigen.

Beispiele Probleme der Softwareentwicklung

- Bereits korrigierte Fehler treten wiederholt auf. Es besteht Unklarheit, warum und von wem welche Änderungen vorgenommen wurden.

- Es ist unklar, ob Fehler bereits behoben wurden oder nicht.

---

[346] Siehe auch Wallmüller, E.: Software-Qualitätssicherung in der Praxis

6.7 Qualitätssicherung als Teil des IT-Controllings

📖 Man ist unsicher, ob alles neu übersetzt wurde und der Auftraggeber die neueste Version der Software erhalten hat.

Deutlich wird die Notwendigkeit des administrativen Qualitätsmanagements, welches auch oft **Konfigurationsmanagement** genannt wird[347], durch die aufgezeigten Probleme. Der Zweck des administrativen Qualitätsmanagements besteht in der eindeutigen Identifikation aller Softwarebestandteile, dem Verfolgen von Änderungen und der objektiven Berichterstattung über den Status der Softwareänderungen an das Management. Diese Identifikation dient der systematischen Kontrolle von Änderungen und der Sicherung der Integrität, auch während der späteren Nutzung. Sie bezieht sich auf jedes Element der Software und umfasst alle Phasen der Softwareentwicklung, insbesondere werden

➢ die funktionelle und technische Spezifikation,

➢ Entwicklungswerkzeuge,

➢ alle Schnittstellen zu anderen Teilen der Soft- oder Hardware sowie

➢ alle Dokumente und Daten, die zur Software gehören

angesprochen. Des Weiteren erstreckt sich die Identifikation auf Fremdsoftware und Elemente der Softwareentwicklungsumgebung[348]. Das administrative Qualitätsmanagement überwacht die Konfigurationen, so dass die Zusammenhänge und Unterschiede zwischen früheren und aktuellen Konfigurationen jederzeit erkennbar sind. Es stellt sicher, dass jederzeit auf vorausgegangene Versionen zurückgegriffen werden kann. Dadurch werden Änderungen nachvollziehbar und überprüfbar. Zusammengefasst ergeben sich für das administrative Qualitätsmanagement die folgenden Aufgaben:

📖 alle Versionen jedes Softwareelements sind eindeutig zu identifizieren,

📖 der Entwicklungsstatus von Softwareprodukten während der Entwicklung beziehungsweise nach der Lieferung und Installation ist identifizierbar,

---

[347] Vgl. Balzert, H.: Lehrbuch der Software-Technik; Stickel, E.: Gabler-Wirtschaftsinformatik-Lexikon

[348] Siehe auch Masing, W.: Einführung in die Qualitätslehre

- das gleichzeitige Überarbeiten eines bestimmten Softwareelements durch mehr als eine Person ist zu lenken,
- die Koordinierung der Überarbeitung von mehreren Produkten an einer oder mehreren Stellen ist zu steuern und
- alle Aktionen und Änderungen, die aus einem Änderungsvorhaben resultieren sind zu identifizieren und von der Auslösung bis zur Freigabe zu verfolgen[349].

Versions- und Releasemanagement

Das administrative Qualitätsmanagement umfasst vor allem die Einrichtung eines Versions- und Releasemanagements. Nur durch werkzeugunterstützte Versionsverwaltung ist ein Arbeiten an größeren Projekten durch eine Vielzahl von Entwicklern überhaupt denkbar. **Versionsmanagement** bedeutet, dass alle relevanten Dokumente und Programmbestandteile mit ihrem jeweiligen Änderungsstand archiviert und dokumentiert werden. Weiterhin ist jederzeit ein Überblick über die aktuellen Versionen aller Dateien vorhanden, das heißt es wird nicht mit veralteten Dokumenten beziehungsweise Modulen gearbeitet und bei Bedarf kann der aktuelle Sourcecode mit älteren Versionen verglichen werden (für die Analyse von Fehlern). Damit bietet sich die Möglichkeit zwischen den verschiedenen Versionen einer Datei zu unterscheiden, welche sich in unterschiedlichen Phasen der Softwareentwicklung befinden (zum Beispiel Version 10 befindet sich in der Entwicklung, Version 9 im Systemtest und Version 8 bereits in Produktion)[350]. **Releasemanagement** heißt, dass die einzelnen Releases (Auslieferungsstände) der Applikation dokumentiert und verwaltet werden. So kann bei Bedarf auf einen älteren Releasestand zurückgegriffen werden (zum Beispiel wenn sich ein neues Release trotz Test als fehlerhaft erweist). Ein Release dokumentiert die Versionsnummern aller Dateien, die benötigt werden, um das System zu einem bestimmten Zeitpunkt ausliefern zu können[351].

---

[349] Vgl. Balzert, H.: Lehrbuch der Software-Technik; Masing, W.: Einführung in die Qualitätslehre

[350] Siehe auch Balzert, H.: Lehrbuch der Software-Technik; Stickel, E.: Gabler-Wirtschaftsinformatik- Lexikon; Kitz, A.: Projects just right

[351] Vgl. Balzert, H.: Lehrbuch der Software-Technik; Kitz, A.: Projects just right

6.7.4 Ausgewählte Prozesse des Qualitätsmanagements

In Kapitel 6.7.2 wurde der Prozess des Testens, der Bestandteil des analytischen Qualitätsmanagements ist, bereits kurz erläutert. Der Ablauf des Prozesses an sich und seine Besonderheiten wird im Folgenden detaillierter dargestellt.

Testplanung

Möglichst früh, am Besten schon in der Phase der Systemspezifikation, sind folgende Punkte

- die Testmethode,
- die Art und der Umfang der Testdokumentation,
- die Testobjekte und an sie gestellte Qualitätsanforderungen,
- die zu erfüllenden Testkriterien (zum Beispiel Anzahl der Testfälle, Prozentsatz der zu testenden Programmpfade),
- die Art des Abnahmetests für die einzelnen Testobjekte,
- die Testpersonen und
- die einzusetzenden Testwerkzeuge

zumindest grob festzulegen.

Testplan

Eine zentrale Rolle beim Testen spielt der Testplan. Er ist die Voraussetzung für die Kontrolle und Steuerung der Testvorbereitung und Testausführung. Gleichzeitig bildet er eine Grundlage für die Qualitätssicherung des Testprozesses. Dafür sind die folgenden Punkte von besonderer Wichtigkeit:

- Möglichst frühe Erstellung (spätestens während der Designphase hat dieser vollständig vorzuliegen) und
- Referenzierung im Projektmanagementplan.

Testfälle und Testdaten auswählen (Test Cases)

Auf der Basis des Testplanes werden Testfälle spezifiziert. Im Detail wird angegeben, welches Testobjekt bei der Ausführung des Testfalles x mit welchem Input versorgt wird und welchen Output es zu liefern hat. Der Charakter des Inputs und Outputs referenziert sich auf die Spezifikation des Testobjektes. Daneben werden spezielle Anforderungen an die Testumgebung (Hardware, Systemsoftware, etc.) festgelegt. Die richtige Auswahl von Testfällen kann die Fehlerentdeckung effizient gestalten, erfordert aber viel Erfahrung und Intuition. Die Testfälle sind so auszuwählen, dass

- jeder Programmzweig einmal durchlaufen wird,
- für jede Funktion geprüft wird, ob sie ihre Spezifikation erfüllt,

- der kleinste und größte Wert jedes Eingabewertes (Randwerte) berücksichtigt wird,
- jede Schleife mit minimaler und maximaler Durchlaufzahl geprüft wird,
- alle Fehlerausgänge (Exceptions, Errors) geprüft werden und
- die Reaktion des Testobjekts auf willkürliche Eingabedaten überprüft wird (Zufallstest).

Testumgebung bereitstellen

Eine brauchbare Testumgebung erlaubt es

- Testobjekte wiederholt aufzurufen,
- Eingabedaten bereitzustellen,
- Simulationen nicht vorhandener externer Ressourcen durchzuführen und
- Testergebnisse anzuzeigen oder auszugeben[352].

Strukturierung des Testprozesses

Die Ablauforganisation eines Testprozesses ist durch die Festlegung der Testaufgaben und deren Reihenfolge geprägt. Bei allen umfangreichen Testprozessen werden verschiedene Kategorien von Testszenarien unterschieden. Diese sind

- der Modultest,
- der Integrationstest,
- der Systemtest und
- der Abnahmetest.

Der **Modultest** umfaßt den Test der kleinsten Programmeinheiten, der Module. Er findet vor der Integration der Module zu größeren Programmeinheiten statt und wird meistens von den Entwicklern selbst durchgeführt. Beim Modultest werden die Modulfunktionen und die Schnittstellen mit den Beschreibungen sowie Festlegungen in den Entwurfsdokumenten verglichen. So lassen sich eventuelle Fehlreaktionen frühzeitig im Rahmen des Entwicklungsprozesses ausfindig machen[353].

---

[352] Vgl. Wallmüller, E.: Software-Qualitätssicherung in der Praxis

[353] Vgl. Stickel, E.: Gabler-Wirtschaftsinformatik-Lexikon

6.7 Qualitätssicherung als Teil des IT-Controllings

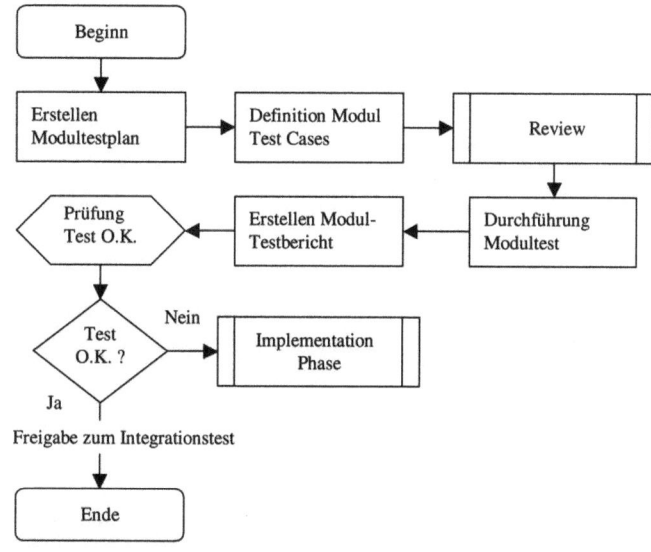

Abb. 6.22: Ablauf eines Modultests

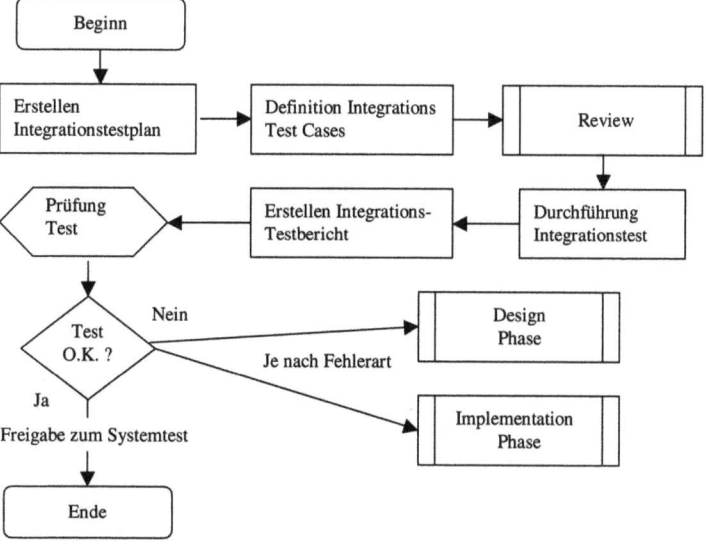

Abb. 6.23: Ablauf eines Integrationstests

249

In Abbildung 6.22 wird ein Beispielsprozess für einen Modultest grafisch dargestellt. Nach dem Test der einzelnen Module kann mit der geplanten Integration derselben in Programme begonnen werden. Beim ***Integrationstesten*** werden die Schnittstellen und die Kommunikation der Module überprüft. Wurde im Entwurf das Zusammenwirken der einzelnen Module ausreichend spezifiziert und dokumentiert, können die geeigneten Testfälle für die eingesetzten Testverfahren relativ einfach ermittelt werden[354]. Abbildung 6.23 zeigt den Ablauf eines solchen Integrationstests.

Bei dem ***Systemtesten*** (Abbildung 6.24) wird das gesamte System hinsichtlich seiner funktionalen Leistungen und der Grenzen seiner Leistungsfähigkeit getestet. Aspekte wie Belastung der Hardwareumgebung, Integration in das organisatorische Umfeld des Anwendungsbereichs, sowie die Wartbarkeit des Systems werden ebenfalls betrachtet. Beispiele dafür sind:

- Volumen (Volume Testing)

  Die Belastbarkeit eines Systems in Hinblick auf große Datenmengen oder eine Vielzahl von Benutzern ist zu testen.

- Last

  Das System ist über längere Zeit unter Spitzenbelastung zu testen.

- Stress Testing

  Kurzzeitige, hohe Belastung des Systems.

- Effizienz (Performance Testing)

  Entsprechen die Antwortzeiten und Durchsatzraten bei hoher Systembelastung den beschriebenen Anforderungen?

- Storage Testing

  Test zur Auslastung des benutzten Hauptspeichers.

- Timing

  Test zum Verbrauch an Rechenzeit durch den Prozess.

---

[354] Vgl. Stickel, E.: Gabler-Wirtschaftsinformatik-Lexikon

6.7 Qualitätssicherung als Teil des IT-Controllings

📖 Benutzerfreundlichkeit (Usability Testing)

Test der Schnittstelle zum menschlichen Benutzer, Fehlermeldungen, Helptechniken, Layoutgestaltung.

📖 Sicherheit (Security Testing)

Test der Programmanforderungen hinsichtlich der Sicherheit des Systems, Datenschutzmechanismen und Datensicherheitsprüfungen.

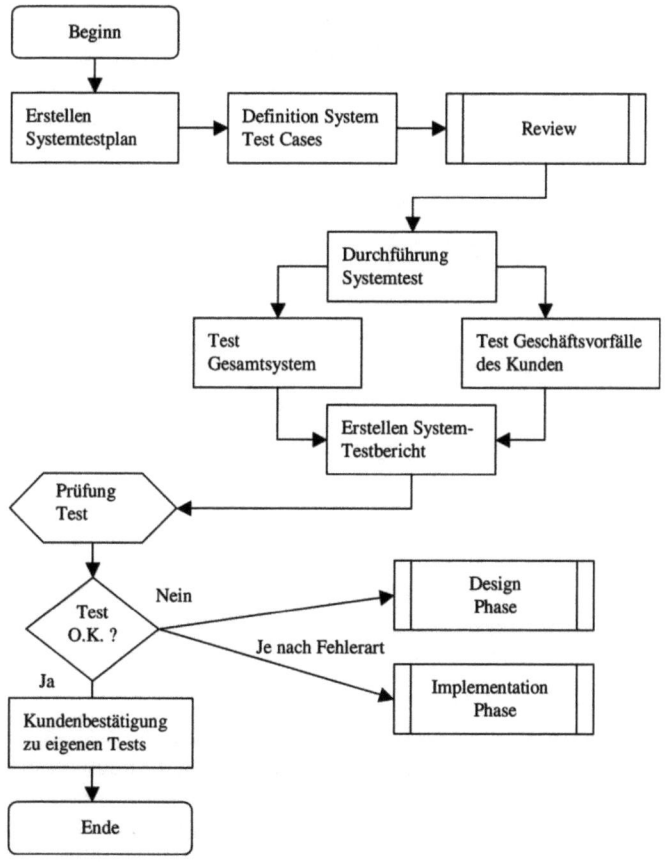

Abb. 6.24: Ablauf eines Systemtests

Des Weiteren ist beim Systemtesten sicherzustellen, dass jedes Modul von jeder Komponente, die es aufrufen kann, zumindest

6 IT-Controlling in der operativen Phase

einmal aufgerufen wird und dabei jede logische Funktion des Moduls durchlaufen wird[355].

Das Ziel des **Abnahmetestens** (Abbildung 6.25) besteht in dem Nachweis, dass das entwickelte System der spezifizierten Qualitätsforderung des Auftraggebers entspricht. Die hierzu ausgewählten Testverfahren werden deshalb immer in der Zielumgebung (Hardware, Software, organisatorisches Umfeld) des Auftraggebers durchgeführt. Dabei eingesetzte Testverfahren zeigen mit ihren Testfällen, dass das System die Qualitätsforderungen erfüllt. Nur wenn dieser Nachweis gelingt, wird das System vom Auftraggeber abgenommen. Zu entnehmen sind die Testfälle der Anforderungsspezifikation.

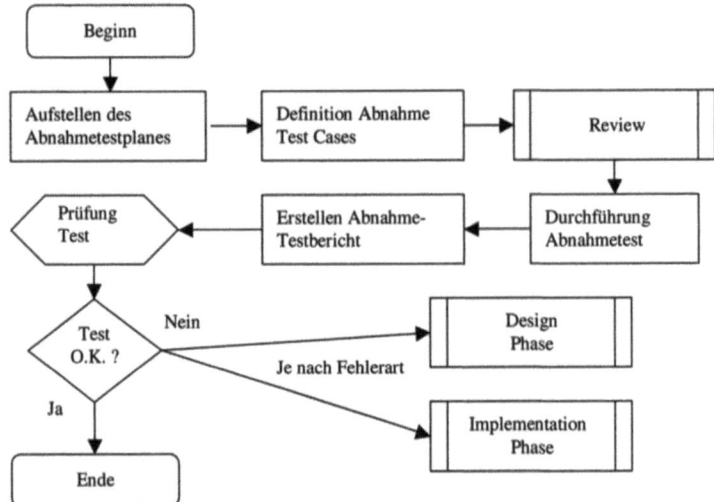

Abb. 6.25: Ablauf eines Abnahmetests

Regressionstests

Bei allen genannten Testverfahren ist eine Wiederholung vorausgegangener Tests sicherzustellen. Regressionstests dienen der Verifikation, dass alle in den Tests gefundenen Fehler behoben und Änderungen korrekt durchgeführt wurden. Des Weiteren ist der Nachweis möglich, dass andere Teile des Systems durch diese Änderungen nicht beeinträchtigt werden. Dazu ist es wichtig, alle

---

[355] Siehe auch Stickel, E.: Gabler-Wirtschaftsinformatik-Lexikon

6.7 Qualitätssicherung als Teil des IT-Controllings

vorher durchgeführten Tests reproduzierbar und transparent für nachfolgende Regressionstests aufzubauen[356].

Testdokumentation
In der Softwareentwicklung wird die Testdokumentation, insbesondere die Dokumentation von Testfällen, als wesentlicher Bestandteil des Testprozesses verstanden, der durch Überprüfbarkeit, Nachvollziehbarkeit und Wiederholbarkeit von Tests den Testprozess auf langfristige Sicht gesehen verkürzt. Zur Testdokumentation gehören

- der Testplan,
- die Beschreibung der Testfälle,
- die Angaben zu den verwendeten Testumgebungen,
- die Testergebnisse der einzelnen Testläufe (Testberichte),
- die Zahl und Art der aufgedeckten Fehler,
- eine Beschreibung von Maßnahmen zur Fehlerkorrektur und
- benötigte Testläufe für jedes Testobjekt.

Tests auswerten
Die Testfallbeschreibung legt fest, ob die Ergebnisse eines Testlaufes mit den erwarteten Ergebnissen übereinstimmen. Wird ein Fehler entdeckt, ist seine Ursache zu finden. Meist werden dabei Hilfen zur Programmverfolgung und Zustandsüberwachung eingesetzt (Debugger, etc.). Vorher ist zu überlegen, welche Folgewirkung die Korrektur auf andere Teile des Testobjektes hat. Besondere Sorgfalt ist bei der Fehlerkorrektur notwendig. Allzu leicht werden neue Fehler eingeschleust. Nach jeder Fehlerkorrektur werden alle Testfälle, denen das Testobjekt bisher unterzogen wurde, wiederholt. Einige der häufigsten Fehler, die einem erfolgreichen Testen entgegenstehen, sind

- das Vergessen von Sonderfällen,
- keine Behandlung von Randwerten,
- das Überschreiten von Feldgrenzen,
- Schleifen, die nicht abbrechen,
- keine Initialisierung von Variablen,
- die unkorrekte Bildung logischer Ausdrücke in Bedingungen, besonders im Zusammenhang mit dem Negationsoperator,

---

[356] Vgl. Stickel, E.: Gabler-Wirtschaftsinformatik-Lexikon

- keine Übereinstimmung von Parameterzahl und -typ in aktuellen und formalen Parameterlisten und
- die unerlaubte Benutzung gemeinsamer Daten[357].

Testbericht

Die Testergebnisse werden analysiert und in einem Testbericht zusammengefasst. Ziel der Zusammenfassung ist eine Bewertung des durchgeführten Tests und eine Entscheidung, ob die Testziele erreicht wurden beziehungsweise ob der Test zu wiederholen ist. Eine ausführliche Dokumentation des Tests wird oft in Frage gestellt. Durch eine Reduzierung des Dokumentationsaufwands würde sich die gesamte Testzeit deutlich verringern. Es bleibt weniger Zeit für das Testen an sich, da mehr Zeit für die Dokumentation verwendet wird und die Zeit für den gesamten Testprozess, also Testausführung und Testdokumentation, durch feststehende Zeitpläne begrenzt wird. Aber dem steht der sich längerfristig auswirkende Vorteil der ausführlichen Dokumentation gegenüber, dass die entstehenden Informationen aus den Testdokumentationen insbesondere für die Testreproduzierbarkeit und für neue Mitarbeiter von großem Nutzen sind[358].

Kriterien der Testbeendigung

Die Schwierigkeit bei der Auswahl von Testbeendigungskriterien ist, einen guten Kompromiss zwischen einer kurzfristigen Freigabe des Produkts und einer geringen Fehleranzahl zu finden. Software sollte zu einem Zeitpunkt ausgeliefert werden, an dem das Risiko für das Unternehmen klein genug ist. Das Ziel des Softwareprozesses ist in erster Linie der Profit und die Erfüllung der Anforderungen des Auftraggebers. Bezüglich des Auslieferungszeitpunktes von Software sind die Dimensionen des **magischen Projektqualitätsdreiecks**, also eine Kombination aus Funktionalität, Qualität im Sinne von Fehlerfreiheit und Zeitplan wichtig (siehe Abbildung 6.26). Jede dieser drei Dimensionen beeinflusst die beiden anderen. Die Austauschraten dieser drei Elemente bezüglich des Profits sind aber sehr schwer zu kalkulieren und definitiv nicht linear.

---

[357] Siehe auch Myers, G. J.: Methodisches Testen von Programmen; Trauboth, H.: Software- Qualitätssicherung; Prof. Dr. Franzen, B.: Software-Technik Skript

[358] Vgl. Wallmüller, E.: Software-Qualitätssicherung in der Praxis

6.7 Qualitätssicherung als Teil des IT-Controllings

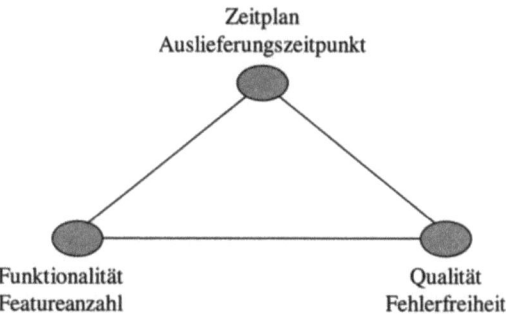

Abb. 6.26: Das magische Projektqualitätsdreieck

Im Grunde werden die Ausprägungen dieser drei Elemente vom Auftraggeber selbst bestimmt. Er ist meist nicht dazu bereit, für mehr Qualität auch mehr Geld zu bezahlen, sondern er bevorzugt eine frühzeitigere Nutzung des Produktes. So stellen die Auslieferungstermine für den Softwarehersteller oft ein Fixum dar. Deshalb können nur Anforderungen an die Funktionalität und/oder der Qualität verändert werden. Das bedeutet, es müssen Features mit niedriger Priorität gestrichen oder die Testprozesse beschnitten werden. Dem Auftraggeber ist meistens die Qualität nicht so wichtig wie die Zeitkomponente und eine interessante Menge von Features. Es bleibt nur eine Verkürzung der Testdauer und des Testumfanges. Die Testbeendigung hängt also nur von den festgesetzten Terminen ab. Dies ist ein Widerspruch zu den Forderungen des Qualitätsmanagements, die der Qualitätsverbesserung Vorrang vor Zeitengpässen geben. Formale Kriterien zur Testbeendigung sind also selten zu finden. Der Zeitplan bestimmt die Testdauer und -intensität, woraus sich die oftmals bemängelte Qualität von Softwareprodukten ergibt. Diese Qualität findet beim größten Teil der Anwender Akzeptanz, so dass für die Softwarehersteller kein Grund besteht, von ihrem Vorgehen abzugehen[359].

Bugs- and Features Tracing

Das Fehler- und Änderungsmanagement, auch als Bugs- and Features Tracing bezeichnet, ist ein wichtiger Bestandteil des administrativen Qualitätsmanagements. Es besteht aus der Kontrolle der Änderungen, indem der Grund für die Änderungen, die

---

[359] Siehe Wallmüller, E.: Software-Qualitätssicherung in der Praxis

Änderungsschritte und die Auswirkungen auf andere Softwareteile dokumentiert werden. Durch das Verfolgen von Änderungen wird gewährleistet, von einer einmal eindeutig identifizierten Basiskonfiguration (Baseline) aus alle nachfolgenden Änderungen nachvollziehbar zu gestalten. Die Nachvollziehbarkeit von Änderungen stellt beim Eintreten eines Fehlers nach der Auslieferung der Software eine unschätzbare Hilfe bei der Suche nach der Ursache von Problemen dar. Der objektiven Berichterstattung an das Management können Listen zum Status der Softwareprodukte, die unter Konfigurationskontrolle stehen, Aufstellungen zu offenen Fehlern und ähnliche Zusammenstellungen dienen[360], die auf den Protokollen und Aufzeichnungen des Konfigurationsmanagements beruhen. Probleme sind der Oberbegriff von gemeldeten Beanstandungen (zum Beispiel durch den Auftraggeber) und Fehlern. Sie werden in verschiedene Problemklassen unterteilt und mit verschiedenen Prioritätsstufen versehen.

Problemklassen und ihre Prioritäten

Bei der Problemeinstufung ist zunächst klar zwischen der Auftraggebersicht und der Sicht des Entwicklers zu unterscheiden. Erst wenn sich beide Seiten dieser grundsätzlich unterschiedlichen Sichtweisen bewusst sind, können sie bei den Verhandlungen zur Problemeinstufung auf einen gemeinsamen Nenner kommen. Die Problemeinteilung weist zwei Kategorien auf:

- eine sachliche, objektbezogene Einteilung, also eine Klassifizierung (Einteilung in Problemklassen) und

- eine umfeldbezogene Einteilung, also eine Bewertung beziehungsweise Beurteilung (Bewertung nach Dringlichkeit) nach Prioritätsstufen.

Als Problemklassen lassen sich die nachfolgend vorgestellten beispielhaft heranziehen:

Problemklasse	*Erläuterung*
Klärungsbedarf	Frage, Missverständnis, Anwenderfehler
Fehler (Bug)	Eine die Korrektheit verletzende Abweichung von den für das Objekt relevanten Vorgaben

---

360 Vgl. Balzert, H.: Lehrbuch der Software-Technik

6.7 Qualitätssicherung als Teil des IT-Controllings

Fortsetzung Problemklasse	Fortsetzung Erläuterung
Änderungswunsch (Feature)	Forderung einer Abweichung / Ergänzung / Änderung, die in den für das Objekt relevanten Vorgaben bisher nicht vorgesehen war

Unabhängig von der Definition der Problem- und Fehlerklassen ist die Definition der Prioritätsstufen. Sie sind nicht starr an gewisse Problem- beziehungsweise Fehlerklassen gekoppelt. Zum Beispiel kann ein Änderungswunsch auch die Priorität „hoch" erhalten, wenn er mit einer vertraglich vereinbarten Weiterentwicklung oder Anpassung übereinstimmt. Die Priorität für die Behandlung eines Problems wird nach (und nicht vor) der Klassifizierung bestimmt. Einfluss darauf haben unter anderem

- die Problemeinstufung durch den Auftraggeber,
- vertragliche Abmachungen für die Wartung und
- Aufwands- sowie Zeitkriterien.

Nachfolgend wird ein Beispiel für die Klassifizierung nach Prioritätsstufen dargelegt, welches verschiedene Handlungsaktivitäten für ermittelte Prioritäten nennt.

Priorität	Erläuterung	Hinweise
Hoch	Sofort zu erledigen beziehungsweise zu klären	Oft handelt es sich um Klärungsbedarf oder auch um ein Problem, dessen Weiterbearbeitung zurückgewiesen wird.
	Unbedingt mit dem nächst möglichen Release zu korrigieren	Meist handelt es sich um einen „schweren" Fehler, der den Betrieb gefährdet, manchmal auch um einen Fehler, dessen Korrektur wenig Aufwand erfordert.
Mittel	Nach Möglichkeit mit dem nächst möglichen Release zu korrigieren.	Oft handelt es sich um einen „leichten" Fehler, der den Betrieb behindert aber nicht gefährdet.

Forts. Priorität	Fortsetzung Erläuterung	Fortsetzung Hinweise
Niedrig	Korrektur muss nicht im nächst möglichen Release erfolgen.	Meist handelt es sich um einen Änderungswunsch; manchmal auch um einen überbrückbaren Fehler, dessen Korrekturaufwand so groß ist, dass er im aktuellen Releasezyklus nicht mehr erledigt werden kann.

6.7.5 Fazit Qualitätsmanagement im Rahmen des IT-Controllings

Auf den ersten Blick scheinen die vorgestellten Qualitätsmanagementmaßnahmen banal zu sein. Man erwartet, dass ihre Berücksichtigung in der Praxis als selbstverständlich vorausgesetzt werden kann. Analysiert man Erfahrungsberichte von Zertifizierungsauditoren jedoch genauer, so stellt sich heraus, dass die eingeführten Qualitätsmanagementmaßnahmen von Praktikern als besonders bemerkenswerte Erfahrungen eingestuft werden. Offenbar haben sowohl Manager als auch die Qualitätsspezialisten der Softwareunternehmen beziehungsweise der unternehmensinternen Softwaredienstleister den Stellenwert und die Tragweite dieser Faktoren erst in dem Verlauf des Aufbaus von Qualitätsmanagementsystemen vollständig erfasst. In einigen Unternehmen wurden die Faktoren offensichtlich zu Beginn der Qualitätsinitiativen nicht ausreichend berücksichtigt; in anderen Unternehmen wurde ihre Bedeutung scheinbar sogar erst nach der Zertifizierung richtig verstanden. Vermutlich ist das der Grund dafür, dass die beschriebenen Qualitätsmanagementmaßnahmen so erfolgreich sind. In vielen Unternehmen werden diese Qualitätsmanagementmaßnahmen zunächst als gegeben oder als unbedeutend abgetan. Folglich wird ihnen keine ausreichende Beachtung geschenkt und der Erfolg der Verbesserungsbemühungen so gefährdet.

Einige der vorgestellten Softwarequalitätsmanagementmaßnahmen werden von der ISO 9000 nicht explizit angesprochen. Das bedeutet, dass ein Softwarehersteller, der sich eng an den Vorgaben, Empfehlungen und Forderungen der ISO 9000 orientiert, möglicherweise wichtige Qualitätsmanagementmaßnahmen nicht beachtet. Es ist somit nicht sinnvoll, sich beim Aufbau eines Qualitätsmanagementsystems lediglich an den Vorgaben der Norm zu orientieren. Vielmehr ist es notwendig, die Normen unter Berücksichtigung der eigenen Stärken und Schwächen situationsspezifisch zu interpretieren und Verbesserungsmaßnahmen in erster Linie unter Kosten-Nutzen-Gesichtspunkten auszuwählen. Softwaredienstleister, die ein Qualitätsmanagementsystem aufbauen oder das Qualitätsmanagement des Softwareentwicklungsprozesses verbessern wollen, wählen einen ganzheitlichen Ansatz. Das bedeutet, dass sie sich nicht auf einen Gesichtspunkt, wie zum Beispiel die Verbesserung der Produktqualität beschränken. Vielmehr ist es notwendig, sowohl die Entwicklungszeit und die Entwicklungskosten als auch die Qualität der Produkte und Dienstleistungen zu optimieren. Ein Unternehmen muss in diesem Zusammenhang davon ausgehen, dass die gravierendsten Probleme im Bereich des Managements zu erwarten sind. Verbesserungsprogramme müssen deshalb in erster Linie an der Verbesserung des Qualitätsmanagements der Softwareentwicklung ansetzen, statt in neue Entwicklungsmethoden, Techniken oder Werkzeuge für Software zu investieren.

Für ein effizientes und effektives Controlling sind die vorgestellten Qualitätssicherungsmaßnahmen äußerst dienlich. So werden bereits während des Software-Entwicklungsprozesses Aktivitäten ergriffen, die ein Projekt zum einen in geldwerter Hinsicht und zum anderen auch in qualitätsorientierter Hinsicht positiv beeinflussen. Es kann nur im Sinne des Controllings sein, dem späteren Nutzer Qualitätsprodukte zur Verfügung zu stellen, denn so lassen sich Wartungs- und Weiterentwicklungskosten auf ein Minimum reduzieren. Dies führt wiederum zu einem positiveren Business Case des Produktes und damit auch zu einer geringeren Amortisationsdauer der im Voraus geleisteten Projektleistungen. Des Weiteren hat auch im Ermessen eines jeden Controlling-Handelns ein zufriedener Kunde zu stehen. Durch qualitätsorientierte Produkte wird dieser Tatsache Rechnung getragen, was wiederum für eine Etablierung von Qualitätssicherungsmaßnahmen in die Controlling-Arbeit spricht.

7 IT-Controlling des Software-Produktes

Nach Abschluss eines IT-Projektes wird das entsprechende Ergebnis dem Auftraggeber übergeben, der dieses IT-Produkt im Sinne seiner Unternehmensprodukte einsetzt. Es wird die letzte Stufe der Wertschöpfungskette von Software-Produkten angestoßen, in der das entwickelte Produkt einen positiven Ergebnisbeitrag für das Unternehmen zu erbringen hat. Gleichzeitig erfolgt auch eine Analyse der abgeschlossenen Projekte, um Erkenntnisse und Verbesserungspotenzial für nachfolgende Projekte zu ermitteln. Die Ergebnisse dieser Analyse sind in einer Projekterfahrungsdatenbank festzuhalten, die jedem Projektmitarbeiter respektive dem Controlling zugänglich ist. Insbesondere gilt es, die Periodenberichte unter dem Aspekt des Aufwandsanfalles zu untersuchen. So ist festzustellen, in welchen Perioden oder auch Software-Entwicklungsphasen der Projektaufwand gegenüber den Planwerten erhöht gewesen ist und ob man dort mit verbesserten Methoden und Werkzeugen Einsparungen hätte erzielen können.

Problemerforschung

Wichtig ist aber auch, die geschilderten Probleme einer Ursachenerforschung zu unterziehen. Es ist zu untersuchen, ob diese vermeidbar, kaum vermeidbar oder eben nicht vermeidbar gewesen sind. Hierzu prädestiniert ist die nachfolgende Tabelle, die nach Belieben erweitert werden kann[361].

	Personelle Ursachen	*Technische Ursachen*	*Organisatorische Ursachen*
Vermeidbar	Demotivation, Mangelnde Ausbildung, Überlastung	Planungsfehler, Mangelnde Toolnutzung	Unklare Kompetenzen, Personelle Engpässe

---

[361] Vgl. Fiedler, R.: Controlling von Projekten, Seite 123

7 IT-Controlling des Software-Produktes

	Personelle Ursachen	**Technische Ursachen**	**Organisatorische Ursachen**
Kaum Vermeidbar	Fluktuation, Ungeeignete Mitarbeiter	Zusätzliche Projektanforderungen, Fehlender Support	Ungeplanter Hardware-/Software-Lieferant, Räumliche Aufteilung der Projektmitarbeiter, Termindruck
Nicht Vermeidbar	Krankheit	Technologische, nicht absehbare Grenzen, Fehlende Komponenten	Vertragsänderungen, Konkurs eines Lieferanten

Gerade die vermeidbaren Probleme lassen sich durch geeignete Planmaßnahmen in Folgeprojekten umgehen, was zu einem reibungsloseren und damit weniger problembehafteten Projektablauf führen kann.

Benchmarking

Eine Projektanalyse nach Projektbeendigung hat zum Ziel, Verbesserungspotenziale für Folgeprojekte aufzuzeigen. Aus diesem Grunde wird jedes Projekt einem Benchmarking-Prozess unterworfen. Problem jedes Benchmarking ist, vergleichbare Objekte zu identifizieren. Der Benchmarking-Prozess an sich gliedert sich in vier Phasen. Zunächst sind in der ersten **Phase „Plan"** das Benchmarkingobjekt zu bestimmen, einen geeigneten Leistungsbewertungsmaßstab herzuleiten und die Bildung einer zu untersuchenden Klasse von Vergleichsobjekten vorzunehmen[362]. Im Sinne der Projektanalyse bietet sich hierzu eine Klassifizierung nach der Projektkomplexität und der Projektneuartigkeit an[363]. Durch eine Nutzwertanalyse lässt sich zum Beispiel die Komplexitätseinteilung- und -gewichtung unterstützen. Die Komplexität eines Projektes beeinflussenden Kriterien werden gewichtet und deren Erfüllungsgrad innerhalb des Projektes mit einer Skala von 1 bis 10 ermittelt. Ist ein sehr hoher Erfüllungsgrad des definierten Untersuchungskriteriums gegeben, so ist dieses mit einer 10 zu hinterlegen; eine 1 hingegen repräsentiert einen sehr niedri-

---

[362] Vgl. Hierholzer, A.: Benchmarking der Kundenorientierung von IV-Prozessen, Seite 579

[363] Siehe auch Krüger, A. / Schmolke, G. / Vaupel, R.: Projektmanagement als kundenorientierte Führungskonzeption, Seite 220 ff.

gen Erfüllungsgrad. Anschliessend wird der Erfüllungsgrad mit dem zuvor definierten Kriteriengewicht multipliziert, woraus die kriterienspezifische Komplexität entsteht. Die Summation der Komplexitätswerte über alle definierten Kriterien ergibt die Gesamtkomplexität des Projektes. Projekte mit nahe beieinander liegenden Punktsummen gehören einer Komplexitätsklasse an und sind damit im Sinne des Benchmarkings vergleichbar. Folgende Tabelle zeigt eine solche Komplexitätsbeurteilung für ein IT-Projekt auf[364].

Kriterien	Gewicht	Erfüllungsgrad	Komplexität
Anzahl beteiligter Fachbereiche	25	8	200
Unterschiedlichkeit der Soft-Skills der beteiligten Personen	10	2	20
Anzahl zu erstellender Komponenten	20	5	100
Technische Besonderheiten	5	6	30
Zeitfaktor	15	10	150
Gesetzliche Anforderungen	5	4	20
Anzahl zu erstellender Schnittstellen	20	6	120
Gesamt			**640**

Liegen die Benchmarkingobjekte vor, so wird die zweite Phase des Benchmarkingprozesses gestartet. In dieser **Do-Phase** werden interne (eigene) und externe (fremde) Daten zu den Untersuchungsobjekten erhoben. Daran anschliessend ist die Auswahl vorbildlicher Prozesse durch ein Ranking an Hand der gemessenen Leistungswerte. Diese vorbildlichen Prozesse werden in der dritten Phase, der **Check-Phase**, genauer untersucht, indem die Ursachen für die zuvor festgestellten Leistungen erforscht werden. In der letzten Benchmarking-Phase, auch als **Act-Phase** bezeichnet, gilt es, aus den gewonnenen Erkenntnissen über Ursachen und Wirkungen der gefundenen vorbildlichen Prozesse zu lernen. Ziel ist es, geeignete Verbesserungsmaßnahmen abzuleiten[365], die wiederum in der bereits angesprochenen Projekterfahrungsdatenbank für zukünftige Projekte festgehalten werden.

---

[364] In Anlehnung an Fiedler, R.: Controlling von Projekten, Seite 125

[365] Vgl. Hierholzer, A.: Benchmarking der Kundenorientierung von IV-Prozessen, Seite 579 ff.

7   IT-Controlling des Software-Produktes

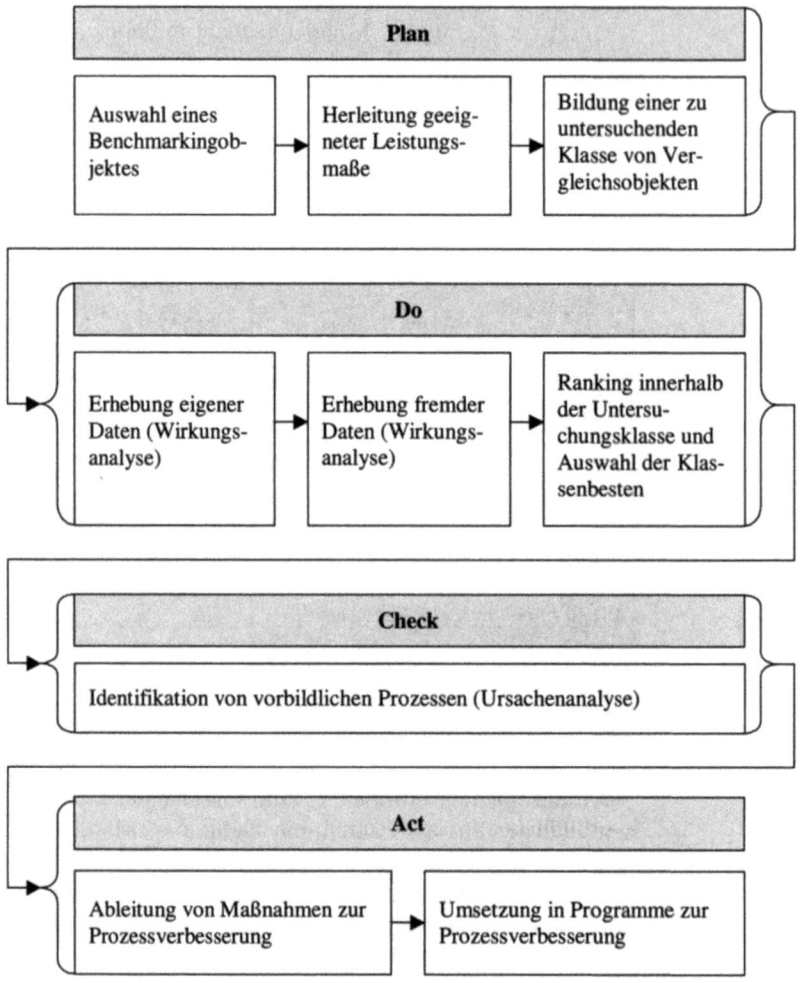

Abb. 7.1: Prozessorientierter Benchmarking-Zyklus[366]

In Abbildung 7.1 werden die einzelnen Phasen des Benchmarking-Prozesses in einer Übersicht zusammenfassend dargestellt. Gemäß der Phasenbezeichnungen spricht man auch von dem sogenannten Plan-Do-Check-Act-Zyklus des Prozessbenchmar-

---

[366] Vgl. Hierholzer, A.: Benchmarking der Kundenorientierung von IV-Prozessen, Seite 578; Deming, E.W.: Out of Crisis, Seite 88

kings. Als Kennzahlen für einen Benchmarking-Prozess bieten sich die nachfolgenden beispielhaft an[367]:

Kennzahl	Formel
Produktivität	Ergebnismenge / Gesamtaufwand
Planabweichung	(Istwert – Planwert) / Planwert
Plantreue	Istwert / Planwert
Fremdanteil	Externe Mitarbeiter / Gesamtanzahl Mitarbeiter
Kostenanteil	Kosten einer Kostenart / Gesamtkosten
Produktivanteil	Produktivstunden / Gesamtstunden
Kostenanteil der Qualitätssicherung	Qualitätssicherungskosten / Gesamtkosten
Overhead-Anteil	Nicht projektbezogene Kosten / Gesamtkosten
Projektmanagement-Anteil	Mitarbeiter für Projektmanagement / Gesamtzahl Mitarbeiter
Projektcontrolling-Anteil	Zeitaufwand für Controlling-Aktivitäten / Gesamtprojektzeitaufwand
Projektcontrolling-Anteil innerhalb des Projektmanagements	Zeitaufwand für Controlling-Aktivitäten / Projektmanagementzeitaufwand
Fluktuationsquote	Anzahl der Ab- und Zugänge / Ø Mitarbeiterbestand
Aufwandsanteil je Phase	Aufwand einer Phase / Gesamtaufwand
Aufwandsanteil je Projektperiode	Aufwand einer Projektperiode / Gesamtaufwand
Terminenge	Anzahl zeitkritischer Vorgänge / Gesamtanzahl Vorgänge
Zeitanteil je Periode	Periodenzeitdauer / Gesamtdauer
Projekt Intern/Extern-Verhältnis	Summe unternehmensinterner Projektmitarbeiter / Summe unternehmensexterner Projektmitarbeiter
Perioden Intern/Extern-Verhältnis	Summe unternehmensinterner Periodenmitarbeiter / Summe unternehmensexterner Periodenmitarbeiter

---

[367] Erweiterung von Fiedler, R.: Controlling von Projekten, Seite 127

Mit Hilfe definierter Kennzahlen lässt sich eine Projektanalyse während der produktiven Phase des Software-Produktes rückwirkend in vereinfachter Art und Weise vornehmen. Vereinfacht aus dem Grunde, da man anhand festgelegter Parameter die Projektdurchführung respektive –umsetzung untersucht. Man erhält so Anhaltspunkte für Verbesserungsmaßnahmen nachfolgender Projekte.

Service-Level-Agreements

Doch nicht nur eine Projektnachbearbeitung und Projektanalyse hat in dieser Phase des Software-Produktlebenszyklus zu erfolgen, sondern vielmehr sind hier auch Fragestellungen nach der Wirtschaftlichkeit des Software-Produktes zu beantworten. Der wirtschaftliche Nutzen eines IT-Produktes wird im produktiven Einsatz realisiert. Spätestens mit Übergang des Software-Produktes an den Auftraggeber sind Servicevereinbarungen mit Vertragscharakter zwischen der IT-Abteilung und eben dem Auftraggeber vorzunehmen. Durch diese **Service-Level-Agreements (SLA's)** werden Absprachen über die Qualität der Dienstleistungen, über die Verfügbarkeit sowie Erreichbarkeit eines Dienstes und insbesondere auch über den Support für die eingekauften Dienste getroffen[368]. Insbesondere sind hier klare Trennungen zwischen Wartungs- und Weiterentwicklungsaktivitäten vorzunehmen, so dass während der Einsatzphase des Software-Produktes hierüber keine Missverständnisse zwischen Auftraggeber und Auftragnehmer auftreten. Wartungsaktivitäten dienen ausschließlich der Beseitigung noch existenter Fehler des Software-Produktes und besitzen demzufolge eine höhere Priorität in der Umsetzung als Weiterentwicklungsaktivitäten. Diese repräsentieren zusätzliche Anforderungen des Auftraggebers an das Software-Produkt und gehen nicht mit dem initiierenden Projektantrag konform. Das IT-Controlling berät und unterstützt die beteiligten Parteien bei der Erstellung der Service-Level-Agreements, wobei der Schwerpunkt auf der entsprechenden Leistungsmessung und zu vereinbarender Sanktionen bei fehlender oder schlechter Leistungserbringung liegt[369].

Das IT-Controlling an sich hat in dieser Lebenszyklusphase jedoch nur einen äußerst geringen Agitationsraum. Dies liegt an der Tatsache, dass mit Übergabe des Software-Produktes an den

---

[368] Vgl. Kriebel, V. / Lohmann, K.: Servicewüste Deutschland, S. 24 ff.

[369] Vgl. Kütz, M.: Lebenszyklussteuerungen von IV-Anwendungen, Seite 243

Auftraggeber die Hauptverantwortung von der IT-Seite für den weiteren Wertschöpfungsprozess weicht. Der Auftraggeber ist nun gefordert, die Wirtschaftlichkeit des Software-Produktes zu garantieren, indem er es in dem geplanten Umfang für den Wertschöpfungsprozess des Unternehmensproduktes einsetzt. Dies führt dann in der Regel zu Folgeaufträgen an die IT-Abteilung, da ein Software-Produkt mit sehr hoher Wahrscheinlichkeit nicht fehlerfrei arbeitet, so dass entsprechende Wartungsaufträge vonnöten werden. Des Weiteren resultieren aus dem Einsatz des Software-Produktes Verbesserungswünsche sowie Eigenschaftsergänzungen, die im Rahmen von Weiterentwicklungen umzusetzen sind. Es wird aber auch der Zeitpunkt kommen, an dem das Software-Produkt für das Unternehmen nicht mehr wirtschaftlich und entsprechend abzulösen ist. Für alle drei genannten Fälle benötigt der Auftraggeber wiederum die IT-Abteilung, was gleichzeitig auch wieder die Inanspruchnahme von IT-Controllingleistungen impliziert. Infolge der Komplexität der Wartungs-, Weiterentwicklungs- und Stilllegungsaktivitäten sind diese stets in Projektform abzuwickeln, womit der Lebenszyklus des Softwareprojektes von der produktiven Phase in die strategische und/oder operative Phase zurückspringt. Da diese Phasen bereits sehr ausführlich in diesem Buch beschrieben worden sind, wird an dieser Stelle darauf verzichtet. Vielmehr werden im Folgenden kurz die Spezifika von Wartungs-, Weiterentwicklungs- und Stilllegungscontrollingaktivitäten vorgestellt.

Wartungsprojekte Ein Software-Produkt im produktiven Einsatz ist zu warten, so dass es wertschöpfend für das Unternehmen eingesetzt werden kann. Die Inhalte und Zeitpunkte der Wartungsaktivitäten lassen sich in der Regel nicht planen, was dazu beiträgt, dass die Wartung als ein zentrales Problem der betrieblichen Informationsverarbeitung angesehen wird[370]. 50% bis 70% des Aufwandes entsteht erst nach der Einführung eines Software-Produktes[371], so dass in der Wartung ein großes Kostensenkungspotenzial steckt. Ziel einer jeden Wartung ist, die Investitionen eines Unternehmens in das Software-Produkt zu schützen, indem deren Nutzungsdauer verlängert und dessen vereinbarter Nutzen über-

---

[370] Siehe auch Canning, R.G.: That Maintenance „Iceberg", Seiten 1-14

[371] Vgl. Curth, M.A. / Giebel, M.L.: Management der Software-Wartung, Seite 52

haupt zum Tragen kommen kann[372]. Im Gegensatz zu Lientz/Swanson wird als Wartung nur die sogenannte korrigierende Wartung angesehen, die eine Analyse und Korrektur von Softwarefehlern erlaubt[373]. Softwareanpassungen an eine veränderte Umwelt (anpassende Wartung nach Lientz/Swanson), Performance-Erhöhungen, zusätzliche Benutzeranforderungen sowie die Wartbarkeitsverbesserung (verbessernde Wartung nach Lientz/Swanson) sind als Weiterentwicklungs- beziehungsweise Neuentwicklungsaktivitäten zu kategorisieren[374].

ABC-Analyse Ein geeignetes Controllinginstrument für die Analyse des Wartungsaufwandes ist die **ABC-Analyse**. Es gilt, die wartungsintensivsten Software-Produkte zu ermitteln, um hier Kostensenkungspotenziale ausmachen, die die Wertschöpfung des nachfolgenden Unternehmensproduktes maßgeblich beeinflussen. Als Analysegrößen bieten sich an[375]:

- Anzahl und Wert der durchgeführten Wartungsmaßnahmen je Software-Produkt,
- Analyse der Software-Produkte nach Wartungskosten.

In den A-Bereich fallen dabei alle Software-Produkte, die einen hohen Wartungsaufwand besitzen, jedoch nur eine geringe Anzahl von Wartungsaktivitäten vorzuweisen haben. Software-Produkte, die dem C-Bereich zuzurechnen sind, zeichnen sich durch eine hohe Anzahl von Wartungsaktivitäten aus, die jedoch verhältnismäßig geringe Kosten hervorrufen. Aus diesem Grunde sind alle Software-Produkte, die in den A-Bereich fallen, einem besonderen Augenmerk zu unterziehen, da diese in Summe einen Großteil der Wartungskosten ausmachen. Es handelt sich dabei in der Regel nur um wenige Software-Produkte. Durch die ABC-Analyse lassen sich sowohl die Software-Produkte identifizieren, in denen oft Fehler vorliegen oder die einer intensiven Nutzung respektive Wartung unterliegen. Gleichzeitig sind aber auch durch eine entsprechende Kategorisierung nach den kos-

---

[372] Abänderung der Aussage von Möller, H.-P.: IV-Controlling in der Softwarewartung, Seite 322

[373] Vgl. Lientz, B.P. / Swanson, E.B.: Software Maintenance Management, Seite 68

[374] Siehe hierzu auch Kapitel 2.2

[375] In Anlehnung an: Kargl, H.: DV-Controlling – 4. Auflage, Seite 155

tenverursachenden Elementen die Kostentreiber ermittelbar, die wesentlich zur Kostenhöhe dieses Wartungsblockes beitragen[376].

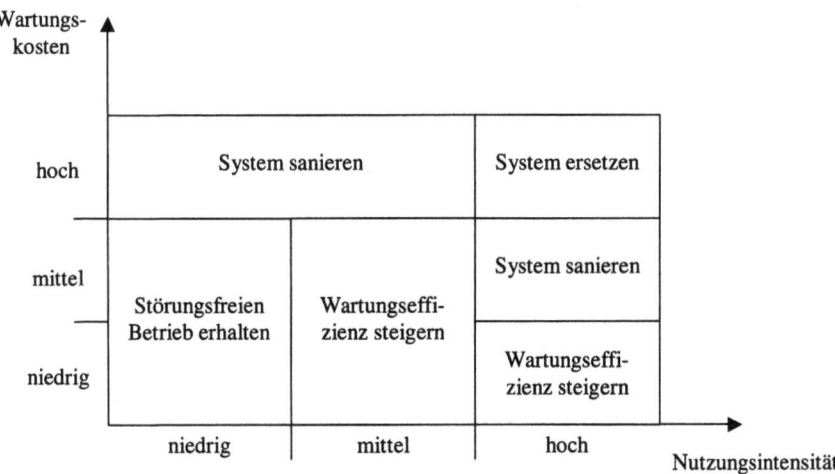

Abb. 7.2: Orientierungshilfe Wartungsmanagement[377]

Anhand der ABC-Analyse sind die wirtschaftlichen Auswirkungen der Wartungsaktivitäten auf das Unternehmensprodukt zu untersuchen, um im Folgenden Handlungsalternativen vorschlagen zu können. Diese reichen von einer Steigerung der Wartungseffizienz durch entsprechende Weiterentwicklungsprojekte, über eine Produktsanierung bis hin zu einer Stilllegung respektive Ersetzung des Software-Produktes. Entsprechend geringe Wartungskosten können jedoch auch implizieren, dass das Software-Produkt wie gehabt gewartet wird, um einen störungsfreien Betrieb zu gewährleisten. Zur Bestimmung der Handlungsaktivitäten lässt sich ein Modell heranziehen, bei dem die Watungskosten eines Software-Produktes der Nutzungsintensität gegenübergestellt werden. In Abbildung 7.2 wird diese Orientierungshilfe für ein controllingsensitives Wartungsmanagement dargestellt.

---

[376] Siehe auch Möller, H.-P.: IV-Controlling in der Softwarewartung, Seite 329

[377] Vgl. von Dobschütz, L. / Kisting, J. / Prautsch, W.: Wertorientiertes Wartungsmanagement, Seite 89 ff.

Altersstruktur-/Lebenszyklus-Analyse

Ein weiteres Controllinginstrument zur Transparenzierung des Wartungsaufwandes ist die sogenannte **Altersstruktur-/Lebenszyklus-Analyse**[378]. Die Altersstruktur-Analyse basiert auf der Gegebenheit, dass mit zunehmenden Alter eines Software-Produktes dieses in der Regel einen höheren Wartungsaufwand durch eine gesteigerte Wartungsintensität verursacht. Gleichzeitig gilt es aber auch die Stellung des Software-Produktes im Lebenszyklus zu beachten, da das Alter als alleiniger Beurteilungsmaßstab wenig aussagekräftig ist. Häufig ist jedoch eine Synonymität zwischen beiden Beurteilungskriterien zu beobachten, da eine Überalterung des Software-Produktes vielfach dadurch charakterisiert ist, dass es sich in der Sättigungs- oder Rückgangsphase innerhalb des Lebenszyklusses befindet. In der Praxis ist es jedoch üblich, Software-Produkte unabhängig ihrer Wirtschaftlichkeit so lange einzusetzen, bis technische Umwelteinflüsse dies nicht mehr zulassen. Diese Gegebenheit ist im Sinne einer nachhaltigen Wertschöpfung eines Software-Produktes nicht zu tolerieren. Vielmehr ist durch ein geeignetes Lebenszyklus-Management sicherzustellen, dass die Wartung frühzeitig abgebrochen wird und durch ein entsprechend neu entwickeltes Produkt ersetzt wird. Dieses wird jedoch auch wiederum Wartungsaktivitäten hervorrufen, doch sind deren Ausmaße in der Regel nicht so hoch, als die eines am Ende des Lebenszyklus angekommenen Produktes. Durch Beobachtung der nachfolgenden Indikatoren lässt sich im Rahmen der Lebenszyklus-Analyse der Zeitpunkt der Produktablösung leichter klassifizieren[379]. Diese Indikatoren zeigen die Überalterung eines Software-Produktes oder eines kompletten Software-Produkt-Portfolios an.

- Abhängigkeit von einer bestimmten Hardwareumgebung, die in dieser Form nur noch schwer und mit einem hohen Kostenaufwand zu erweitern beziehungsweise wiederzubeschaffen ist;
- Abhängigkeit von einer bestimmten Systemsoftware, die durch den Hersteller nicht mehr gewartet wird;
- Erhebliche Abhängigkeiten von personenzentriertem Know-how;
- Veraltete Programmiersprachen;

---

[378] Vgl. Möller, H.-P.: IV-Controlling in der Softwarewartung, Seiten 330-331

[379] Vgl. Lehner, F.: Softwarewartung, Seite 151 ff.

- Erhebliche Zunahme von Änderungs- und/oder Erweiterungswünschen;
- Überdurchschnittliche Zunahme der Fehlerhäufigkeiten;
- Übermäßiger Ressourcenverbrauch oder anhaltende Performanceprobleme;
- Geringe Integrationsmöglichkeiten mit anderen Systemen;
- Sehr hoher Wartungsaufwandsanteil gemessen an dem zur Verfügung stehenden Budget für Neuentwicklungen.

Ein Software-Produkt ist nur dann wirtschaftlich, wenn es die gesetzten Ziele bestmöglich erfüllt und somit der Zielerreichungsgrad am höchsten ist[380]. Der geldwerte Nutzen einer Wartungsaktivität lässt sich nur sehr schwer ermitteln, da ein Software-Produkt in ein Unternehmensprodukt mündet, welches die betriebswirtschaftlichen Erträge erbringt. Das Software-Produkt an sich kann dieses in der Regel nicht erfüllen. Somit ist das Verhältnis von Wartungskosten zu dem erwirtschafteten Ertrag des zugeordneten Unternehmensproduktes zur Entscheidungsfindung über die weiteren Wartungsaktivitäten heranzuziehen. Dabei behilflich können die beiden vorgestellten Controlling-Instrumente sein.

Weiterentwicklungsprojekte[381]

Neben der laufenden Pflege von Software-Produkten ist es im Laufe der Einsatzphase erforderlich, Funktionalitätserweiterungen vorzunehmen. Hier handelt es sich oftmals um Maßnahmen, die in der Erstrealisierung aus zeitlichen oder ökonomischen Gründen verschoben worden sind. Gleichermaßen können diese aber auch durch Veränderungen des gesetzlichen oder des betriebswirtschaftlichen Umfeldes nachträglich entstanden sein. Als Beispiel hierfür fungieren zum Beispiel steuerliche Gesetzesänderungen, Fusion mit weiteren Unternehmen oder die Notwendigkeit neuer Berichtsformate[382].

Als Sonderform der Weiterentwicklungsprojekte sind grundlegende Modernisierungen beziehungsweise Sanierungen von Software-Produkten anzusehen. Auch Migrationen von ganzen Anwendungssystemen lassen sich dieser Klassifizierung zuord-

---

380 Vgl. Möller, H.-P.: IV-Controlling in der Softwarewartung, Seite 331

381 Siehe hierzu auch Kapitel 2.2

382 In Anlehnung an Kütz, M.: Lebenszyklussteuerungen von IV-Anwendungen, Seite 245

nen. Auslöser von Migrationen sind im Wesentlichen Veränderungen in der IT-Infrastruktur (zum Beispiel Kommunikationstechnologie, Betriebssystemwechsel, Datenhaltungstechnologie)[383]. Bei diesen genannten Sonderformen aber auch bei den Funktionalitätserweiterungen ist darauf zu achten, dass die Kernfunktionalitäten des ehemaligen Software-Produktes nicht verändert werden. Ist dies der Fall, so spricht man gemäß der Definitionen in Kapitel 2.2 von neuen Projekten. Gerade Migrationen dürften in diese Kategorie fallen, da hier mannigfaltige Änderungen durchgeführt werden. Der Übergang von Weiterentwicklungsprojekten zu neuen Projekten ist in dieser Phase des Software-Produktlebenszyklus fließend, das heißt, es fällt vielmals schwer, eine definitive Zuordnung des anzugehenden Projektes zu treffen. Unabhängig von der Kategorisierung ist jedoch die Frage nach der Durchführbarkeit der vorzunehmenden Änderungen. Diese werden nur dann vorgenommen, wenn die Gesamtwirtschaftlichkeit des Software-Produktes hierdurch nicht negativ wird. Bei reinen Weiterentwicklungsprojekten ist die Zuordnung des entsprechenden Aufwandes und des zu erzielenden Nutzens relativ eindeutig. Die bisher ermittelte Wirtschaftlichkeit des Software-Produktes wird durch die der Weiterentwicklung ergänzt und gesamthaft betrachtet. Wird diese Gesamtwirtschaftlichkeit negativ, dann ist die geplante Weiterentwicklung nicht vorzunehmen; bei einer Reduzierung können möglicherweise weitere anwendungsspezifische Maßnahmen zukünftig nicht mehr durchgeführt werden, sofern sie die Gesamtwirtschaftlichkeit weiter reduzieren. Mit jeder Weiterentwicklung eines Software-Produktes ist jedoch anzustreben, die Gesamtwirtschaftlichkeit zu erhöhen. Bei strategischen und/oder gesetzlichen Weiterentwicklungsaspekten ist dieser Sachverhalt nicht immer zu garantieren, so dass auch eine Reduzierung der Gesamtwirtschaftlichkeit durchaus zu akzeptieren ist. Werden hingegen in dieser Lebenszyklusphase neue Projekte initiiert, so entstehen häufig Zuordnungsprobleme bei der Betrachtung der Gesamtwirtschaftlichkeit des Software-Produkte. Durch Änderungen beziehungsweise Neuprogrammierung von Kernfunktionalitäten ändert sich der in der Vergangenheit festgelegte sachorientierte Nutzen des Software-Produktes in der Regel sehr stark. Es wird ein eigenständiges Software-Produkt geschaffen, dessen Lebenszyklus eigentlich erst beginnt und somit auch einen eigenständigen neuen

---

[383] Siehe Kütz, M.: Lebenszyklussteuerungen von IV-Anwendungen, Seiten 245-246

Business-Case zu verfolgen hat. Sofern das Alt-Produkt stillgelegt wird, ist dieser Ansatz durchaus korrekt, wenn jedoch das Alt-Produkt in dieses neue Produkt einfließt, ist auch dessen bisherige Wirtschaftlichkeit zu betrachten. Da die Integration eben dieses Alt-Produktes in der Regel nicht gesamthaft erfolgt, resultiert hieraus das angesprochene Zuordnungsproblem der bisherigen Wirtschaftlichkeit. Wenn durch dieses neue Produkt ebenfalls noch weitere bereits im Einsatz befindliche Produkte tangiert werden, so wird die Wirtschaftlichkeitsbestimmung des anzugehenden neuen Projektes aus dieser Lebenszyklusphase heraus weiter verkompliziert. Es kann für beide geschilderte Fälle nur die Empfehlung gegeben werden, dass seitens des Controllings versucht wird, die Wirtschaftlichkeit weiter genutzter Alt-Software-Produktbestandteile zu bestimmen, um diese in der Gesamtwirtschaftlichkeitsbetrachtung des neuen Projektes zu berücksichtigen. Ist dieses nicht möglich, so werden die Stilllegungskosten des Alt-Produktes ermittelt und in die entsprechende Wirtschaftlichkeitsbetrachtung des neuen Projektes mit einem entsprechenden Abschlagsfaktor integriert. Der Abschlagsfaktor hängt dabei von dem Integrationsumfang des Alt-Produktes ab. Dieser ist prozentual zu schätzen. Der prozentuale Nicht-Integrationsumfang ist als Abschlagsfaktor in Bezug auf die Stilllegungskosten zu verwenden.

Beispiel

Es werden Stillegungskosten in Höhe von 1.000.000 Mio. Euro ermittelt. Von dem Alt-Produkt werden 60% der Eigenschaften und Funktionalitäten in das neue Produkt übernommen. Hieraus resultiert ein Abschlagsfaktor von 40%, was dazu führt das 400.000 Euro Stillegungskosten in der Wirtschaftlichkeitsbetrachtung des neuen Produktes zu berücksichtigen sind.

Gesamtwirtschaftlichkeit Software-Produkt

Um die Gesamtwirtschaftlichkeit[384] eines Software-Produktes zu bewerten, bietet es sich an, von folgendem vereinfachten Ansatz auszugehen. Die Wirtschaftlichkeit $W_{(I)}$ einer jeden Periode beziehungsweise Aktivität[385] innerhalb des Software-Produktlebenszyklus I wird definiert mit:

---

[384] Abgeändertes Modell der Gesamtwirtschaftlichkeit von Kütz, M.: Lebenszyklussteuerungen von IV-Anwendungen, Seiten 274-278

[385] Von einer Aktivität wird immer dann gesprochen, wenn projektspezifische Arbeiten vorgenommen werden und/oder seitens des Produktnutzers Änderungen des betriebswirtschaftlichen Nutzens impliziert werden.

$$W_{(I)} = N_{(I)} \cdot E_{(I)} - A_{(I)} - Z_{(I)} - M_{(I)} - B_{(I)}$$

Legende:

$W_{(I)}$: Wirtschaftlichkeit

I : Periode/Aktivität des Produktlebenszyklus

$N_{(I)}$: Betriebswirtschaftlicher Nutzen

$E_{(I)}$: Einmalkosten der Entwicklung

$A_{(I)}$: Abschreibungen

$Z_{(I)}$: Entgangene Zinserträge auf gebundenes Kapital und Aufwand

$M_{(I)}$: Wartungsaufwand

$B_{(I)}$: Betriebsaufwand, wie zum Beispiel Bereitstellungskosten, Produktivkosten

Die Gesamtwirtschaftlichkeit G ergibt sich demnach aus den kumulierten Wirtschaftlichkeiten der einzelnen Perioden/Aktivitäten des Produktlebenszyklus.

$$G = \sum_{i=1}^{J} E_{(I)}$$

Legende:

G : Gesamtwirtschaftlichkeit über alle Perioden/Aktivitäten

I : Periode/Aktivität des Produktlebenszyklusses

J : Anzahl bisher abgearbeiteter Perioden/Aktivitäten

Zinseszinseffekte werden nicht berücksichtigt, um das Modell einfach und übersichtlich zu halten. Wichtig ist, dass der komplette Lebenszyklus des Software-Produktes betrachtet wird, das heißt, dieser reicht von der Strategiephase bis hin zur Einsatzphase, welche wiederum erst mit einer entsprechenden Stilllegung des Produktes endet.

Nutzenbewertung zur Wirtschaftlichkeitsbetrachtung

Die Nutzenbewertung zur Bestimmung der Gesamtwirtschaftlichkeit von Software-Produkten ist nicht problemlos. Neben den rein sachlogischen Problemen existieren auch mannigfaltige unternehmenspolitische Schwierigkeiten, die einer konsequenten Nutzenbewertung entgegenstehen. Als Hauptproblemgründe lassen sich nennen[386]:

---

[386] Siehe im Detail Huber H.: Die Bewertung des Nutzens von IV-Anwendungen, Seite 109-114

- Hoher Abstand zur Wertschöpfung

  Viele IT-Leistungsprozesse sind von den Unternehmens-Leistungsprozessen so weit entfernt, dass eine direkte Investitionsbewertung nicht mehr sinnvoll möglich ist. Des Weiteren lassen sich einige Prozesse nicht ertragsorientiert in diesem Zusammenhang bewerten, sondern sind nur über Einsparungspotenziale einer Nutzenbewertung zu unterziehen.

- Kommunikationsproblem

  Der Auftraggeber des Software-Produktes und die erstellende IT verstehen sich selten gegenseitig und entwickeln für die jeweils andere Seite auch nur ein geringes Verständnis. So stehen vielfach die Ziele des Auftraggebers nicht im Mittelpunkt der Diskussionen, sondern reduzieren sich auf die kostengünstigere Erreichung der heute schon erreichten oder erreichbaren Zielen.

- Zurechnungsproblem

  Die Zuordnung des IT-Nutzens zu dem Unternehmensproduktnutzen erweist sich als problematisch, da der IT-Nutzen in der Regel nicht ertragsorientiert quantifiziert werden kann.

- Prognoseproblem

  Viele Grundlagen der Informatik stammen aus den technischen Disziplinen und sind mit einem hohen Maß an Determinismus versehen. Aus diesem Grund hat die IT-Abteilung vielfach grundsätzliche Probleme mit der Nutzenschätzung. Um die Gefahr einer Fehlschätzung zu reduzieren, werden diesbezüglich keine bindenden Aussagen getroffen.

- Nicht Zulassen von Fehlern

  Nutzenschätzungen von Software-Produkten werden in der Regel nicht nachgehalten, das heißt es erfolgt kein Feedback durch einen Plan-/Ist-Vergleich. Dies liegt an der Tatsache, dass in den meisten Unternehmen Fehler lediglich geahndet werden und somit niemand an der Überprüfung der tatsächlichen Güte einer geldwerten Entscheidung interessiert ist. Durch die fehlende Überprüfung der Aussagequalität der Schätzung wird die Schätzqualität für zukünftige Bewertungen nicht verbessert.

Nutzenarten

Dennoch gilt es, den Nutzen zu quantifizieren, um Entscheidungsgrundlagen für die Durchführung oder Nicht-Durchführung von Weiterentwicklungsprojekten zu schaffen. Hierbei behilflich ist, eine Differenzierung nach Nutzenarten vorzunehmen. In der Praxis lassen sich die nachfolgenden vier Nutzenarten ausmachen[387].

- Optimierungsnutzen

    Die den Optimierungsnutzen bereitstellenden Software-Produkte optimieren die Leistungsparameter von Prozessen. Verändert zum Beispiel die Weiterentwicklung eines Software-Programms zur Steuerung einer Fertigungsstrasse im Automobilbau die Durchlaufzeiten innerhalb der Fertigung, so führt dies zu einer Optimierung des Produktionsablaufes. Der Nutzen, unter anderem durch Kosteneinsparungen, ist dieser Kategorie zuzuordnen.

- Substitutionsnutzen

    Durch den Einsatz des Software-Produktes werden sonstige Mitteleinsätze substituiert. Im Gegensatz zum Optimierungsnutzen bleiben hier die involvierten Prozesse in ihrer Art und in ihren wesentlichen Leistungsparametern gleich. Deren Durchführung/Abarbeitung erfordert jedoch einen reduzierten Ressourcenaufwand (Schlagwort: Rationalisierung).

- Generierungsnutzen

    Die Software-Produkte an sich generieren die Leistungsparameter von zugeordneten Produkten oder die Produkte selbst. So lässt sich zum Beispiel der Nutzen eines System-Management-System, welches die Bankautomaten-Verfügbarkeit um 10% verbessert, relativ gut ertragsorientiert bewerten.

- Wirtschaftlichkeitsnutzen

    Der Wirtschaftlichkeitsnutzen ist eine Zusammenfassung der zuvor genannten Nutzenarten. So wird die Wirtschaftlichkeit der Leistungserstellung optimiert, wobei der Nutzer im Wesentlichen die gleiche Leistung mit veränderten Erstellungskosten erhält.

---

[387] Modifizierte Nutzendifferenzierung nach Huber H.: Die Bewertung des Nutzens von IV-Anwendungen, Seite 115-116

Die Funktionalitäten und Maßnahmen eines Weiterentwicklungsprojektes sind auf diese Nutzenarten zu untersuchen und deren geldwerten Potenziale zu prognostizieren. Die gewonnenen Ergebnisse fließen anschliessend in die Gesamtwirtschaftlichkeitsanalyse.

Beispiel Seitens des Controllings wird eine Datenbankanwendung eingesetzt, die es erlaubt, monatliche Projektauswertungen zur Budgetsteuerung dem Management aber auch der Projektleitung zur Verfügung zu stellen. Durch diese Auswertungen werden nachfolgende Ziele verfolgt:

- Plan-/Ist-Vergleiche von projektspezifischen Aufwendungen über die gesamte bisherige Projektlaufzeit;
- Anzeige von Planüberschreitungen durch Hervorhebungen der entsprechend betroffenen Aufwandsarten;
- Darstellung des noch vorhandenen Restbudgets für die Restlaufzeit des Projektes;
- Anzeige bereits disponierter beziehungsweise zahlungswirksamer Kosten, die jedoch noch nicht verbucht worden sind (zum Beispiel infolge eines noch ausstehenden Rechnungseingangs);
- Simulation der zukunftsgerichteten Projektkosten bis zum Projektende mit anschließendem Plan-/Simulationsvergleich;
- Kumulation der projektspezifischen Budgets zu einem Bereichsbudget zur Darstellung eines bereichsspezifischen Plan-/Ist-Vergleichs;
- Darstellung des Ausnutzungsgrades des bereichsspezifischen Budgets;
- Simulation des Ausnutzungsgrades des bereichsspezifischen Budgets in Bezug auf das Ende des Budgetjahres.

Die Datenbank wird von einem Controlling-Mitarbeiter betreut, der monatlich nachfolgenden Aufgaben nachkommt:

Generierung der bereichsspezifischen Berichte, die alle zwei Wochen erstellt werden (inkl. Darstellung aller bereichsspezifischen Projekte)	2 Tage
Kommentierung der Berichte	2 Tage
Versand der Berichte via EMail	1 Tag

IT-Controlling des Software-Produktes

Die Berichtsempfänger bekommen eine bereichsspezifische Auswertung mit allen ihnen zugeordneten Projekten. Um jedoch das Management nicht mit unnötigen Informationen zu belasten, sind hier stets manuelle Arbeiten von einem Tag pro Monat erforderlich (zum Beispiel Filterung / Präsentation von Problemprojekten mit Budget-, Zeitüberschreitungen oder inhaltlichen Schwierigkeiten).

Durch eine Weiterentwicklung der Access-Datenbank können folgende zusätzliche Funktionalitäten bereitgestellt werden:

- Automatischer Versand der Berichte via EMail zu fixen Zeiten;
- Kritische Projekte werden in einem bereichsspezifischen Bericht gesondert vermerkt (Plausibilitätscheck);
- Optimierung der Berichtsgenerierung durch Überarbeitung der Routinen zur Bereitstellung der Grunddaten.

Diese Funktionalitäten sind für eine Wirtschaftlichkeitsbetrachtung des Weiterentwicklungsprojektes mit ihrem jeweiligen Nutzen zu bewerten. Die gesamthafte Nutzenbewertung fließt anschließend als Ergebnisgröße in die Gesamtwirtschaftlichkeitsbetrachtung zur weiteren Entscheidungsfindung ein.

Nummer	Funktion	Klasse	Nutzenschätzung pro Monat in Euro	Begründung
1	Automatischer Berichtsversand	Substitutionsnutzen	400	Bearbeitungstag des Controlling-Mitarbeiters für den Berichtsversand entfällt
2	Filterung kritischer Projekte	Substitutionsnutzen	9.000	Berichtsaufbereitung in den Unternehmensbereichen entfällt (bei 30 Bereichen und einem Kostensatz von 300 Euro pro Tag)

Nummer	Funktion	Klasse	Nutzen-schätzung pro Monat in Euro	Begründung
3	Automatischer Berichtsversand	Generierungsnutzen[388]	30.000	Händischer Berichtsversand kann zu Zeitverzögerungen führen (zum Beispiel durch Krankheit, falsche EMail-Adresse, etc.); Kundenunzufriedenheit führt zu Nachfragen nach dem Zeitpunkt der Versendung, Eskalationen, Verzögerungen der eigenen Datengenerierungen (bei 30 Bereichen und 1.000 Euro Kosten pro Monat hervorgerufen durch die Kundenunzufriedenheit)
4	Automatischer Berichtsversand + Filterung kritischer Projekte + Optimierung der Berichtsgenerierung	Optimierungsnutzen	200.000	Management kann schneller auf kritisch Projekte reagieren und Gegensteuerungsmaßnahmen veranlassen
5	Optimierung der Berichtsgenerierung	Substitutionsnutzen	400	Die Berichtsgenerierung des Controllings verringert sich um einen Tag
			239.800	

Stilllegungsprojekt Der Lebenszyklus eines Software-Produktes endet mit der Stilllegung, das heißt, alle Komponenten dieses Produktes werden aus der Produktionsumgebung entfernt. Jedes Software-Produkt entwickelt sich im Laufe seines Marktzyklusses durch diverse Weiterentwicklungen beziehungsweise Wartungsmaßnahmen zu ei-

---

[388] Die Verbesserung der Kundenzufriedenheit steht hier für den Generierungsnutzen.

nem immer komplexeren Gebilde. Somit wird es mit jedem weiteren Entwicklungsschritt schwieriger, eine weiterhin positive und ausreichende Gesamtwirtschaftlichkeit sicherzustellen. Spätestens wenn diese negative Ausprägungen annimmt, ist das entsprechende Produkt aus der Lifecyclebetrachtung und damit aus dem Marktzyklus zu nehmen. Die Stilllegung eines Software-Produktes kann aus mehreren Gründen sinnvoll sein, wie zum Beispiel[389]:

- Durch geänderte Marktbedingungen und/oder weiteren programmtechnischen Verbesserungen wird die Gesamtwirtschaftlichkeit negativ.
- Das Software-Produkt wird nicht mehr benötigt.
- Das Software-Produkt ist aus technischen Gründen nicht mehr einsetzbar.
- Das Software-Produkt kann durch Standardsoftware ersetzt werden; es gibt interessantere wirtschaftlichere Produktalternativen[390].
- Das Software-Produkt findet durch eine mangelnde Benutzerfreundlichkeit keine Akzeptanz mehr bei dem Nutzerkreis.
- Das Software-Produkt kann gesetzliche Vorschriften nicht mehr erfüllen.

Eine Stilllegung des Software-Produktes lässt sich jedoch nicht kostenneutral durchführen. Vielmehr verursachen auch Stilllegungsprojekte Aufwand, die je nach Komplexität von größerer Ausprägung sein können. So ist unter anderem die Software aus der Produktivumgebung zu löschen, Dokumentationen zurückzuziehen, eventuell Hardwarekomponenten abzubauen, Vertragsverhältnisse zu lösen sowie Schnittstellenanpassungen bei den die abzulösende Software nutzenden Programmen vorzunehmen. Auch an Datenarchivierungsaspekte ist zu denken, so dass das Unternehmen auch in Zukunft seiner Berichtspflicht Altdaten betreffend nachkommen kann. Diese Stilllegungskosten und die damit verbundenen Folgekosten sind zu prognostizieren

---

[389] Siehe Kütz, M.: Lebenszyklussteuerungen von IV-Anwendungen, Seiten 278; Töllner, A.: Methoden des IV-Controllings als Hilfsmittel zur Gestaltung der Informationsverarbeitung, Seiten 232-237

[390] Zum Beispiel festzustellen über die in Kapitel 5.2 vorgestellte Gap-Analyse

und in die Wirtschaftlichkeitsbetrachtung des Software-Produktes einzubeziehen. Nicht immer kann so eine auf den ersten Blick sinnvolle Stilllegung eines nicht mehr genutzten Software-Produktes rentabel sein.

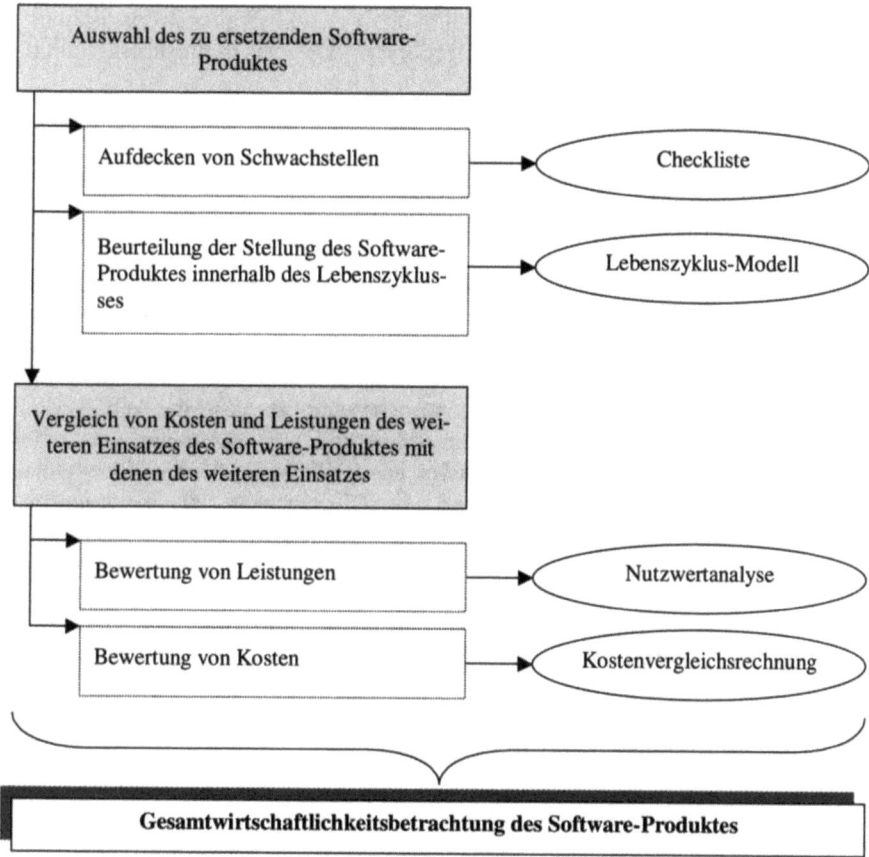

Abb. 7.3: Vorgehensmodell zur Entscheidungsfindung über die Stilllegung eines Software-Produktes[391]

---

[391] In Anlehnung an Töllner, A.: Methoden des IV-Controllings als Hilfsmittel zur Gestaltung der Informationsverarbeitung, Seiten 237-259

Um die Entscheidungsfindung im Rahmen eines Stilllegungsprojektes über dessen Umsetzung oder Nicht-Umsetzung zu erleichtern, bietet sich die Verfolgung des in Abbildung 7.3 dargestellten Vorgehensmodells an. Auch hier ist der Nutzen mit den Kosten in Einklang zu bringen. Dies geschieht wiederum um die bei den Weiterentwicklungsprojekten aufgezeigte Gesamtwirtschaftlichkeitsanalyse. Führt diese zu einem negativen Ergebnis, dann ist es dringend erforderlich, das Stilllegungsprojekt durchzuführen.

$$G = \sum_{i=1}^{I} E_{(I)} < 0 \quad \Rightarrow \quad \textit{Stilllegung der Software}$$

Die lebenszyklusorientierten Betrachtungen des Controllings von Software-Projekten zeigen, dass IT-Controlling wesentlich mehr als Projektcontrolling sowie Kostenstellencontrolling des IT-Bereiches impliziert. Es fungiert als ein zentraler Steuerungs- und Managementinformationspartner, so dass der Lebenszyklus von Software-Produkten nachhaltig auf effizientem und effektivem Wege verfolgt werden kann. Ohne ein lebenszyklusbegleitendes IT-Controlling wird die IT weiterhin als Kostentreiber und intransparenter Dienstleister innerhalb des Unternehmens angesehen. Diese Tatsache kann jedoch gerade in der heutigen, wirtschaftlichen Turbulenzen unterliegenden Zeit nicht akzeptiert werden, so dass die Etablierung des vorgestellten IT-Controllings von Softwareprojekten jedem Unternehmen nur zu empfehlen ist.

Anlage Periodenbericht

Project No. / Title		Current Period		Date of Report
Period Targets – Plan		**Period Targets – Achieved / Reasons for Period Delay**		
Risks / Problems / Open Issues		**Effect on Total Project**		

Project No. / Title		Current Period		Date of Report	
Pre-Period Conditions			**Stipulation Fulfillment Status / Statement**		
Targets – Plan Next Period			**Target Changes / Modifications for the Next Period**		

| Project No. / Title | Current Period | Date of Report |

Decision Criteria of the Project Leader for the Approval Authority

Date, Signature:

Project Leader Business Unit: _____   Date: _____   Project Leader IT: _____

- For Approval Authority Use Only -

Decisions		Conditions
☐ Start of the next period - Approved ☐ Start of the next period - Not approved	☐ Period Delay - Approved ☐ Period Delay - Not Approved	☐ Conditions

| Project No. / Title | | Current Period | | Date of Report |

Attachment

Business Case

Business Case (TEuro)		Year 1	Development, Maintenance, Releases, Updates[1]				
		Year 1	Year 2	Year 3	Year 4	Year 5	...	Year n
Start Approval	Revenue							
	J. Costs							
	Approved Business Case	0	0	0	0	0		0
Modification	Revenue							
	J. Costs							
	Actual Business Case	0	0	0	0	0		0

Amortisation	Years
Approved	
Forecast	

Remarks: Modification Business Case

287

Abbildungsverzeichnis

Abb. 1.1:	Die Phasen eines Software-Produktes	20
Abb. 2.1:	Die Wertschöpfungsstufen der betrieblichen Informationstechnologie als interner Dienstleister	27
Abb. 2.2:	Konzept des IT-Controllings mit dem Fokus auf die IT-Produktkette	30
Abb. 2.3:	Wechselbeziehungen zwischen Projekt und Produkt	31
Abb. 2.4:	Operativer Software-Produktmarktlebenszyklus unter Beachtung von IT-spezifischen Umweltfaktoren	36
Abb. 2.5:	Gesamthafter Lebenszyklus eines Software-Produktes	37
Abb. 2.6:	Das Fischtreppen Wasserfallmodell	38
Abb. 2.7:	Software-Produktion durch Adaption versus materieller Produktionsprozess	43
Abb. 2.8:	Traditionelles Modell einer Wertkette nach Porter	45
Abb. 2.9:	Die erweiterte Wertkette / Wertschöpfungskette eines IT-Produktes	47
Abb. 3.1:	Das risikobehaftete Projektrad	55
Abb. 3.2:	Das magische Dreieck des Projektmanagements und des Projektcontrollings	56
Abb. 3.3:	Traditionelle Projektdefinition versus prototyporientierte Projektdefinition	59
Abb. 3.4:	Einflussfaktoren für den Projekterfolg im Sinne der Eisberg-Theorie	62
Abb. 3.5:	IT-Produktlebenszyklusbetrachtung unter dem Fokus spezifischer IT-Projektspezifizierungen	70
Abb. 4.1:	Die Wirkungsweise des Controllings auf die Unternehmensführung	73
Abb. 4.2:	Trennung zwischen Informatik-Controlling und Informationsnutzungs-Controlling	77
Abb. 4.3:	Erweiterung des Konzeptes „IT-Controlling mit dem Fokus auf die IT-Produktkette"	84
Abb. 4.4:	Aufgabenfelder des IT-Controllings	94
Abb. 5.1:	Aufgabenfelder des strategischen IT-Controllings	99
Abb. 5.2:	Unternehmensstrategie ⇔ Informationstechnologie	101
Abb. 5.3:	Strategisches Zielsystem zur Erhaltung von Wettbewerbsvorteilen (Bankenbereich)	103

Abb. 5.4:	Strategische IT-Leistungen als zentraler Aspekt des strategischen IT-Controllings 106
Abb. 5.5:	Die Reifegradskala für eine Stärken-Schwächen-Analyse 116
Abb. 5.6:	Die E-Business-Attraktivität 119
Abb. 5.7:	Das Konzept der Gap-Analyse 121
Abb. 5.8:	Zentrale wertorientierte Führungsgrößen 123
Abb. 5.9:	Der Strategie Management Prozess unter Simulationsgesichtspunkten 126
Abb. 5.10:	Die Balanced Scorecard für den IT-Bereich 134
Abb. 6.1:	Ausprägungen von IT-Projektplanungen 142
Abb. 6.2:	Die Schritte der Projektkontrolle unter dem Fokus eines periodenorientierten Genehmigungsverfahrens 146
Abb. 6.3:	Wirtschaftlichkeitsverfahren für die Projektauswahl 150
Abb. 6.4:	Risikoprofil von Kapitalwerten 153
Abb. 6.5:	Magisches Quadrat des Projektcontrollings 159
Abb. 6.6:	Erfahrungskurve der Function Point-Methode 161
Abb. 6.7:	Hierarchische Gliederung (Funktionsbaum) am Beispiel „Kundendepot" 173
Abb. 6.8:	Die wichtigsten Projekt-Planungsschritte 182
Abb. 6.9:	Beispiel Wertorientierter Projektstrukturplan 186
Abb. 6.10:	Allgemeines Schema zur Projektaufwandsschätzung 193
Abb. 6.11:	Unterschied zwischen Projektphase, Meilenstein und Projektperiode 211
Abb. 6.12:	Ausprägung des Projektgenehmigungsverfahrens (IT) 211
Abb. 6.13:	Richtgrößen für die Laufzeiten von Projektperioden 214
Abb. 6.14:	Projektstatusbericht 218
Abb. 6.15:	Richtgrößen für die Ampelklassifikation innerhalb des Periodenberichtes 220
Abb. 6.16:	Qualitätssicherungsmaßnahmen 224
Abb. 6.17:	Bereiche des Vorgehensmodells 226
Abb. 6.18:	Projektstruktur 228
Abb. 6.19:	Grobe Darstellung der Projektabschnitte 234
Abb. 6.20:	Black-Box-Test 243
Abb. 6.21:	White-Box-Test 244
Abb. 6.22:	Ablauf eines Modultests 249
Abb. 6.23:	Ablauf eines Integrationstests 249
Abb. 6.24:	Ablauf eines Systemtests 251
Abb. 6.25:	Ablauf eines Abnahmetests 252
Abb. 6.26:	Das magische Projektqualitätsdreieck 255
Abb. 7.1:	Prozessorientierter Benchmarking-Zyklus 264
Abb. 7.2:	Orientierungshilfe Wartungsmanagement 269
Abb. 7.3:	Vorgehensmodell zur Entscheidungsfindung über die Stilllegung eines Software-Produktes 281

Literaturverzeichnis

Achtert, W.: Testverfahren für OO-Softwareentwicklung, Artikel in der OBJEKTspektrum Ausg. 6/98

Bächle, M.: Qualitätsmanagement der Softwareentwicklung, 1996 Deutscher Universitätsverlag

Back-Hock, A.: Lebenszyklusorientiertes Produktcontrolling, 1988 Berlin

Balzert, H.: Lehrbuch der Software-Technik, 1998 Spektrum Akademischer Verlag

Barth, H. / Hohensteiner, C. / Gerhardt, J.: IT-Controlling: Überschaubarkeit und Kostentransparenz bei Projekten, 2000 Versicherungswirtschaft, Seiten 790-793

Baumöl, U. / Reichmann, T.: Kennzahlengestütztes IV-Controlling, Controlling – Zeitschrift für erfolgsorientierte Unternehmenssteuerung, 1996 München, Seiten 204-211

Bellin, G.: Softwarequalitätsmanagement gemäß ISO 9000, Diplomarbeit im Fach Wirtschaftsinformatik der Universität zu Köln, 1995 Köln

Berens, W. / Siemes, A. / Schulenberg, A.: Projektcontrolling in der Westdeutschen Genossenschafts-Zentralbank eG (WGZ-Bank), Controlling – Zeitschrift für erfolgsorientierte Unternehmenssteuerung, 2001 München, Seiten 623-629

Bötzel, St. / Schwilling, A.: Erfolgsfaktor Wertmanagement. Unternehmen wert- und wachstumsorientiert steuern, 1998 München

Boutellier, R. et al.: Zu detailliertes Projektcontrolling schadet, 1997 iomanagement Nummer 9

Brenner, W. / Wilking, G. / Zarnekow, R.: Strategische Aspekte des Make or Buy im Informationsmanagement, Seiten 9-18 in Heilmann, H. u.a. (Hrsg.): Make or Buy in der IT – Heft 206, 1999 HMD Praxis der Wirtschaftsinformatik – Heidelberg

Brodbeck, F.C.: Produktivität und Qualität in Software-Projekten, 1994 München

Bundschuh, M.: Function Point Prognosis approved, Metrics News, Volume 7, Number 1, June 2002 Magdeburg, Seiten 7-14

Bundschuh, M. / Fabry, A.: Aufwandschätzung von IT-Projekten, 2000 Bonn

Büren, G. / Hopf, H.-G.: Softwaremetriken als notwendige Voraussetzung für Projektcontrolling in der Softwareentwicklung, Seiten 55-74 in: Dumke, R./Bundschuh, M. (Hrsg.): Software-Metriken in der Praxis, 2002 Aachen

Busse von Colbe, W. / Laßmann, G.: Investitionstheorie, 1990

Camillus, J. C.: Budgeting for Profit, 1984 Pennsylvania

Canning, R.G.: That Maintenance „Iceberg", 1972 EDP Analyzer 10, Seiten 1-14

Curth, M.A. / Giebel, M.L.: Management der Software-Wartung, 1989 Stuttgart

CW-IDG-CSE (Hrsg.): Informations-Controlling-Synergien zwischen Controlling und Informations-Management, 1989 München

Daum, H. D.: Intangible Assets oder die Kunst Mehrwert zu schaffen, 2002 Bonn

Daum, J. H.: Wertreiber Intangible Assets: Brauchen wir ein neues Rechnungswesen und Controlling? – Ein Ansatz für ein verbessertes Managementsystem, Controlling – Zeitschrift für erfolgsorientierte Unternehmenssteuerung, 2002 München, Seiten 15-24

Degener-Böning, M. / Schmid, B..: Strategische Anwendungsplanung, Seiten 97-134 in: von Dobschütz, L. / Barth, M. / Jäger-Goy, H. / Kütz, M. / Möller, H.P. (Hrsg.): IV – Controlling, 2000 Wiesbaden

DeMarco, T.: Software-Projektmanagement, 1989 München

Deming, E.W.: Out of Crisis, 1986 Melbourne

Devaux, S.: Total Project Control, 1999 New York

Diederichs, M.: Data Warehouse-gestütztes Risikomanagement, Controlling – Zeitschrift für erfolgsorientierte Unternehmenssteuerung, 2001 München, Seiten 113-115

DIN: DIN 69900, Netzplantechnik, Deutscher Normenausschuss, 1983 Frankfurt

DIN: DIN 69901, Projektmanagement, 1980 Berlin

Dohmann, H. / Fuchs, G. / Khakzar, K. (Hrsg.): Die Praxis des E-Business, 2002 Braunschweig Wiesbaden

Donelly, J.H. / George, W.R. (Hrsg.): Marketing of Services, 1981 Chicago

Dreger, B.: Function Point Analysis, 1989 Prentice Hall

Drucker, P.F.: The Practice of Management, 1954 New York

Dumke, R. / Bundschuh, M. (Hrsg.): Software-Metriken in der Praxis – Tagungsband des DASMA Software Metrik Kongresses METRIKON 2001, 2002 Aachen

Egger, A. / Grün, O. / Moser, R. (Hrsg.): Managementinstrumente und –konzepte: Entstehung, Verbreitung und Bedeutung für die Betriebswirtschaftslehre, 1999 Stuttgart

End, W. / Gotthardt, H. / Winkelmann, R.: Softwareentwicklung – Leitfaden für Planung, Realisierung und Einführung von DV-Verfahren – 2. Auflage, 1979 Berlin/München

Engesser, H. (Hrsg.): DUDEN Informatik – Ein Sachlexikon für Studium und Praxis – 2. Auflage, 1993 Mannheim, Sp. 305 ff.

Ewert, R. / Wagenhofer, A.: Interne Unternehmensrechnung – 4. Auflage, 2000 Berlin Heidelberg

Fachbroschüre TÜV: Die neue ISO 9000:2000, 1999 TÜV-Verlag

Fiedler, R.: Controlling von Projekten – Projektplanung, Projektsteuerung und Risikomanagement , 2001 Braunschweig / Wiesbaden

Fisch, J. D. / Schäfer, C.: Ganzheitliche Unternehmenssteuerung mit der Balanced Scorecard – Konzeption eines Executive Information Systems nach kybernetischen Prinzipien, Controlling – Zeitschrift für erfolgsorientierte Unternehmenssteuerung, 2001 München, Seiten 307-314

Forster, R. / Widmer, N.: Die Wertkette im Zeitalter der Web technologie – Kostensenkung durch das Controlling von Web Systemen und die Verdichtung der Daten zum Single Point of Information, 2001 Basel, http://www.liebhart.com/d/d_know.html (PDF-Dokument) Stand: 01.03.2002

Franzen, B.: Software-Technik Skript, FH Gießen-Friedberg, http://hera.mni.fh-giessen.de/~hg7132/swt/skr9910/test.html Stand 2000

Fraser, R. / Hope, J.: Beyond Budgeting, Controlling – Zeitschrift für erfolgsorientierte Unternehmenssteuerung, 2001 München, Seiten 437-442

Freedman, D. P. / Weinberg, G. M.: Handbook of Walkthroughs, Inspections and Technical Reviews, 1990 Dorset House

Fröhlich, A.W.: Mythos Projekt – Projekte gehören abgeschafft. Ein Plädoyer, 2002 Bonn

Gleich, R. / Kopp, J.: Ansätze zur Neugestaltung der Planung und Budgetierung – Methodische Innovationen und empirische Erkenntnisse, Controlling – Zeitschrift für erfolgsorientierte Unternehmenssteuerung, 2001 München, Seiten 429-436

Gluck, F.W. / Kaufmann, P. / Wallek, A.: Strategic Management for Competitive Advantage, 1980 The McKinsey Quarterly

Götze, U. / Mikus, B.: Strategisches Management, 1999 Chemnitz

Günther, T.: Unternehmenswertorientiertes Controlling, 1997 München

Gysler, T. P.: Informatik-Controlling im Bankbetrieb – Ein instrumentaler Ansatz zur Unterstützung der Führung im Informatikbereich, 1995 Bern Stuttgart Wien

Hahn, D.: Kardinale Führungsgrößen des wertorientierten Controlling in Industrieunternehmungen, Controlling – Zeitschrift für erfolgsorientierte Unternehmenssteuerung, 2002 München, Seiten 129-141

Hahn, D. / Hungenberg, H.: PuK – Wertorientierte Controllingkonzepte – 6. Auflage, 2001 Wiesbaden

Hans, L. / Warschburger, V. : Controlling, 1996 München / Wien

Hans, L. / Warschburger, V.: Controlling in der Datenverarbeitung (1), 1997 wisu - das wirtschaftsstudium – Zeitschrift für Ausbildung, Examen und Weiterbildung, Seiten 914-926

Haschke, W.: DV-Controlling – Effizienzsteigerung in der Informationsverarbeitung, 1994 München

Haufs, P.: DV-Controlling – Konzeption eines operativen Instrumentariums aus Budgets, Verrechnungspreisen, Kennzahlen, 1989 Heidelberg

Heilmann, H. u.a. (Hrsg.): DV-Controlling und DV-Revision – Heft 124, Handbuch der modernen Datenverarbeitung, 1985 Wiesbaden

Heilmann, H. u.a. (Hrsg.): Make or Buy in der IT – Heft 206, HMD Praxis der Wirtschaftsinformatik, 1999 Heidelberg

Heinrich, L.J./Burgholzer, P.: Informationsmanagement – 3. Auflage, 1990 München Wien

Hierholzer, A.: Benchmarking der Kundenorientierung von IV-Prozessen, Seiten 571-607 in: von Dobschütz, L. / Barth, M. / Jäger-Goy, H. / Kütz, M. / Möller, H.P. (Hrsg.): IV – Controlling – Konzepte – Umsetzungen - Erfahrungen, 2000 Wiesbaden

Horstmann, W.: Der Balanced-Scorecard-Ansatz als Instrument der Umsetzung von Unternehmensstrategien, Controlling – Zeitschrift für erfolgsorientierte Unternehmenssteuerung, 1999 München, Seiten 193-199

Horváth, P.: Controlling – 2. Auflage, München

Horváth, P.: Controlling – 6. Auflage, 1996 München

Horváth, P. / Arnaout, A. / Seidenschwarz, W. / Stoi, R.: Neue Instrumente in der deutschen Unternehmenspraxis, Bericht über die Stuttgarter Studie, Seiten 289-328 in Egger, A. / Grün, O. / Moser, R. (Hrsg.): Managementinstrumente und –konzepte: Entstehung, Verbreitung und Bedeutung für die Betriebswirtschaftslehre, 1999 Stuttgart

Horváth, P. / Kaufmann, L.: Balanced Scorecard – ein Werkzeug zur Umsetzung von Strategien, Harvard Business Manager – Heft 5 1998, Seiten 39-48

Horváth und Partner: Das Controllingkonzept – Der Weg zu einem wirkungsvollen Controllingsystem – 2. Auflage, 1995 München

Horváth, P. / Reichmann, T.: Schlagwort: Bericht, Vahlens Grosses Controlling Lexikon, 1993 München, Sp. 54-55

Horváth, P. / Reichmann, T.: Schlagwort: Berichtssystem, Vahlens Großes Controlling Lexikon, 1993 München, Sp. 56-57

Horváth, P. / Reichmann, T.: Schlagwort: Budgetierung, Vahlens Großes Controlling Lexikon, 1993 München, Sp. 87-88

Horváth, P. / Reichmann, T.: Schlagwort: Budgetierungsprozeß, Vahlens Großes Controlling Lexikon, 1993 München, Sp. 88-89

Horváth, P. / Reichmann, T.: Schlagwort: Controlling, Vahlens Großes Controlling Lexikon, 1993 München, Sp. 112-114

Horváth, P. / Reichmann, T.: Schlagwort: DV-Kennzahlen/-systeme, Vahlens Großes Controlling Lexikon, 1993 München, Sp. 178-179

Horváth, P. / Reichmann, T.: Schlagwort: DV-Wirtschaftlichkeitsanalyse, Vahlens Großes Controlling Lexikon, 1993 München, Sp. 183-186

Horváth, P. / Reichmann, T.: Schlagwort: Gap-Analyse, Vahlens Großes Controlling Lexikon, 1993 München, Sp. 263

Horváth, P. / Reichmann, T.: Schlagwort: Portfolioanalysen, Vahlens Großes Controlling Lexikon, 1993 München, Sp. 494-495

Horváth, P. / Reichmann, T.: Schlagwort: Produktlebenszyklus-Konzept, Vahlens Großes Controlling Lexikon, 1993 München, Sp. 521-524

Horváth, P. / Reichmann, T.: Schlagwort: Strategische Controllingaufgaben, Vahlens Großes Controlling Lexikon, 1993 München, Sp. 597-601

Horváth, P. / Reichmann, T.: Schlagwort: Strategische Planung und Kontrolle bei Banken, Vahlens Großes Controlling Lexikon, 1993 München, Sp. 606-607

Horváth, P. / Reichmann, T.: Schlagwort: Szenario, Vahlens Grosses Controlling Lexikon, 1993 München, Sp. 624

Horváth, P. / Reichmann, T.: Schlagwort: Szenariotechnik, Vahlens Großes Controlling Lexikon, 1993 München, Sp. 624-625

Horváth, P. / Reichmann, T.: Schlagwort: Wirtschaftlichkeitsbeurteilung, Vahlens Großes Controlling Lexikon, 1993 München, Sp. 669-671

Horváth, P. / Reichmann, T.: Vahlens Großes Controlling Lexikon, 1993 München

Hossenfelder, W. / Schreyer, F.: DV-Controlling bei Finanzdienstleistern – Planung, Kontrolle, Steuerung, 1996 Wiesbaden

Huber H.: Die Bewertung des Nutzens von IV-Anwendungen, Seiten 107-122, in: von Dobschütz, L. / Baumöl, U. / Jung, R. (Hrsg.): IV-Controlling aktuell, 1999 Wiesbaden

Huch, B./Behme, W./Schimmelpfentg, K. (Hrsg.): EDV-gestützte Controlling-Praxis, 1992 Frankfurt

Jaeger, F. K.: Prozessorientiertes Controlling in der Informationsverarbeitung, krp Kostenrechnungspraxis – Zeitschrift für Controlling, Accounting & System-Anwendungen, 1999 Wiesbaden, Seiten 365-371

Jäger-Goy, H.: Innovative Führungsinstrumente für die Informationsverarbeitung (IV) – Wie Balanced Scorecard, Benchmarking, Prozesskostenrechnung und Target Costing zur Führungsunterstützung in der IV eingesetzt werden können, Controlling – Zeitschrift für erfolgsorientierte Unternehmenssteuerung, 2000 München, Seiten 491-497

Jahnke, B.: Informationsverarbeitungs-Controlling, Seiten 124-125, in Huch, B./Behme, W./Schimmelpfentg, K. (Hrsg.): EDV-gestützte Controlling-Praxis, 1992 Frankfurt

Jost, C. / Warschburger, V.: E-Marketing, Seiten 161-181 in Dohmann, H. / Fuchs, G. / Khakzar, K. (Hrsg.): Die Praxis des E-Business, 2002 Braunschweig Wiesbaden

Jost, C.: Strategische Optionen für den E-Business-Einstieg, Controlling – Zeitschrift für erfolgsorientierte Unternehmenssteuerung, 2000 München, Seiten 445-452

Kaplan, R. S. / Norton, D. P.: Balanced Scorecard – Strategien erfolgreich umsetzen, 1997 Stuttgart

Kargl, H.: Controlling im DV-Bereich, 1993 München

Kargl, H.: Controlling von IV-Projekten, Seiten 155-190 in: von Dobschütz, L. / Barth, M. / Jäger-Goy, H. / Kütz, M. / Möller, H.P. (Hrsg.): IV – Controlling – Konzepte – Umsetzungen - Erfahrungen, 2000 Wiesbaden

Kargl, H.: DV-Controlling – 4. Auflage, 1999 Frankfurt am Main

Kargl, H.: Kennzahlen zur Datenverarbeitung, Sp. 241-244 in Mertens, P. (Hrsg.): Lexikon der Wirtschaftsinformatik, 1990 Berlin

Kargl, H.: Management und Controlling von IV-Projekten, 2000 München / Wien

Kaeser, W.: Controlling im Bankbetrieb, 1984 Bern, Seite 4

Kilgus, E.: Grundlagen der Strukturgestaltung von Banken, 1992 Bern

Kisting, J.: IV-Controlling für große Wartungsprojekte, Seiten 87-104 in: von Dobschütz, L. / Baumöl, U. / Jung, R. (Hrsg.): IV-Controlling aktuell, 1999 Wiesbaden

Kittel, H.-U. / Menze, B.: Controlling von DV-Projekten, Seiten 83-91 in Heilmann, H. u.a. (Hrsg.): DV-Controlling und DV-Revision – Heft 124, Handbuch der modernen Datenverarbeitung, 1985 Wiesbaden

Kitz, A.: Projects just right http://www.projekthandbuch.de/index.htm Stand Oktober 2000

Klose, M.: Qualitätscontrolling für Dienstleistungsunternehmen, Controlling – Zeitschrift für erfolgsorientierte Unternehmenssteuerung, 2001 München Frankfurt, Seiten 645-647

Knöll, H.-D. / Busse, J.: Aufwandsschätzung von Software Projekten in der Praxis, 1991 Mannheim

Konetzny, M.: IV-Controlling, http://www.mkonetzny.de/aufsatz/ivcontr.htm Stand: 16.05.2000

Kotler, P. / Bliemel, F.: Marketing-Management – Analyse, Planung, Umsetzung und Steuerung – 9. Auflage, 1999 Stuttgart

Krcmar, H.: Informationsmanagement – 2. Auflage, 2000 Berlin Heidelberg

Krcmar, H.: Informationsverarbeitungs-Controlling – Zielsetzungen und Erfolgsfaktoren, 1990 IM Informationsmanagement - Heft 3, Seiten 6-15

Krcmar, H. / Buresch, A. / Reb, M. (Hrsg.): IV-Controlling auf dem Prüfstand, 2000 Wiesbaden

Krcmar, H. / Buresch, A.: IV-Controlling – Ein Rahmenkonzept, Seiten 1-19, in Krcmar, H. / Buresch, A. / Reb, M. (Hrsg.): IV-Controlling auf dem Prüfstand, 2000 Wiesbaden

Kriebel, V. / Lohmann, K.: Servicewüste Deutschland, 05.2001 e-commerce-magazin, Seiten 24-27

Krüger, A. / Schmolke, G. / Vaupel, R.: Projektmanagement als kundenorientierte Führungskonzeption, 1999 Stuttgart

Kunkowsky, H.-R. / Spitta, Th.: Controlling von IV-Projekten und –Ressourcen, Controlling – Zeitschrift für erfolgsorientierte Unternehmenssteuerung, 2000 München, Seiten 507-512

Kütz, M.: Lebenszyklussteuerungen von IV-Anwendungen, Seiten 231-280 in: von Dobschütz, L. / Barth, M. / Jäger-Goy, H. / Kütz, M. / Möller, H.P. (Hrsg.): IV – Controlling, 2000 Wiesbaden

Lehner, F.: Softwarewartung: Management, Organisation und methodische Unterstützung, 1991 München/Wien

Lewis, T.G.: Steigerung des Unternehmenswertes – Total Value Management, 1994 Landesberg/Lech

Lientz, B.P. / Swanson, E.B.: Software Maintenance Management, 1980 Reading u.a.

Litke, H.D.: Projektmanagement – Methoden, Techniken, Verhaltensweisen – 2. Auflage, 1993 München Wien

Lück, W.: Lexikon der Betriebswirtschaftslehre – 4. Auflage

Markides, C.: Strategic Innovation, Sloan Management Review Nr. 1- 38. Jahrgang, 1997, Seiten 9-23

Martino, R.L.: Project Management and Control – Vol. 1 – Finding the Critical Path, 1964 New York

Masing, W.: Einführung in die Qualitätslehre, 1994 Beuth Verlag

Meffert, H.: Marketing – 7. Auflage

Mertens, P. (Hrsg.): Lexikon der Wirtschaftsinformatik, 1990 Berlin

Meyer, A / Mattmüller, R.: Qualität von Dienstleistungen – Entwurf eines praxisorientierten Qualitätsmodells, 1987 Marketing – Zeitschrift für Forschung und Praxis, 9. Jahrgang, Seiten 187-195

Möller, H.-P.: IV-Controlling in der Softwarewartung, Seiten 319-336 in: von Dobschütz, L. / Barth, M. / Jäger-Goy, H. / Kütz, M. / Möller, H.P. (Hrsg.): IV – Controlling, 2000 Wiesbaden

Müller, A. / von Thienen, L.: e-Profit: Controlling-Instrumente für erfolgreiches e-Business – Von der Strategie bis zur Umsetzung, 2001 Freiburg i. Br.

Myers, G. J.: Methodisches Testen von Programmen, 1999 München

Noth / Kretzschmar: Aufwandsschätzung von DV-Projekten, 1987 Berlin

Ohne V.: Controller und Controlling, http://www.controllerverein.de/wasistct/contoll/luz3-7.html Stand: 01.04.2000

Olfert, K.: Investition – 5. Auflage, 1992 Ludwigshafen/Rhein

Paravicini, M. / Horváth, P.: "Der IT-Bereich sollte ein wichtiger Impulsgeber für den Vorstand sein" - Ein Interview, Controlling – Zeitschrift für erfolgsorientierte Unternehmenssteuerung, 2001 München, Seiten 461-464

Parker, M. / Benson, R.: Information Economics, Englewood Cliffs, 1998 New York

Patzak, G. / Rattay, G.: Projekt Management – Leitfaden zum Management von Projekten, Projektportfolios und projektorientierten Unternehmen – 2. Auflage, 1997 Wien

Perridon, L., Steiner, M.: Finanzwirtschaft der Unternehmen – 6. Auflage, 1991 München

Pfeiffer, W. / Bischof, P.: Produktlebenszyklen – Instrumente jeder strategischen Planung, Seite 136 ff. in: Steinmann, H. (Hrsg.): Planung und Kontrolle, 1981 München

Pfeiffer, W., et al.: Technologie-Portfolio zum Management strategischer Geschäftsfelder, 1982 Göttingen

Platz, J. / Schmelzer, H.: Projektmanagement in der industriellen Forschung und Entwicklung - Einführung anhand von Beispielen aus der Informationstechnik, 1986 Berlin/Heidelberg/New York

Poensgen, B.: Schneller, billiger – und besser?! Eine Analyse auf der Basis der QpeP-Datenbank (QuantiMetrics Performance-enhancement Programme), Seiten 109-122 in: Dumke, R. / Bundschuh, M. (Hrsg.): Software-Metriken in der Praxis, 2002 Aachen

Porter, M.E.: Wettbewerbsvorteile: Spitzenleistungen erreichen und behaupten – 3. Auflage, 1992 Frankfurt

Rapp, M. J.: Wertreiberanalyse im Großanlagenbau, Controlling – Zeitschrift für erfolgsorientierte Unternehmenssteuerung, 2001 München, Seiten 33-38

Raps A.: Strategisches Controlling mit Software-Unterstützung, Controlling – Zeitschrift für erfolgsorientierte Unternehmenssteuerung, 2000 München, Seiten 607-614

Rieg, R.: Beyond Budgeting – Ende oder Neubeginn der Budgetierung, Controlling – Zeitschrift für erfolgsorientierte Unternehmenssteuerung, 2001 München, Seiten 571-576

Rothschild, W.E.: Strategic Alternatives – Selection, Development and Implementation, 1979 New York

Rühli, E.: Unternehmensführung und Unternehmenspolitik – 2. Auflage, Band 1, 1985 Bern, Seite 28

Schelle, H.: Projekte zum Erfolg führen – Projektmanagement systematisch und kompakt - 3. Auflage, 2001 München

Schmelzer, H.J. / Friedrich, W.: Integriertes Prozeß-, Produkt- und Projektcontrolling, Controlling – Zeitschrift für erfolgsorientierte Unternehmenssteuerung, 1997 München Frankfurt, Seiten 334-344

Schmidt, R. H.: Grundzüge der Investitions- und Finanzierungstheorie, 1983 Wiesbaden

Schneider, D.: Investition, Finanzierung und Besteuerung – 7. Auflage, 1992 Wiesbaden

Schön, D. / Diederichs, M. / Busch, V.: Chancen- und Risikomanagement im Projektgeschäft – Transparenz durch ein DV-gestütztes Frühwarninformationssystem, Controlling – Zeitschrift für erfolgsorientierte Unternehmenssteuerung, 2001 München, Seiten 379-387

Schröder H.: Projekt-Management, 1970 Wiesbaden

Schwarz-Mehrens, E. / Fliers, F.: Woran scheitern IT-Projekte – Teil 1, http://www.gulp.de/kb/it/projekt/itprojekteins.html Stand: 28.12.2001

Schwarz-Mehrens, E. / Fliers, F.: Tücken im Projekt – Teil 2, http://www.gulp.de/kb/it/projekt/ itprojektzwei.html Stand: 28.12.2001

Schwarz-Mehrens, E. / Fliers, F.: Planungsmängel und Abstimmungsprobleme – Teil 3, http://www.gulp.de/kb/it/projekt/itprojektdrei.html Stand: 28.12.2001

Secrett, M.: Budgets planen wie ein Profi in 7 Tagen, 1998 Landsberg a.L.

Seibt, D.: Informationsmanagement und Controlling, 1990 Wirtschaftsinformatik Wiesbaden, Seiten 126-126

Sokolovsky, Z. / Kraemer, W.: Controlling der Informationsverarbeitung, 1990 IM Informationsmanagement - Heft 3, Seiten 16-27

Spitta, Th./Ellerbrock, R./Kuhlmann, A.: IV-Controlling und Informationsmanagement im Mittelstand – Abschließende Ergebnisse einer Feldstudie –, 1999 Wirtschaftsinformatik Wiesbaden, Seiten 506-515

Stadtler, R.: Organisation und Umsetzung von Multiprojektcontrolling, Seiten 191-211 in von Dobschütz, L. / Barth, M. / Jäger-Goy, H. / Kütz, M. / Möller, H.P. (Hrsg.): IV – Controlling, 2000 Wiesbaden

Steinmann, H. (Hrsg.): Planung und Kontrolle, 1981 München

Stickel, E.: Gabler-Wirtschaftsinformatik-Lexikon, 1997 Wiesbaden

Szyperski, N.: Synergien zwischen Controlling und Informationstechnik, Seiten 9-13, in CW-IDG-CSE (Hrsg.): Informations-Controlling-Synergien zwischen Controlling und Informations-Management, 1989 München

Tewald, C.: Die Balanced Scorecard für die IV, Seiten 621-640 in: von Dobschütz, L. / Barth, M. / Jäger-Goy, H. / Kütz, M. / Möller, H.P. (Hrsg.): IV – Controlling, 2000 Wiesbaden

Thaller, G.-E.: ISO 9001: Software-Entwicklung in der Praxis, 1996 Heise Verlag

Thaller, G.-E.: Qualitätsoptimierung der Software-Entwicklung, 1993 Braunschweig/Wiesbaden

Töllner, A.: Methoden des IV-Controllings als Hilfsmittel zur Gestaltung der Informationsverarbeitung – Darstellung und Beurteilung der Instrumente an ausgewählten Beispielen; 1996 Göttingen

Trauboth, H.: Software- Qualitätssicherung, 1996 München

von Dobschütz, L. / Baumöl, U. / Jung, R. (Hrsg.): IV-Controlling aktuell – Leistungsprozesse, Wirtschaftlichkeit, Organisation, 1999 Wiesbaden

von Dobschütz, L./Kisting, J./ Schmidt, E. (Hrsg.): IV-Controlling in der Praxis – Kosten und Nutzen der Informationsverarbeitung, 1994 Wiesbaden

von Dobschütz, L. / Barth, M. / Jäger-Goy, H. / Kütz, M. / Möller, H.P. (Hrsg.): IV – Controlling – Konzepte – Umsetzungen - Erfahrungen, 2000 Wiesbaden

von Dobschütz, L.: IV-Wirtschaftlichkeit, Seiten 431-449 in von Dobschütz, L. / Barth, M. / Jäger-Goy, H. / Kütz, M. / Möller, H.P. (Hrsg.): IV – Controlling, 2000 Wiesbaden

von Dobschütz, L. / Kisting, J. / Prautsch, W.: Wertorientiertes Wartungsmanagement, 1994 DV-Management, Seiten 86-92 von Dobschütz, L.: Wirtschaftlicher IV-Einsatz, Seiten 1-11 in von Dobschütz, L./Kisting, J./ Schmidt, E. (Hrsg.): IV-Controlling in der Praxis, 1994 Wiesbaden

Wall, F.: Ursache-Wirkungsbeziehungen als ein zentraler Bestandteil der Balanced Scorecard – Möglichkeiten und Grenzen ihrer Gewinnung, Controlling – Zeitschrift für erfolgsorientierte Unternehmenssteuerung, 2001 München, Seiten 65-74

Wallmüller, E.: Software-Qualitätssicherung in der Praxis, 1990 München/Wien

Warschburger, V. / Jost, C.: Nachhaltig erfolgreiches E-Marketing, 2001 Braunschweig/Wiesbaden

Weber, J. / Schäffer, U.: Balanced Scorecard & Controlling – Implementierung / Nutzen für Manager und Controller / Erfahrungen in deutschen Unternehmen – 3. Auflage

Weber, H.K: Betriebswirtschaftliches Rechnungswesen - Band 1 – Bilanz- und Erfolgsrechnung – 3. Auflage, 1988 München

Weber, J.: Einführung in das Controlling – 3. Auflage, Band 1, 1991 Stuttgart

Wischnewski, E.: Modernes Projektmanagement – PC-gestützte Planung, Durchführung und Steuerung von Projekten – 7. Auflage, 2001 Braunschweig/Wiesbaden

Zahn, E. / Foschiani, S.: Strategiekompetenz und Strategieinnovation für den dynamischen Wettbewerb, Controlling – Zeitschrift für erfolgsorientierte Unternehmenssteuerung, 2001 München, Seiten 413-418

Zeithaml, V.A.: How Consumer Evaluation Processes differ between Goods and Services, Seiten 186-190 in Donelly, J.H. / George, W.R. (Hrsg.): Marketing of Services, 1981 Chicago

Schlagwortverzeichnis

3

3D Function Points 166

A

ABC-Analyse 268
Ablösungsprojekt 69
Abnahmetests 252
Abweichungsberichte 218
Altersstrukturanalyse 270
Ampelklassifikation 220
Audits 240
    extern 240
    intern 240
Aufwandsschätzverfahren 193

B

Balanced Scorecard
    Aufgaben 134
    Finanzperspektive 129, 135
    Handlungsableitungen 128
    Interne Prozessperspektive 130, 137
    Kundenperspektive 130, 136
    Lern- und Entwicklungsperspektive 131, 138
    Perspektiven 129
    Projektperspektive 131, 138
Balkendiagramm 190
Barwert 152
Bedarfsberichte 219
Benchmarking 262
    Kennzahlen 265
    Prozess 264
Bericht 216
Berichtswesen 146, 216
Betriebscontrolling 92
Beyond Budgeting 203
Black Box-Tests 242
BSC-Methode 127
Budget 196
Budgetierung 144, 197
    Controllingaufgaben 199
    Kritik 200
Budgetierungsprozess 143, 199
Budgetplan 141
Budgetplanung 188
Budgetsteuerung 277
Bugs- and Features Tracing 244, 255

C

Chancen-Risiken-Analyse 109, 117
Chancen-Risiken-Bilanz 119
Controlling 23, 54, 71
    Aktionsfelder 183
    Hauptaufgaben 72
Controllingpartner 49
Culture of Tolerance 208

D

Datenbankarchitekt 229
Datenelementtypen 173
Degree of Influence 175
Delphi-Methode 194
Dienstleistungen 26
DV-Projekt 65

E

Eisberg-Theorie 62
Elementarprozess 173
Entscheidungsgremium 206
　Aufgaben 207
Entscheidungsinformation 98
Entwickler 229
Entwicklungsprojekt 68
Erfahrungskurve 161
Expertenschätzung 162, 194

F

Fachabteilungsaufwand 168
Feature Points 166
Fischtreppen-Patch-Modell 38
Fischtreppen-Wasserfallmodell 38
Führung 71
Function Points 160, 161, 164
　Basisgrößen 165
　Checkliste 167
　justierter Wert 178
　Prognose 169
　unjustierter Wert 175
　Zähler 170
　Zählung 168

G

Gap-Analyse 120
Gemeinkostenwertanalyse 203
Genehmigungsberichte 218
Genehmigungsgremium
　Entscheidungen 215
Genehmigungsverfahren 204
　periodenorientiert 205
　Rahmenbedingungen 208
Generierungsnutzen 276
Gesamtwirtschaftlichkeit 273
Geschäftsentitäten 172, 174

Geschäftsfunktionstypen 172
Gewerknehmer 57
Grundsätzen effizienter
　Datenverarbeitung 61

H

Hey-Joe-Effekt 22, 63

I

IFPUG 166
IKIWISI-Prinzip 58
Informatik-Controlling 77
Informationsmanagement 76
Infrastruktur-Controlling 93
Intangible Assets 123
Integrationstests 250
Investitionsrechnung
　dynamisch 151
　klassisch 150
　statisch 151
ISO 9001-2000 223
IT-Administrationscontrolling 93
IT-Analyse- und
　Planungscontrolling 88, 144
IT-Controlling 22, 48, 67, 73, 81, 84
　Aufgaben 86
　Aufgabenfelder 87
　Konzept 30
　operativ 88
　strategisch 87, 101, 104
　Ziele 82
IT-Portfolio-Controlling 88
IT-Produkt 31
　Wertkette 44, 46
IT-Produktaktivitäten
　unterstützend 48
IT-Produktcontrolling 92
IT-Produktkette 21
　wertorientiert 32

IT-Produktlebenszyklus-
  betrachtung 70
IT-Projekt 47, 61, 66
  Kritischer Erfolgsfaktor 51
  Scheiterungspotenziale 51,
    63
  Startgenehmigung 213
IT-Projektbudget 198
IT-Projektgenehmigungs-
  verfahren
  Vorteile 207
IT-Vorhaben 18
IV-Controlling 79
IV-Projekt 65

K

Kapazitätenausgleich 195
Kapitalwert
  Inputfaktoren 154
Kapitalwertmethode 151
Kommunikationsprobleme 61
Konfigurationsmanagement
  245
KonTraG 89
Kontrollinformation 98, 100
Konzeptionsphase 34
Kurzfristig operatives
  Projektcontrolling 90, 145

L

Langfristig operative Planung
  141
Langfristig operatives
  Controlling 88
Langfristig operatives
  Projektcontrolling 141, 143
Lastenheft 91
Lebenszyklus
  wertorientiert 40
Lebenszyklusanalyse 270
Lebenszykluskonzept 32, 38

Lebenszykluskosten 33
Leistungserstellung 53
Life-Cycle-Analysis 32
Lines of Code 162

M

Machbarkeitsanalysen 230
Magisches Dreieck 30, 56
Magisches
  Projektqualitätsdreieck 254
Magisches Quadrat 159
Management 227
Management by projects 56
Mark II Function Points 167
Maßnahmenplanung 197
Maximalprinzip 148
Mehrwert 44
Meilenstein 209
Messen 159
Minimalprinzip 148
Modultest 248
Multifaktorentechnik 156

N

Netzplantechnik 189
Normalarbeitszeit 195
Nutzen
  wertorientiert 33
Nutzenarten 276
Nutzenbewertung 274
Nutzwertanalyse 156

O

On-Top-Budget 149
Optimierungsnutzen 276

P

Perioden 205
Periodenbericht 283
    Aufbau 219
Personentagespreis 196
Pflichtenheft 91
Phase 209
Plan-Do-Check-Act-Zyklus 264
Planung
    rollierend 183
Portfolioanalyse 117
Portfolio-Modell 118
    Ausprägungen 118
Portfoliosteuerung 30
Potenzialeruierungsphase 19
Prioritätsstufen 256
Probleme 256
Problemerforschung 261
Problemklassen 256
Produkt 29, 31
Produktablösung 35
Produktbegriff
    erweitert 32
Produkt-Controlling 92
Produktionsprozess
    Software 42
Produktivität 164
Produktlebenszyklus 29, 38
    Konzept 32
Produkt-Lebenszykluskonzept
    erweitert 36
Produktmarktlebenszyklus
    operativ 34
Produktumfang 164
Produktzielgrößen 30
Projekt 17, 29, 31, 50, 53, 58
    Berichtswesen 146
    Charakteristiken 53, 64
    Grobkriterien 50
    Kritische Erfolgsfaktoren 54
    Risiken 53
    Traditionell 52
Projektabschluss 234
Projektabschlussanalyse 235
Projektabschlussbericht 216, 235, 238
Projektaudit 240
Projektauftrag 233
Projektauftraggeber 55
Projektaufwandsschätzung 191, 193
Projektbericht 236
Projektbudget 196, 198
Projektcontroller 230
Projektcontrolling 55, 183, 235
Projektdefinition 17, 57
Projektdokumente 236
Projektdurchführung 234
Projekterfahrungsdatenbank 91
Projektgenehmigungspunkte
    zeitscheibenorientiert 205
Projektgenehmigungsverfahren
    vereinfacht 212
Projektleiter 227
Projektleitung 55
Projektmanagement 54, 56, 231
Projektmanagementplan 236
Projektorganisation 227
Projektperiode 209
    Maximale Dauer 209
    Richtgrößen 214
Projektplanung 183, 188, 192, 234
Projektstatusbericht
    erweitert 237
Projektsteuerung 90
    Aufgaben 90, 234
Projektstrukturplan 184
    wertorientiert 185
Projektvolumen 198
Projektziel 17
Projektzielgrößen 30
Prototyp 60
Prozess 80
Prüfmethode
    dynamisch 241
    statisch 239
Punktwertverfahren 156

Q

Qualität 222
Qualitätsbeauftragter 229
Qualitätsmanagement 222, 224
  administrativ 244
    Administrative Aufgaben 245
    Konstruktive Maßnahmen 224
    Vorgehensmodell 226
Qualitätssicherung
    Administrative Maßnahmen 225
    Analytische Maßnahmen 225, 239
    Konstruktive Maßnahmen 225
Qualitätssicherungsplan 239
Quellcode 61

R

Regressionstests 252
Reifegraddarstellung 114
Reifegradstufen 115
Releasemanagement 246
Releasemanager 230
Review 239
Risikoanalyse 152
Risikobehaftetes Projektrad 54
Risikobetrachtung 152, 232
Risikomanagement 89

S

Sachkostenbudget 198
Schätzrisiko 195
Schätzung 163
Sensitivitätsanalyse 152
Service-Level-Agreements 266
Soft-Analyse 108
Software-Produkt 31
Software-Produkt Phasen 19
Software-Projekt 143
Software-Prototyping 60
Softwaretest 241
Sonderberichte 219
Standardberichte 218
Stärken-Schwächen-Analyse 109
Stilllegungskosten 273
Stilllegungsprojekt 279
  Vorgehensmodell 282
Strategie 95, 132
Strategiephase 34
Strategieumsetzung 97
Strategische Führungsinstrumente 107
Strategische IT-Leistungen 106
Strategische IT-Planung
  Aufgaben 105
Strategische Lücke 120
Strategische Planung 102
Strategische Unternehmensführung 98
Strategischer Controller
  Aufgabenschwerpunkte 108
Strategisches Controlling 97
Strategisches Management 107
Substitutionsnutzen 276
System 31
Systemanalytiker 229
Systemarchitekt 229
Systemdesigner 229
Systemlebenszyklus 79
Systemtests 250
Systemunterhalt 34
Szenario 125
Szenariotechnik 125

T

Termin 188
Terminplan 190
Terminplanung 188

Test Cases 247
Testbericht 254
Testdokumentation 253
Tester 229
Testplan 247
Testplanung 247
Testumgebung 248
Today-for-Today-Strategien 96, 100
Today-for-Tomorrow-Strategien 96

U

Umsetzungsinformation 98, 99
Unternehmensdienstleistung
 intern 25
Unternehmensmodell 25
Unternehmensphilosophie 102
Unternehmensprodukt 32
Ursache-Wirkungs-Ketten 132

V

Versionsmanagement 246
Vorstudie 67, 143, 192
 projektspezifisch 212
 Restriktionen 212
Vorstudienprojekt 68

W

Wartung 35
Wartungsprojekt 35, 69, 267
Wasserfallmodell 38
Weiterentwicklung 35
Weiterentwicklungsprojekt 35, 68, 271
Wertfaktor 175
Wertkette 40, 47
 erweitert 46
 Modell 45
Wertkettenpartner 49
Wertorientierte
 Unternehmensführung 122
Wertschöpfung 28, 40
Wertschöpfungskette 21, 45, 82
Wertschöpfungsstufe 27
 innerbetrieblich 27
Werttreiberbäume 124
White Box-Tests 242
Wirtschaften 148
Wirtschaftlichkeitsnutzen 276
Wirtschaftlichkeitsprinzip
 absolut 41

Z

Zählobjekt 171
Zähltyp 171
Zero Base Budgeting 203
Zielsystem 104

Bestseller aus dem Bereich IT erfolgreich lernen

Rainer Egewardt
Das PC-Wissen für IT-Berufe:
Hardware, Betriebssysteme, Netzwerktechnik

Kompaktes Praxiswissen für alle IT-Berufe in der Aus- und Weiterbildung, von der Hardware-Installation bis zum Netzwerkbetrieb inklusive Windows NT/2000, Novell-Netware und Unix (Linux)
2., , überarb. u. erw. Auflage 2002. XVIII, 1112 S. mit 903 Abb. Br.
€ 49,90   ISBN 3-528-15739-9

Inhalt: Micro-Prozessor-Technik - Funktion von PC-Komponenten - Installation von PC-Komponenten - Netzwerk-Technik - DOS - Windows NT4 (inkl. Backoffice-Komponenten) - Windows 2000 - Novell Netware - Unix/Linux - Zum Nachschlagen: PC-technische Informationen für die Praxis

Die neue Auflage dieses Bestsellers, der sich in Ausbidlung und Praxis bewährt hat, berücksichtigt auch die neuesten Hardware- und Netzwerktechnologien. Die Erweiterungen umfassen darüber hinaus die Optimierungen von Netzwerken sowie die Windows NT4 Backoffice-Komponenten wie System-Management-Server, Proxy-Server, Exchange-Server und WEB-Server Option-Pack. Die Grundidee des Buches blieb von den Erweiterungen unberührt: Bisher musste man sich das komplette für die Ausbildung oder Praxis relevante Wissen aus vielen Büchern zusammensuchen. Egewardt bietet alles in einem: Hardware-Technik, Betriebssystemwissen und Netzwerk-Praxis. Vorteil des Buches ist die klare Verständlichkeit, unterstützt durch zahlreiche Abbildungen. Darüber hinaus beschränkt sich der Band in seiner Kompaktheit auf das Wesentliche: es geht um ein solides für die Praxis relevantes Grundwissen, wie man es in Ausbildung und Beruf benötigt.

Abraham-Lincoln-Straße 46
65189 Wiesbaden
Fax 0611.7878-400   Stand 1.7.2003. Änderungen vorbehalten.
www.vieweg.de   Erhältlich im Buchhandel oder im Verlag.

Bestseller aus dem Bereich IT erfolgreich nutzen

Rudolf Fiedler
Controlling von Projekten
Projektplanung, Projektsteuerung und Projektkontrolle
2., verb. und erw. Aufl. 2003. XVII, 285 S. mit 149 Abb. Br. € 34,90
ISBN 3-528-15740-2

Inhalt: Aufgaben des Projektcontrolling - Einführung und Organisation eines Projektcontrolling, Integration in das Projektmanagement - Strategisches Projektcontrolling mit Risikomanagement und Projekt-Scorecard - Instrumente der Projektplanung - Instrumente der Projektkontrolle und Projektsteuerung - Informationsbereitstellung und Berichtswesen - DV-Unterstützung - Praktische Anwendungsbeispiele

So bauen Sie ein wirkungsvolles Projektcontrolling auf und integrieren es in das Projektmanagement. Nutzen Sie entsprechende Instrumente, Werkzeuge und Methoden, z. B. Balanced Scorecard und Risikomanagement. Mit praktischen Anwendungsbeispielen aus Unternehmen, leicht verständlicher Theorie und praktischen Handlungsanweisungen. Wegweisend für die konkrete Projektarbeit und die Realisierung eines strategisch ausgerichteten Projektcontrollings. Zielführend auch im Studium und in der beruflichen Weiterbildung.

Abraham-Lincoln-Straße 46
65189 Wiesbaden
Fax 0611.7878-400
www.vieweg.de

Stand 1.7.2003. Änderungen vorbehalten.
Erhältlich im Buchhandel oder im Verlag.

Das Netzwerk der Profis

WIRTSCHAFTSINFORMATIK

Die führende Fachzeitschrift zum Thema Wirtschaftsinformatik.

Das hohe redaktionelle Niveau und der große praktische Nutzen für den Leser wird von über 30 Herausgebern - profilierte Persönlichkeiten aus Wissenschaft und Praxis - garantiert.

Profitieren Sie von der umfassenden Website unter

www.wirtschaftsinformatik.de

- Stöbern Sie im größten **Onlinearchiv** zum Thema Wirtschaftsinformatik!
- Verpassen Sie mit dem **Newsletter** keine Neuigkeiten mehr!
- Diskutieren Sie im **Forum** und nutzen Sie das Wissen der gesamten Community!
- Sichern Sie sich weitere Fachinhalte durch die **Buchempfehlungen** und Veranstaltungshinweise!
- Binden Sie über **Content Syndication** die Inhalte der Wirtschaftsinformatik in Ihre Homepage ein!
- ... und das alles mit nur **einem Click** erreichbar.

MIX
Papier aus verantwortungsvollen Quellen
Paper from responsible sources
FSC® C105338

If you have any concerns about our products,
you can contact us on
ProductSafety@springernature.com

In case Publisher is established outside the EU,
the EU authorized representative is:
**Springer Nature Customer Service Center GmbH
Europaplatz 3, 69115 Heidelberg, Germany**

Printed by Libri Plureos GmbH
in Hamburg, Germany